博碩文化

U0086698

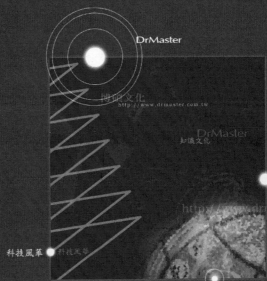

DrMaster

博碩文化
http://www.drmaster.com.tw

DrMaster
知識文化

知識文化

科技風華　科技風華

http://www.drmaster.com.tw

深度學習資訊新領域

DrMaster

深度學習資訊新領域

 http://www.drmaster.com.tw

觀念圖解 系列

學習的目的在於追求卓越,透過良師及好書的觀念指引,
專業就是你的最佳代名詞!

Database System : Design and Practice

資料庫系統設計與實務

Access 2010

陳祥輝、陳臆如 著

博碩文化

資料庫系統設計與實務 -Access 2010

作　　者：陳祥輝、陳臆如

發 行 人：詹亢戎

出　　版：博碩文化股份有限公司

新北市汐止區新台五路一段 112 號 10 樓 A 棟

TEL / (02)2696-2869．FAX / (02)2696-2867

郵撥帳號：17484299

律師顧問：劉陽明

出版日期：西元 2011 年 1 月初版一刷
西元 2014 年 10 月初版七刷

ISBN - 13：978-986-201-416-5

博碩書號：DB30006

建議售價：NT$ 520元

資料庫系統設計與實務：Access 2010 ／ 陳祥輝,
陳臆如 作. -- 初版. -- 台北縣汐止市 ： 博碩文化,
2011.01
　　　　面 ； 公分
ISBN 978-986-201-416-5（平裝附光碟片）
1. Access 2010（電腦程式）

312.49A42　　　　　　　　　　99025436

Printed in Taiwan

本書如有破損或裝訂錯誤，請寄回本公司更換

作者序

　　ACCESS 屬於辦公室軟體中一套非常好用的小軟體，可是卻有很多辦公室人員、業務人原、甚至是資訊人員都望之卻步，總是讓我覺得很奇怪。甚至有些人將資料儲存於 EXCEL 軟體，再使用 EXCEL 來進行資料分析的工作，這樣的操作，其實會造成很多的不方便性。所以，這本書的構想是透過資料庫的概念、設計、操作，並結合 WORD/EXCEL 將資料應用到淋漓盡致。

　　ACCESS 可以用『麻雀雖小、五臟俱全』來形容它，雖然是屬於辦公室軟體，但是它的基本功能卻可以比擬大型資料庫，不論是資料庫的基本物件、資料庫的設計概念、建立查詢的觀念、⋯都與大型資料庫相同。因此，在規劃本書內容時，不希望本書與一般 ACCESS 書籍一樣，僅講究一些基本操作，而忽略掉資料庫應該具備的常識～就是資料庫的三正規化與資料表的合併觀念。本書將會著重於這些資料庫必備的觀念加強。

　　基於業界二十多年的實務經驗，ACCESS 可以當成個人的小型資料庫來使用，亦可當成後端大型資料庫的中介軟體，很多的辦公室軟體可以透過 ACCESS 來與後端大型資料庫整合使用，這將會有助於企業重複使用資料的效益，更可以將企業龐大的資料，經過整理分析成有用的企業資訊會企業智慧。

　　本書內容在未出版之前，持續在『文化大學推廣部』推出相關課程授課，每次都獲得學員一致的認同，尤其很多學員都能快速運用於工作職場。因此，本書特別規劃出三個章節，讓 ACCESS 與 WORD/EXCEL/SQL SERVER 來整合運用，以達到 ACCESS 最大效益，更能替企業帶來更大的工作效率。尤其能讓辦公室人員、業務人員、資料庫行銷人員，甚至是資訊人員提升企業價值。

　　本書的完成，很感謝臆如的大力協助，妳總是利用下班時間和假日休息時間來撰寫本書，相信這段時間能讓妳更瞭解資料庫對一家企業的助益有多大。也感謝『博碩出版公司』的團隊，一直以來的鼓勵和支持，尤其是高珮珊小姐與古成泉經理給予很多的建議和協助。最感念的還是我的家人，我的媽媽、太太和我的兩個寶貝兒子，因為我的忙碌，不能有太多時間陪伴你們，謝謝你們的體諒，我才能全心投入教育工作，謝謝⋯

　　裕冠、羿安和映銓，願將此書獻給您們⋯⋯

陳祥輝　2010/12/1

mail :hui@staff.pccu.edu.tw

facebook :dale0211@msn.com

i

作者序

在人生求學道路中，我遇到了祥輝老師，由於他對我細心的教導與提攜之心，成為他在寫作生涯當中的小幫手，包括數本資料庫與網路相關書籍。從懵懂無知，僅能協助祥輝老師整理資料、文字修飾開始，他總是耐心地一遍又一遍的教導我，唯恐我沒有完全體會其中精神，尤其是他超過一般人的邏輯與圖解能力，讓我對專業知識從陌生、入門到熟悉。以致於能協助老師前面幾本書的資料庫的規劃、範例設計、…等等。

在協助老師的過程當中，我開始對資料庫產生了濃厚的興趣，認為能學通一門學問是一件很開心的事情，而想把資料庫學成專業，學中做、做中學，那樣的感覺讓我覺得很踏實、很快樂。就在完成上一本 SQL SERVER 2008 之後，老師突然問我：『妳要不要與我合著一本 ACCESS 2010 呢？』，當下不禁流下感動的淚水，知道老師的用心，是一步一步地培植我。從小幫手晉升成為作者，一切就像是一場夢。

人生總是非常的奇妙，從讀者變成小幫手、再成為了作者，都站在不同的立場看待一本書籍。過去以讀者的立場，總認為書籍裡寫的都是理所當然；進階到小幫手時，則會開始產生疑問，認為為什麼會這樣呢？當現在身為作者時，深深了解到學問必須是融會貫通的。在整個過程當中，參與這本書的寫作，體會很深，與老師的配合也都很愉快，最後讓這本書一步一步的誕生。在老師的帶領之下，這本書從無到有，從開始構思、規劃、鋪層、章節到內容的撰寫，甚至完稿後的調整，直到最適合的閱讀方式，在這之中不斷的討論與變動，一切都能很順利的達成協議，很開心這段時間與祥輝老師的合作。

祥輝老師，一路跟著您的腳步，總是讓我有很多意想不到的驚奇與成長，這本書更讓我踏上人生的另一個階段，老師謝謝您，謝謝您一路以來的用心，如果不嫌棄的話希望能繼續跟你一起學習唷。也要感謝博碩出版公司的團隊，尤其是 Kelly 與 Axel 的協助，才能讓本書順利出版。最後，是我最感謝的家人，永遠在我背後默默付出的父母，因為你們默默的把我撫養長大，才有今天臆如，謝謝您們一路以來的辛苦，讓臆如可以健康快樂的長大，在這樣的家庭真的很幸福。

爸爸、媽媽，我愛您們，謝謝您們

陳臆如　2010/12/1

關於書附光碟使用

本光碟內主要包括一個目錄『AccessDB』，此目錄下包括各章節的範例資料庫，皆是以『CHXX』命名，XX代表章數，如下圖所示，唯有CH01與CH06沒有範例資料檔，所以沒有章的目錄名稱。

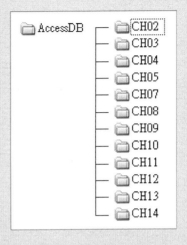

範例資料庫之命名規則

每個目錄內主要是放置該章內所使用到的範例資料庫，主要會有以下兩個範例資料庫：

CHXX範例資料庫.accdb：此檔案是提供給讀者自行練習的範例檔。

CHXX範例資料庫_執行後.accdb：此檔案是本書內已完成的範例檔。

CHXX範例資料庫_執行後__適用2007版.accdb：此檔案僅在CH03才有，是提供給ACCESS 2007版本參考使用。

範例資料庫之使用方式

請將光碟資料的目錄複製至『C:\』的根目錄下，再依據各章來開啟CHXX內的範例資料庫使用。

關於本書

用『圖』來『說』，就是【觀念圖解系列】的堅持。正港ㄟ『圖說』是作者利用多年教授有關資料庫的經驗累積，自創出許多不同的示意圖，適用不同情境的說明；簡而言之，就是利用『語法』、『語意』和『圖像』的相互轉換，輔助說明與理解的一種特殊方式。

從事資料庫相關行業已經將近二十年，總看到很多辦公室人員（包括一般的辦公事人員、業務人員、業務主管、廣告行銷人員、決策主管、…），都不懂得如何應用資料庫來提升自己的工作效率，往往將資料儲存於 EXCEL 內，當有需要使用時，總會重複輸入造成工作效率下降。更少看到能將資料庫內的龐大資料轉換成自己工作上有用的資訊，所以本書的撰寫，主要從觀念的建議，從小型資料庫 MS ACCESS 的應用，以及與大型 MS SQL SERVER 資料庫的連接應用，來協助很多辦公室人員對資料無法有效應用之苦。

本書的章節主要是依據讀者在學習上的成效，以及難易程度來鋪層，主要可分為四個部份，分別為以下四個部份，並輔助未來想考專業認證的一個基礎的輔助教材。

❑ 『基礎操作篇』，包括 CH01 ～ CH05

此部份是希望讓初學者先瞭解完整資料庫系統的架構，有助於未來學習方向和定位的瞭解，以及初步接觸 MS ACCESS 的環境介紹和基本操作。

❑ 『資料庫設計篇』，包括 CH06 ～ CH09

這一篇可以說是任何資料庫設計（當然也包括 MS ACCESS），最重要的核心部份，此篇的內容若是未能真正徹底地瞭解，對於 MS ACCESS 僅能說是盲目操作，而不是真正的應用，甚至會使用錯誤而不知。

❑ 『資料庫整合應用篇』，包括 CH10 ～ CH12

主要是將 MS ACCESS 資料庫的一些基本概念和微軟公司所開發的 Word/Excel 整合使用，讓讀者可以很清楚 MS ACCESS 資料庫也可以是很親和性，並非是一門非常高深或專業人士可學習的課程。更能透過 MS ACCESS 與 Word/Excel 的整合來達到最有效的應用。

- ❑ 『資料庫開發篇』，包括 CH13 ～ CH14

本篇的議題主要是透過報表的輸出，以及表單為介面來讓使用者維護資料，也就是設計自己對資料的存取介面。

為什麼本書會強調『觀念與圖解』，最主要的是作者透過一種特殊的『邏輯』來展現出很多令人難以瞭解的觀念。『邏輯』又是什麼？常常會有學生問到我要如何訓練『邏輯』，我常會反問一句～『什麼是邏輯？』。簡單地說，邏輯就是一種想像的能力與方法，就像我也常會問學生『3×7=21』的真諦是什麼一樣。本書採用大量的『邏輯思維』來創作，並非將 MS ACCESS 給複雜化，反而是將 MS ACCESS 的觀念簡易化的一個主要方式。所以本書利用很多作者獨創的圖解來詮釋每一個 SQL 語法的精神，或是將較長的程式碼，利用較有結構性的圖解方式來解說每一個範例，主要重點就是讓讀者可以很輕易地理解資料庫的奧秘。

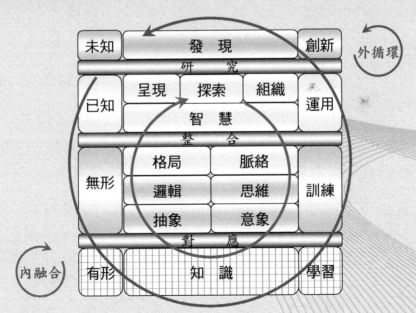

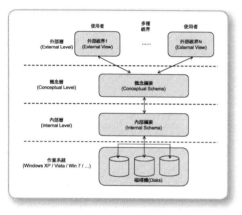

CHAPTER **3**

『資料表』的基本建立

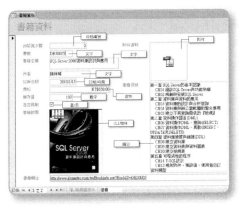

CHAPTER **4**

『資料表』的操作

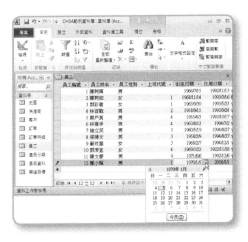

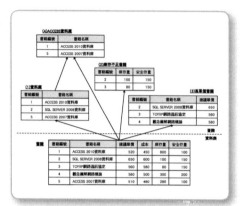

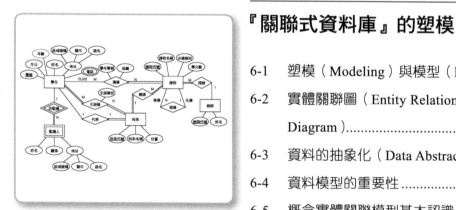

CHAPTER **5**

『查詢』的建立與操作

CHAPTER **6**

『關聯式資料庫』的塑模

CHAPTER **7**

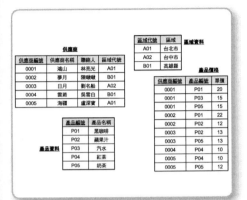

正規化與資料庫關聯圖

CHAPTER **8**

多個資料表的合併

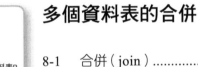

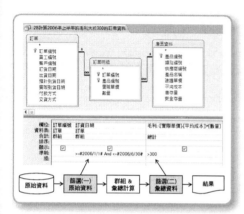

CHAPTER **9**

設計實用的查詢

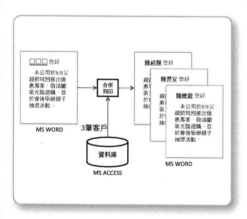

CHAPTER **10**

Word『合併列印』與 ACCESS 的整合

CHAPTER **11**

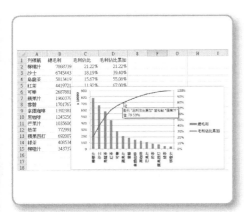

Excel『樞紐分析』與 ACCESS 的整合應用

CHAPTER **12**

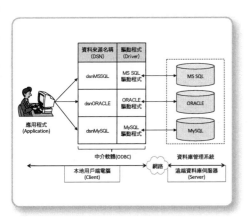

連結不同資料庫的『中介軟體』

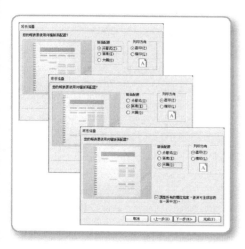

CHAPTER 1

認識資料庫管理系統

　　『資料庫』(database)、『資料庫管理系統』(database management system,簡稱 DBMS)與『資料庫系統』(database system)是我們耳熟能詳的名詞,但其間的差異性以及真正的意義何在,是本章所要探討的議題。另外也介紹資料庫系統的不同架構,說明一般資訊系統開發時如何考量所需。

1-1　認識資料庫系統

　　『資料庫系統』(Database System),是由一些彼此相關的資料,以及存取這些資料的『應用程式』所組成的一個集合體。通常這群相關的資料集合,稱為『資料庫』(Database);而這群對資料進行存取動作的軟體,我們稱為『資料庫管理系統』(Database Management System,簡稱 DBMS)。所以『資料庫系統』的主要目的,是藉由資料庫管理系統對資料的儲存和管理,以及具有商業邏輯的『應用程式』來達成企業需求,如此的系統稱之為『資料庫系統』。

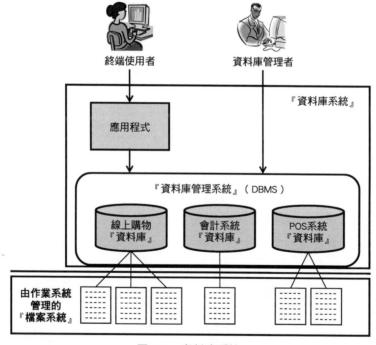

圖 1-1　資料庫系統

簡單而言，如圖 1-1 所示，一個『資料庫系統』包括 (1) 最底層儲存資料的『資料庫』、(2) 管理資料庫的『資料庫管理系統』以及 (3) 提供給一般使用者操作資料的介面『應用程式』，分別說明如後。

(1) 『資料庫』

廣義的『資料庫』（Database，簡稱 DB）定義，是由一群具有相關性之資料所形成的一個集合體，諸如使用一般的純文字格式檔案，或是文書處理軟體如微軟公司的 Word、Excel、Access…等等的儲存方式，皆可稱為『資料庫』（Database）。

這些資料庫的資料皆是以檔案形式儲存於永久性儲存的電腦設備之內，例如硬碟、軟碟、光碟片…等等的儲存體。此類定義的資料庫在設計上通常也較為鬆散，資料定義未經事前的嚴謹統一規劃，所以也將造成前一節中所述的幾個檔案系統的問題；更由於這些資料庫皆是以檔案形式儲存，所以對於資料的安全、儲存、存取控制和一致性皆有其問題。

狹義的資料庫定義，則應該經過事前的統一規劃和分析，將我們周遭的真實現象忠實的『抽象化』（Abstract）或『一般化』（General）後，對資料明確的定義和一些完整性的限制（Integrity Constraints），並將這些定義和限制儲存於資料庫內，以便應用程式或一般的查詢能依據此目錄來進行存取，不至違反其他的規則。後續所提到的『資料庫』，全部都是指這類型的資料庫。

(2) 『資料庫管理系統』

『資料庫管理系統』（Database Management System，簡稱 DBMS）的主要目的，是讓使用者或程式設計人員可以較為方便，透過所提供的共用軟體來進行資料定義、控制和存取的動作，『資料庫管理系統』是介於『應用程式』，或一般的查詢語言和『資料庫』之間的一個操作介面。

較為常見的資料庫管理系統，微軟（Microsoft）公司所開發的 MS SQL SERVER 以及 MS ACCESS、甲骨文（Oracle）公司所開發的 Oracle、賽貝斯（Sybase）公司的 Sybase 以及 IBM 公司的 DB2、Informix，皆為常見的幾種資料庫管理系統。

(3)『應用程式』

『應用程式』（Application，簡稱 AP）可算是『商業邏輯』（Business Logic），也就是為了方便使用者處理企業資料，因應不同企業邏輯開發的軟體，以方便處理資料並對資料庫的存取。包括利用 JAVA、Visual C#、Visual Basic、JSP、ASP.NET 或是 PHP…等等程式所開發的資料庫系統軟體；以及後面章節即將介紹微軟公司開發的 Word、Excel 辦公室軟體，亦可與資料庫結合使用，也稱之為應用程式。

概念上，在整體資料庫系統中，資料儲存的實際所在之處是『資料庫』。其實『資料庫』僅可以視為一個邏輯性的儲存空間，因為它的組成是由更底層的實體『檔案』所構成。實體『檔案』就是位於作業系統管轄的『檔案系統』當中；換言之，『資料庫』就是由作業系統的檔案系統的『檔案』組成，而由『資料庫管理系統』來進行管理與存取。所以底層的檔案大小將會直接影響『資料庫』可存放的空間大小，若是資料庫的儲存空間不足時，必須從底層擴增檔案給該資料庫使用。

1-2 資料庫系統的開發階段與相關人員

 資料庫系統的開發階段

一個應用程式的專案開發，基本上可以分為四個階段：『規劃階段』（plan phase）、『分析階段』（analysis phase）、『設計階段』（design phase）以及『實作階段』（implementation phase），分別略述如下：

『規劃階段』（plan phase）

此階段的重點在於一個議題，就是『Why ？』。在資料系統開發前的準備，思考的方向在於為什麼要開發這樣的系統，對於商業的價值在於何處？

此商業價值又可分為『有形價值』（Tangible Value）與『無形價值』（Intangible Value）兩種。所謂『有形價值』（Tangible Value）是指可透過測量的價值，例如業績量的提升；『無形價值』（Intangible Value）是指無法透過測量的價值，例如企業形象的提升。以及針對開發的可行性分析，包括資訊技術、成本效益分析以及組織內部人員的接受程度和教育訓練的可行性進行評估，在整體的評估與規劃的時期謂之『規劃階段』。

『分析階段』（analysis phase）

此階段的重點，在於我們需要建置『什麼』系統（What?）、『何時』要使用（When?）、『誰』要使用（Who?），以及此系統會用在『什麼地方』（Where?）。

資料庫系統是一種將真實世界原原本本記錄下來的一套系統，至於要記錄那些資料，以及企業有何種的需求，必須透過具有資訊技術的人員來進行企業的『需求分析』（Requirement Analysis），也就是此系統應該提供什麼功能，透過需求分析來設計資料庫；至於此資料庫系統所使用的時機和使用的地點會影響到專案開發的時程和設計的方向，而使用者的對象則影響到此系統應該提供的是基本的資料存取，或是將此些『原始資料』（raw data）經過彙整或計算後的資訊，提供給企業做為未來決策的依據。

『設計階段』（design phase）

設計階段的重點在於此資料庫系統在建置時，應該如何建置此系統（How?），包括所使用的相關軟、硬體的規格，例如要選擇那一種資料庫管理系統，程式開發的程式語言選擇以及網路的基礎建設…等等。

■ 『實作階段』（implementation phase）

實作階段在於建置此資料庫系統中的應用程式，亦就是依據分析階段對企業的需求分析、功能分析正確地將其建置、測試、安裝、上線使用以及上線後的系統維護等等的工作。

❖ 資料庫系統的相關人員

與資料庫系統會有互動的相關人員，包括『資料庫管理師』（Database Administrator，簡稱 DBA）、『資料庫設計師』（Database Designer）、『系統分析師』（System Analyst，簡稱 SA）、『程式設計師』（Programmer）以及『終端使用者』（End Users），分別略述如下：

■ 『資料庫管理師』（Database Administrator，簡稱 DBA）

負責維護整體的資料庫管理系統的正常運作，包括資料庫的安全管理、授權管理、效能調整管理、資料庫的備份 / 還原…等等的工作。

■ 『資料庫設計師』（Database Designers）

資料庫設計師必須瞭解使用者的需求，有那些資料是要儲存於資料庫之中，找出其間的關係，將其資料庫的結構設計並建立，以提供日後使用者存取資料使用。

■ 『系統分析師』（System Analyst，簡稱 SA）

系統分析師所扮演的角色，主要在於專案開發過程中的分析階段，本身應該具備資訊技術，並透過對企業的終端使用者來進行訪談、問卷調查及觀察來進行瞭解企業的需求分析，而終端使用者的選擇，必須是由最基層的資料操作人員至高階的決策主管都必須進行訪談，並依此需求來建立程式規格書，交由程式設計師（Programmers）來將其程式設計出來。

🔳 『程式設計師』（Programmers）

程式設計師的主要工作是依系統分析師所列出的程式規格，將程式實作出來，和進行不同的程式測試，並將文件化的工作。

🔳 『終端使用者』（End Users）

終端使用者可針對資訊科技瞭解程度來區分：一種為非資訊人員，僅能透過程式設計人員所設計的固定應用程式來進行資料的存取動作；對於這些資料的存取會受該應用程式的限制，也是一成不變的『固定操作交易』或稱為『罐頭交易』（Canned Transaction），對資料處理而言不會有太多太複雜的變化。另一種為熟悉資料庫系統的人員，可以自己透過資料庫管理系統來對資料的存取，並且可依據不同需求來對資料進行存取和分析，可快速的應付因企業快速變動的需要。

1-3 資料庫系統架構的種類

資料庫系統的基本架構可以分為四種情形，分別為『單機架構』、『主 / 從式架構』（Client / Server）、『三層式架構』（3-Tier）以及『分散式架構』四種，分別說明如下。

❖ 單機架構

在早期網路尚未普遍時，資料庫系統的架構主要是屬於單機架構，也就是將所使用的應用程式以及資料庫，全部儲存在每一位使用者的電腦內，這樣的架構會造成電腦之間的資料完全獨立，將會造成相同的資料重複出現在很多部電腦內，也無法達到資料的正確性、安全性以及共同分享的目的。

以本書所探討的微軟公司開發的辦公室套裝軟體（MS OFFICE）之一的ACCESS 而言，既然是被定位於辦公室軟體，表示此軟體基本上就被定位於單機架構來使用。但也可以透過後續介紹的中介軟體『ODBC』來建置成主 / 從架構。

❖ 主／從式架構（Client/Server）

『主／從式架構』主要是將資料庫管理系統獨立成一部『資料庫伺服器』（database server），使用者可以利用本機的應用程式，並透過網路連線向『資料庫伺服器』進行資料的存取操作。

如此的架構解決單機架構下的很多缺點，資料可以集中管理，不會產生資料重複存在、資料不一致性、資料共享以及資料安全…等等的問題。雖然主／從式架構有其優點，但也會有其缺點。例如與資料庫系統連線的應用程式，必須在每一位使用者的電腦中安裝一套，每當應用程式改版或修改時，就必須再將每一部電腦的軟體更新，維護上非常不方便；而且使用端的電腦等級也必須相對提高。

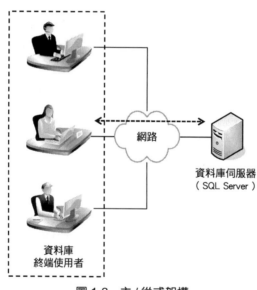

圖 1-2　主／從式架構

❖ 三層式架構（3-Tier）

　　『三層式架構』就是因應『主 / 從式架構』的缺點而產生的新架構。也就是目前最普遍被採用的方式之一，尤其是網際網路的普遍，延伸出很多透過網際網路連線的不同應用，例如電子商務的網站經營就是一個很典型的案例。

　　依據這樣的架構，是將原本安裝於使用者端的應用程式，另外獨立成一部『應用伺服器』（application server）。也就是所有的『應用程式』或稱『商業邏輯』（business logic）獨立存放於『應用伺服器』；使用者端只要具有簡單的瀏覽器軟體（例如微軟的 IE 瀏覽器、火狐狸 Firefox、…），即可透過網際網路連線至『應用伺服器』。當需要存取資料庫時，再由『應用伺服器』透過網路連線，向『資料庫伺服器』進行安全認證與資料的存取。倘若『應用程式』或稱『商業邏輯』改變時，只要於『應用伺服器』變更即可，並且使用者端電腦等級，也不需要太過於高。

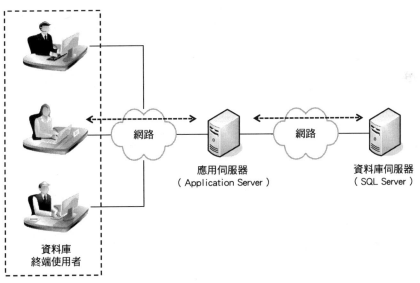

圖 1-3　三層式架構

❖ 分散式架構

『分散式架構』（distributed architecture）可以說是比較複雜的一種模式。當企業規模較大時，會因為部門或分公司位於不同地區，而不同部門或公司會有自己的資料庫系統，例如：人力資源處會有人力資源系統資料庫、業務部門會有業務銷售資料庫以及會計部門會有會計系統資料庫。倘若這三個部門的資料庫系統完全獨立建置，甚至位於不同地區，當某個『交易』（transaction）必須同時存取這三個資料庫時，就必須使用到『分散式架構』。

在這種架構下，使用者一次的存取會同時影響到多個『資料庫伺服器』，為了保證使用者的存取，都能正確地寫入每一部『資料庫伺服器』，必須透過『分散式交易協調器』（Distributed Transaction Coordinator, 簡稱 DTC），達到每一部『資料庫伺服器』都能正確且成功地被存取。

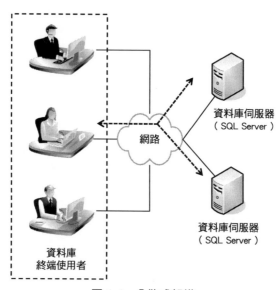

圖 1-4　分散式架構

1-4 中介軟體

　　發展『資料庫管理系統』（DBMS）的軟體公司相當多，每家軟體開發公司為了爭取市場的認同與採用，各家會使用不同的技術來加強該公司的產品特色。正因如此，會因為所採用不同的資料庫管理系統，造成資料庫系統開發人員必須學習不同的存取方式和存取語言，如此會降低程式開發人員的效率。因應不同的需求，於是有很多的標準被制定出來，讓各家保有技術開發的獨特性，又能讓程式設計者在使用上相當方便。所以在『應用程式』與『資料庫管理系統』之間，產生一層『中介軟體』（middleware）來解決程式開發人員面對不同『資料庫管理系統』的困擾；常見的中介軟體包括『ODBC』（Open Database Connectivity）和『JDBC』（Java Database Connectivity）。

　　簡而言之，『中介軟體』是介於『應用程式』與『資料庫管理系統』之間的一個對應和轉換的軟體介面，目的是為了解決程式設計者不但要面對不同的作業系統平台、不同網路協定，還要面對不同的資料庫管理系統而發展出來，讓使用者或程式開發人員可以簡單面對不同的資料庫管理系統，而摒除掉異質資料庫和繁雜的網路連線問題。

　　由於每家軟體公司開發的資料庫管理系統，會有不同的『中介軟體』。例如微軟公司所開發的 SQL Server，會有 SQL Server 所對應的中介軟體；甲骨文公司所開發的 Oracle，會有 Oracle 所對應的中介軟體。只要事先選好相對應資料庫管理系統的『中介軟體』，並且設定連線的『資料庫伺服器名稱或網路位址』、『資料庫名稱』、登入的『帳號』與『密碼』；應用程式只要直接面對『中介軟體』即可輕鬆與資料庫伺服器連線並存取資料。

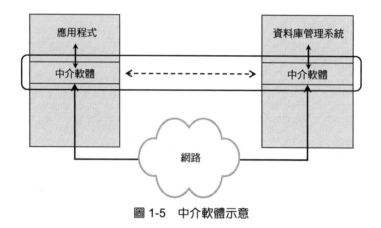

圖 1-5　中介軟體示意

　　『中介軟體』不但可以扮演程式設計者與資料庫管理系統之間的轉譯者，更可以讓程式設計者輕鬆透過不同的實體網路，或不同的網路層協定來進行資料存取，讓使用者對網路層的部份完全透明（Transparent），也就是透過中介軟體對不同網路的支援，來免除使用者直接面對不同的網路協定，增加其開發上的效率，使用者在存取資料的時候，彷彿只是面對中介軟體，不需要考慮到底層的部份。

❖ ODBC（Open Database Connectivity）

　　ODBC（唸法是由四個獨立的字母逐字唸，O..D..B..C）在 1992 年由 SQL Access Group 所開發出的一個資料庫存取標準，主要的目的在於應用程式與資料庫管理系統之間的一個共同存取介面，讓應用程式能簡單化，並藉由在應用程式與資料庫管理系統之間多一層『驅動程式』（Drivers）面對不同的資料庫管理系統。也就是說，不同的資料庫管理系統會有不同的驅動程式，通常此驅動程式是由該資料庫管理系統的開發廠商所提供，讓應用程式對資料庫管理系統所下達的命令，能透過此驅動程式轉譯成該資料庫管理系統所能瞭解的命令，讓開發者能輕鬆地使用單一存取的程式語言。

　　以微軟公司所開發的『ODBC 資料來源管理員』而言，可將其分為兩大部份，一為使用者所看見的『資料來源名稱』（Data Source Name，簡稱 DSN），和不同資料庫管理系統的『驅動程式』（driver），如圖所示。

　　只要將不同的資料庫管理系統的驅動程式安裝在應用程式所在的電腦，並設定好 ODBC 中的『資料來源名稱』和對應的『驅動程式』，至於應用程式所面對的只是資料來源名稱而已。

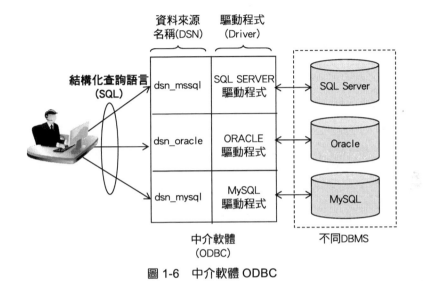

圖 1-6　中介軟體 ODBC

1-5　結構化查詢語言 （Structured Query Language, SQL）

　　當不同的應用程式面對不同的資料庫管理系統時，必須有一個統一的語言來進行資料的存取，於是美國國家標準局（American National Standards Institute, 簡稱 ANSI）由 X3H2 小組負責訂定了一個語言標準，稱之為『結構化查詢語言』（Structured Query Language, 簡稱 SQL, 唸成 SEQUEL）。SQL 語言提供了一組定義『資料表』（Table）和『查詢 / 檢視表』（Query/View）的指令，稱之為『資料定義語言』（Data Definition Language, 簡稱 DDL）。另外一組是針對『資料』擷取及異動的指令，則稱之為『資料處理語言』（Data Manipulation Language, 簡稱 DML）。

由 ANSI 所訂定的 SQL 標準稱之為 ANSI SQL，實際上這個標準也被國際標準組織（International Organization for Standardization, 簡稱 ISO）納為標準，稱之為 ISO SQL，事實上這兩個標準是相同的。SQL 語言的標準訂定之後，每一家資料庫開發廠商必須遵循 ANSI SQL 的標準，但又為了市場競爭及獨特性，各家除了遵循 ANSI SQL 標準之外，尚會擴增其功能成為自己的 SQL 語言。以微軟公司的 SQL Server 資料庫而言，使用的 SQL 稱之為『Transact-SQL』（簡稱 T-SQL）。微軟公司的 ACCESS 資料庫也是採用 SQL 來當成基本語言。甲骨文公司的 Oracle 資料庫而言，使用的 SQL 稱之為『PL/SQL』。

1-6 資料庫的種類

以資料庫的建構模型來分類，可以將資料庫管理系統分為四大類型，依據發展的先後順序分別為：『階層式資料庫』（Hierarchical Database）、『網狀式資料庫』（Network Database）、『關聯式資料庫』（Relational Database）以及『物件導向資料庫』（Object-Oriented Database）。

由於資料庫技術不斷被研究發展與更新，『階層式資料庫』與『網狀式資料庫』類型的產品，在市場上已逐漸消失不被採用。而目前最普遍被大眾所使用的是『關聯式資料庫』。而『物件導向資料庫』是四種中最後被發展出來的一種模型，也是最新的一種資料庫管理系統技術；雖然被發展出來也近十數年，但卻未被大量接受使用。

前面所提到的相關資料庫管理系統產品，包括 MS SQL SERVER、MS ACCESS、Oracle、DB2、Informix，甚至於一些開放原始碼（Open Source）的軟體，包括 MySQL、Firebird、…都屬於『關聯式資料庫』的管理系統。

『關聯式資料庫』是將一些相關的資料，以二維表格的方式來儲存，此表格稱之為『資料表』（table）。例如將學生的基本資料儲存成圖 1-7，每一個欄位都會有一個欄位名稱，每一個列都代表者一個學生，也就是一筆記錄。

學號	姓名	科系	出生日期
1	陳阿輝	CS	54/1/1
2	陳阿如	CS	76/2/2
3	陳阿德	MT	86/3/3

圖 1-7 『資料表』

　　兩個『資料表』之間，有可能存在著某一種『關聯性』（relationship），也可能沒有任何的『關聯性』存在。但是，不太可能一個資料表，完全不與其他資料表有任何的『關聯性』存在；也就是，一個資料表獨立存在，除非該資料表有特殊用途。

　　如圖 1-8，共有三個資料表，分別為『學生』、『科系資料』以及『修課資料』。『學生』中的『科系』欄位會參考到『科系資料』的『科系』欄位；而『修課資料』中的『學號』會參考到『學生』中的『學號』。舉例而言，若是要得知『陳阿如』是哪一個科系的學生？必會先從『學生』中查得『陳阿如』的記錄，再從『科系』欄位得知是『CS』；再至『科系資料』中查得『科系』為『CS』的『科系名稱』為『電腦科學學系』。

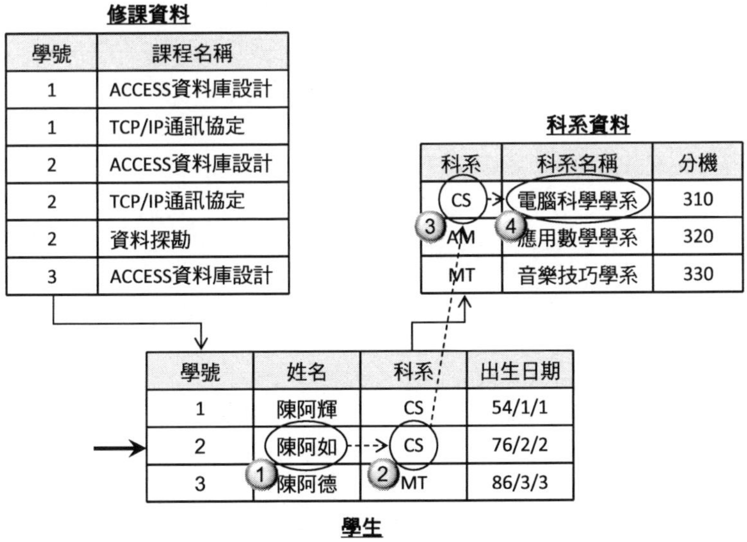

修課資料

學號	課程名稱
1	ACCESS資料庫設計
1	TCP/IP通訊協定
2	ACCESS資料庫設計
2	TCP/IP通訊協定
2	資料探勘
3	ACCESS資料庫設計

科系資料

科系	科系名稱	分機
CS	電腦科學學系	310
AM	應用數學學系	320
MT	音樂技巧學系	330

學號	姓名	科系	出生日期
1	陳阿輝	CS	54/1/1
2	陳阿如	CS	76/2/2
3	陳阿德	MT	86/3/3

學生

圖 1-8 資料表之間的『關聯』

相同地，若是要查得『陳阿如』的修課資料，會先從『學生』中查得『陳阿如』的『學號』為『2』；再至『修課資料』查出所有『學號』為『2』的記錄，共查得三筆記錄。若是將所有學生的科系以及所有修課資料查出，應該會得出圖1-9的一個『虛擬資料表』。

學生

學號	姓名	科系	出生日期	科系名稱	分機	課程名稱
1	陳阿輝	CS	54/1/1	電腦科學學系	310	ACCESS資料庫設計
1	陳阿輝	CS	54/1/1	電腦科學學系	310	TCP/IP通訊協定
2	陳阿如	CS	76/2/2	電腦科學學系	310	ACCESS資料庫設計
2	陳阿如	CS	76/2/2	電腦科學學系	310	TCP/IP通訊協定
2	陳阿如	CS	76/2/2	電腦科學學系	310	資料探勘
3	陳阿德	MT	86/3/3	音樂技巧學系	330	ACCESS資料庫設計

科系資料

選課資料

圖 1-9　整合後的『虛擬資料表』

1-7　資料庫的三層式綱要架構

一般資料庫會依據功能，畫分為三個階層的架構，此架構稱之為『三層綱要架構』（Three-Schema Architecture）。如圖1-10，從最底部的內部層（Internal Level）的『內部綱要』（Internal Schema），中間層的概念層（Conceptual Level）的『概念綱要』（Conceptual Schema），以及最上層的外部層（External Level）的『外部視界』（External View）。

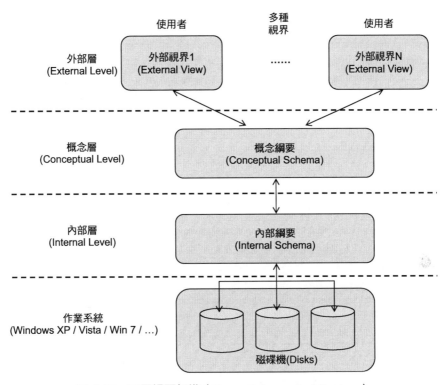

圖 1-10　三層綱要架構（Three-Schema Architecture）

❖ 內部綱要（Internal Schema）

　　最主要的功能在於描述資料庫實際儲存的資料結構，以及如何儲存的方式，例如資料庫的檔案儲存格式或儲存的實際位置。所以在『內部綱要』層主要在處理檔案系統與資料庫之間的對應關係。

　　以圖 1-11 所示，以使用者的觀點而言，邏輯上只認為所面對的僅是一個名為『銷售資料庫』的資料庫；但實際上，此資料庫是由分佈於『磁碟機 #1』與『磁碟機 #2』的檔案所組成，當檔案成長至該磁碟機的最高容量時，可彈性地再加裝另一『磁碟機 #3』，建立出第三個儲存的檔案，提供使用者在處理『銷售資料庫』時，不會感覺到實體上的改變或擴增。如此能增強分層之間的獨立性，不會因為內部層的改變，而直接影響到上層概念綱要。所以依據功能而言，使用者是不應該，也不需要瞭解到內部層的部份，而此一部份應該是由資料庫管理人員來負責處理和管理，所以透過分層之後，可以很清楚地將使用者和管理者的工作分離。

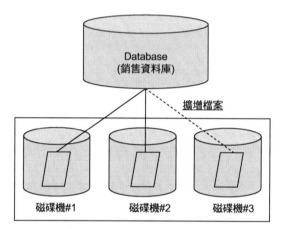

圖 1-11　內部綱要擴增檔案

不過，由於 MS ACCESS 資料庫是給辦公室人員所使用，通常所儲存的資料量並不會過於龐大。所以在底層的檔案管理，僅能由一個副檔名為 accdb 的檔案構成一個資料庫，無法像大型資料庫能跨越不同的磁碟機。

❖ 概念綱要（Conceptual Schema）

概念層的功能在於描述較高層的資料結構，接近人性化的概念方式。例如所使用的資料，是以『資料表』（Table）的概念，以及資料表與資料表之間的關聯性（Relationship），並且儲存資料庫內所有資料表和綱要，不用在乎底層的儲存格式或儲存位置，例如：

員工（員工編號，姓名，職稱，性別，出生日期，任用日期，地址）

客戶（客戶編號，公司名稱，聯絡人，聯絡人職稱，聯絡人性別）

訂單（訂單編號，客戶編號，訂貨日期，經手人）

訂單明細（訂單編號，產品編號，數量，實際單價）

產品資料（產品編號，產品名稱，供應商編號，類別編號，建議單價）

❖ 外部視界（External View）

外部視界的目的在於面對一般的使用者，可以針對不同使用者所需要的資料進行『縱向的欄位選取』，或『橫向條件篩選』，可避免使用者看到未授權的資料內容。

例如圖 1-12，原本員工資料共有十三筆，欄位包括員工編號，姓名，職稱，性別，出生日期，任用日期，地址，共七個欄位，如今某位員工只能看到業務相關人員的員工編號，姓名，職稱，性別，那就可以使用外部綱要方式，如圖中所示，如同將不允許看到之資料遮蓋住，僅留下授權使用的資料。

員工編號	姓名	職稱	性別	出生日期	任用日期	地址
8111131	陳明明	總經理	男	1966/7/15	1992/11/13	台北市內湖區康寧路23巷
8111261	黃謙仁	工程師	男	1969/3/22	1992/11/26	台中市西屯區工業11路
8112061	林其達	工程助理	男	1971/6/6	1992/12/6	台北縣中和市大勇街25巷
8201141	陳淼耀	工程協理	男	1968/11/14	1993/1/14	台北市大安區忠孝東路4段
8203161	徐沛汶	業務助理	女	1963/9/30	1993/3/16	桃園縣桃園市縣府路
8205231	劉逸萍	業務	女	1958/9/15	1993/5/23	台北市士林區士東路
8209241	朱辛傑	業務協理	男	1955/4/3	1993/9/24	台北市內湖區瑞光路513巷
8210171	胡琪偉	業務	男	1963/8/12	1993/10/17	台北縣板橋市中山路一段
8307021	吳志梁	業務	男	1960/5/19	1994/7/2	台中市北屯區太原路3段
8308271	林美滿	業務經理	女	1958/2/9	1994/8/27	台北市中山區一江街
8311051	劉嘉雯	業務	女	1968/2/7	1994/11/5	台北市士林區福志路
8312261	張懷甫	業務經理	男	1952/9/16	1994/12/26	台北市大安區仁愛路四段
8411151	張若蘭	業務助理	女	1969/1/2	1995/11/15	台北縣板橋市五

員工編號	姓名	職稱	性別
8203161	徐沛汶	業務助理	女
8205231	劉逸萍	業務	女
8209241	朱辛傑	業務協理	男
8210171	胡琪偉	業務	男
8307021	吳志梁	業務	男
8308271	林美滿	業務經理	女
8311051	劉嘉雯	業務	女
8312261	張懷甫	業務經理	男
8411151	張若蘭	業務助理	女

圖 1-12　外部綱要範例

本章習題

是非題

( ) 1. 儲存資料的檔案皆可稱之為廣義的資料庫，例如 Excel、Word、ACCESS、…。

( ) 2. 高鐵、捷運站的售票系統，就是一個『資料庫系統』。

( ) 3. 辦公室常用的 ACCESS 算是一種『三層式架構』的資料庫系統。

( ) 4. 本書所使用的 ACCESS 資料庫，可以算是一種『資料庫管理系統』。

( ) 5. 資料庫系統開發的『規劃階段』，主要的目的在於探究系統要做什麼 (What)。

( ) 6. 辦公室常用的 ACCESS 資料庫僅適合個人使用，所以並不適合用來開發多人的資料庫系統。

選擇題

( ) 1. 在開發一個資料庫系統時，要選用哪一種資料庫，是屬於哪一個階段
(A) 規劃階段　　(B) 分析階段　　(C) 設計階段　　(D) 實作階段 。

( ) 2. 以下哪一種辦公室軟體最適合用來儲存大量資料
(A) WORD　　　　　　　　(B) EXCEL
(C) POWERPOINT　　　　(D) ACCESS。

( ) 3. 以下何者是資料庫中介軟體之一
(A) DBOC　　(B) ODBC　　(C) ACCESS　　(D) SQL。

( ) 4. 誰該負責維護整體的資料庫管理系統的正常運作，包括資料庫的安全管理、授權管理、效能調整管理、資料庫的備份 / 還原…等等的工作
(A) 資料庫管理師　　　　(B) 系統分析師
(C) 程式設計師　　　　　(D) 終端使用者。

簡答題

1. 試說明何謂『資料庫管理系統』？

2. 試說明何謂『資料庫系統』？

3. 試說明資料庫系統的四種基本架構為何？

4. 資料庫系統的開發階段，基本上可區分為哪四個階段？

5. 何謂中介軟體？

6. 試列舉資料庫系統的相關人員有哪五種？

MEMO

CHAPTER 2

ACCESS 2010 環境介紹

ACCESS 是一種小型的『資料庫管理系統』(database management system, 簡稱 DBMS)，因為它被定位於辦公室人員所使用，所以採用的是以單一檔案為主要模式。因此，只要將檔案複製至另一部電腦，即可使用相同版本（或較高版本）的 ACCESS 來開啟。

2-1 啟動 ACCESS

以 Windows 7 而言，先點選『開始』 按鈕之後，依序點選『所有程式』→『Microsoft Office』→『Microsoft Access 2010』來啟動。當啟動後會先出現一個 Access 2010 的歡迎畫面，以及微軟（Microsoft）公司的版權聲明。

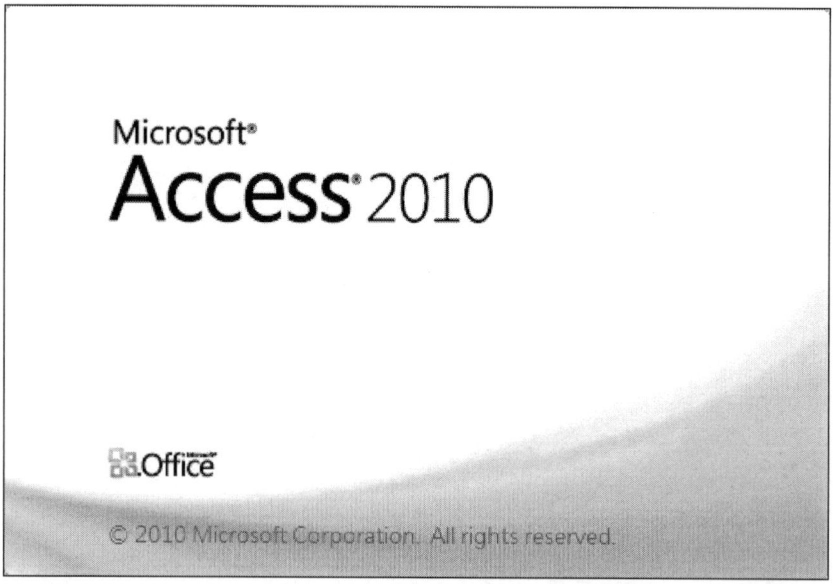

圖 2-1　啟動 ACCESS 2010 的歡迎畫面

當 Acces 2010 軟體載入完畢之後，以上的歡迎畫面將會自動消失，並出現 Access 2010 的主畫面。主畫面有三個功能：「新增」、開啟舊檔」以及「最近」開啟過的資料庫檔案，分別說明如下：

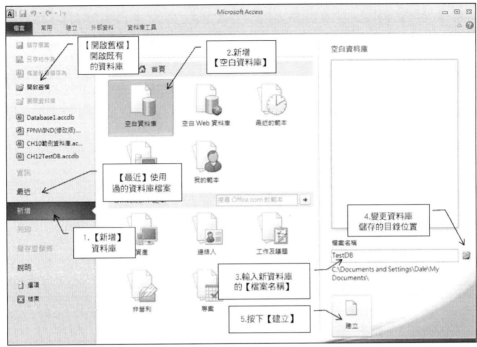

圖 2-2　啟動 ACCESS2010 的第一個畫面

針對以上的畫面中，主要的三個功能，『新增』、『開啟舊檔』以及『最近』開啟過的資料庫檔案，說明如下：

❖『新增』資料庫

是指新增一個全新的空白資料庫。介紹 5 種新增資料庫方法如下：

1. 點選【新增】的功能，在右邊視窗會出現新增資料庫的相關選項。

2. 點選【空白資料庫】來新增一個全新的空白資料庫。

3. 輸入新資料庫的檔案名稱。此處預設的檔案名稱為『Database+ 流水號』，
   例如：Database1、Database2、Database3、…。

4. 點選資料夾圖示，會出現以下【開新資料庫】的對話框，可以用來變更儲存新資料庫的目錄位置。並且選擇存檔類型，預設為『Microsoft Access）Microsoft Access 2007 資料庫』，因為 Access 2010 的檔案格式與 Access 2007 相同，所以沒有一個 2010 的選項；若是選擇『Microsoft Access 資料庫（2002-2003 格式）』或『Microsoft Access 資料庫（2000 格式）』，表示以相容於較低的版本來儲存。倘若所建立的資料庫將會於不同版本的 Access 開啟，建議使用較低版本，以增加彼此之間的相容性。

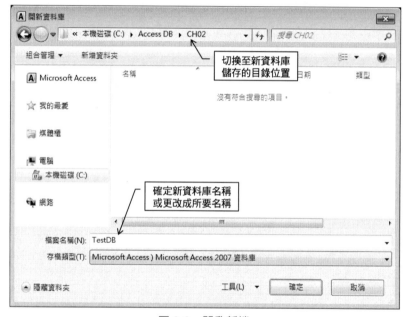

圖 2-3　開啟新檔

5. 按下【建立】，才會執行建立資料庫的動作，並會出現下圖。初始情形會出現一個名為『資料表 1』的資料表，若是此時不想建立新的資料表，可以按右上角『X』關閉，待後續再新增即可。

圖 2-4　新資料庫畫面

❖『開啟舊檔』

是指開啟既有存在的資料庫，在點選【開啟舊檔】功能後，即會出現下圖。亦可使用『Windows 檔案總管』，直接找到該檔案，連點滑鼠左鍵兩下，直接開啟以下視窗。

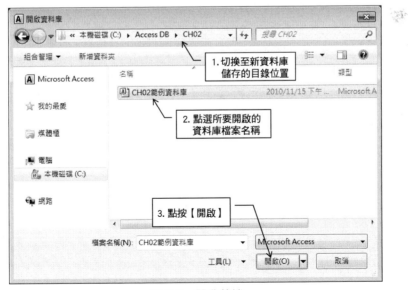

圖 2-5　開啟舊檔

💠 最近

是指最近曾經開啟過的資料庫檔案點選【最近】的功能時，會出現下圖，右邊是最近曾經開啟過的資料庫檔案。最下方可以利用核取方塊，決定要不要將最近的前幾個檔案顯示於左上方。

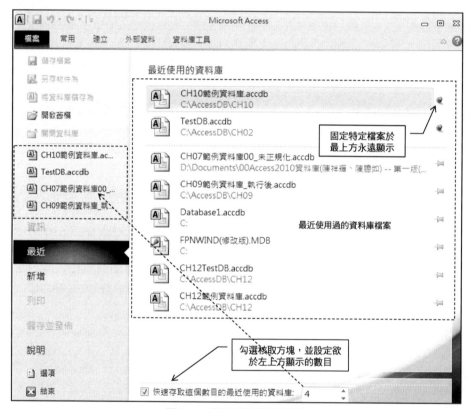

圖 2-6　最近使用過的檔案

2-2　ACCESS 的環境介紹

首先，可以將書附光碟中的範例資料庫，複製至 C:\AccessDB，方便後續本書的範例說明。例如，以下先開啟 ACCESS 2010 軟體後，並開啟 C:\AccessDB\CH02\CH02 範例資料庫 .accdb，將出現以下畫面，並針對各部份說明。

在圖 2-7 中的左上角是【快速存取工具列】，按向下的箭頭，可以展開其他自訂快速存取工具。標題的部份是顯示目前所開啟的資料庫名稱，以及該資料庫相容的檔案格式類型。

自 Access 2007 之後，微軟將很多的功能重新分類，並以【頁籤】方式來區分，基本的頁籤包括檔案、常用、建立、外部資料以及資料庫工具。但也會因為開啟不同物件而增 / 減頁籤種類。【頁籤】下方就是該頁籤所包括的功能，稱之為【功能區】。若是嫌【功能區】太佔空間，可以按右上方的 ⌃ 按鈕將它縮起來；倘若要再顯示出來，可以按 ♡ 按鈕再將它展開。若僅僅希望暫時顯示，點選功能之後，就自動再縮起來，只要直接按所屬的【頁籤】即可。

左邊的【功能窗格】，這也是最常被使用到的部份。ACCESS 主要物件有『資料表』、『查詢』、『表單』與『報表』四種，所以此窗格可以用來瀏覽這四種不同的物件，並且可以從此窗格開啟、新增、設計不同的物件。

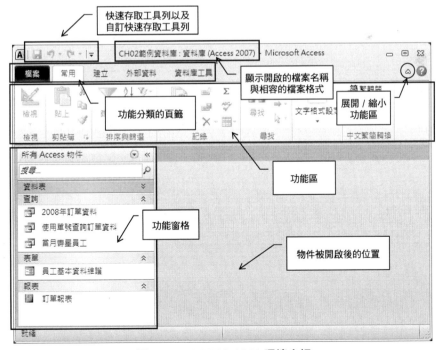

圖 2-7　ACCESS 2010 環境介紹

以下是【功能窗格】的基本操作。

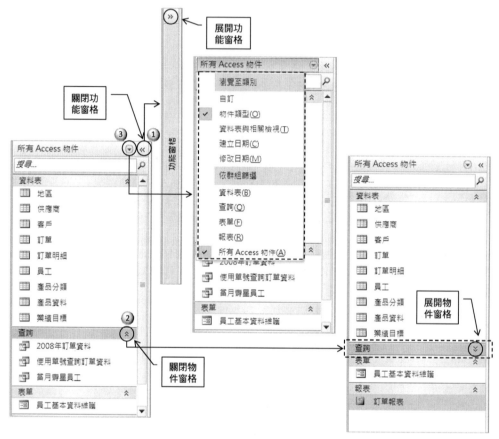

圖 2-8　功能窗格

1. 【功能窗格】的開啟與關閉

　　為了擴大整個視窗的版面,可以將功能窗格縮小。點選【功能窗格】右上方 《 圖示,可以將【功能窗格】縮至最小。若是要再度展開,可以點選【功能窗格】上方 》 圖示。

2. 展開與縮小【物件窗格】

　　窗格內的物件分類,亦可將相同的物件展開 / 縮小,只要按群組名稱上的 《 圖示縮起,按 》 圖示展開。

3. 物件瀏覽與篩選

點選【功能窗格】右上方 ⊙ 圖示，將會出現一個小視窗，可以設定功能窗格內的物件將要以哪一種分類方式分群組以及顯示哪些群組。在此小視窗中，分為【瀏覽至類別】與【依群組篩選】兩個功能，前者是設定群組的分類分式，包括自訂、物件類型（O）、資料表與相關檢視（T）、建立日期（C）、以及修改日期（M）五種；後者則會依據分類方式不同而呈現不同的資料，說明如後。

以下將針對不同的【瀏覽至類別】功能來逐一說明：

❖ 物件類型

ACCESS 2010 將物件類型分為『資料表（B）』、『查詢（Q）』、『表單（F）』以及『報表（R）』四種。若是選擇【物件類型】為分類依據，系統會自動會依據所有物件之類型分組。以下的【以群組篩選】，可以選擇此四種類型中的單一群組顯示，或是顯示『所有 Access 物件（A）』。

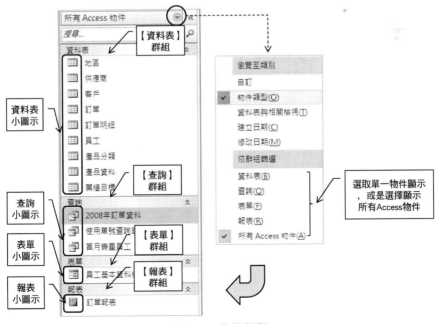

圖 2-9　物件類型

❖ 資料表與相關檢視

　　此選項是以『資料表』為群組的分類標準，所以在點選【資料表與相關檢視】的 ⊙ 圖示，所出現的小視窗下方會出現所有的資料表名稱。因為『資料表』是真正儲存資料的物件，其他的物件『查詢』、『表單』及『報表』的資料，都是取自『資料表』；換句話說，這三種物件都相依於『資料表』。

　　因為此種分類方式，是以『資料表』名稱為主要分群依據，相依於相同『資料表』的物件會被列在同一群。不過，因為每一種物件都有可能相依於數個『資料表』，所以有可能同時被歸屬於多個群組中，例如圖中的『訂單報表』同時被歸於『客戶』、『訂單』、『訂單明細』、『員工』與『產品資料』五個資料表。

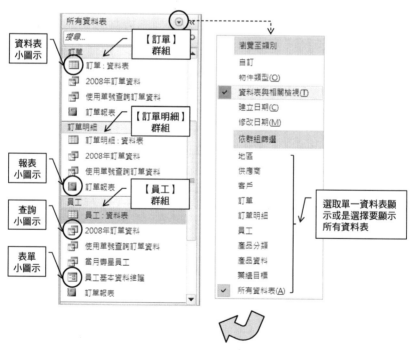

圖 2-10　資料表與相關檢視

❖ 建立日期

建立日期指的是建立物件的日期,當點選此選項為分類依據時,在下方
【依群組篩選】的選項,可能每次開啟都會有不同的項目,是因為系統會依據
新、舊程度自行分類。如圖被分為『上週』、『較舊』兩種,使用者可依據建立
日期的新、舊,選擇所要顯示的單一選項,或是選擇『所有日期』來顯示所有
的物件。

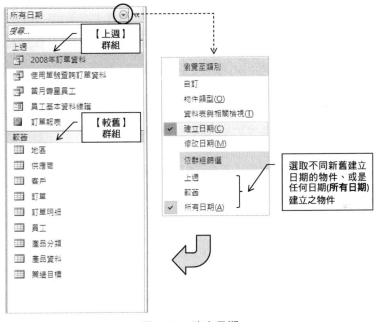

圖 2-11 建立日期

❖ 修改日期

修改日期指的是,修改物件結構的日期,而不是指修改資料的日期。其操
作方式和上一項建立日期相同。

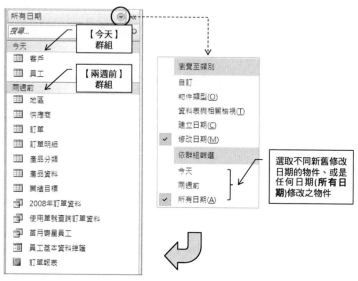

圖 2-12　修改日期

❖ 自訂

　　所謂『自訂』，就是由使用者自己訂定群組，並依據自己的分類方式，將每一個物件歸類至不同的群組當中。未被分類的物件，全部會被歸於『未指定的物件』群組中。而且，一個物件不得分屬多個群組。

圖 2-13　自訂

■ **群組重新命名**：預設的群組名稱為『自訂群組＋流水號』，例如：自訂群組 1、自定群組 2、…。倘若要重新命名，只要在群組名稱上按滑鼠右鍵，再點選『重新命名（M）』，並於原本群組名稱上，直接重新輸入新的名稱，例如：『業務部門』。

圖 2-14　群組重新命名

■ **將物件／移出既有的群組**：若是要將某物件加入一個已經存在的新群組，例如要將『訂單』資料表加入『業務部門』群組。

1. 一種方式是在『訂單』資料表上按滑鼠右鍵→【加入群組（A）】→『業務部門』。

2. 另一種方式，直接用滑鼠將『訂單』拖曳至『業務部門』群組內即可。

圖 2-15　將物件加入出既有的群組

■ 將物件加入新的群組：若是要將某物件加入一個不存在的新群組，例如
　要將『員工』資料表加入一個新的群組『人事部門』，只要在『員工』物
　件上按滑鼠右鍵→【加入群組（A）】→『新增群組（N）』，並在預設的群
　組名稱『自訂群組1』上更名為『人事部門』即可。

圖 2-16　將物件加入新的群組

■ **刪除群組**：若是要刪除已存在的群組，操作方式非常容易，只要在該群組名稱上按滑鼠右鍵，再直接點選【刪除（D）】即可。若是該群組內仍有物件，而被刪除後，那些物件將會被歸回『未指定的物件』群組中；也就是說，物件不會因為群組被刪除，而一併被刪除。

■ **拖曳方式將物件加入群組或自群組移除**：欲將不同的物件加入既有的群組，或是從群組中移除。最簡單的方式，要將物件加入群組內，只要使用滑鼠將物件拖曳至群組區；反之，若是要將物件從群組區中移除，只要使用滑鼠將物件從群組區拖曳離開。

　　若是一次想要將多個物件同時加入 / 移除，可以分為兩種選取物件方式：第一種是『分散物件』的選取，長壓 [Ctrl] 鍵不放，再用滑鼠一一點選所要選取的物件，點選完成後再放開 [Ctrl] 鍵。第二種是『連續物件』的選取，先點選第一個物件後，再壓 [Shift] 鍵不放，再點選最後一個物件，完成後再放開 [Shift] 鍵。

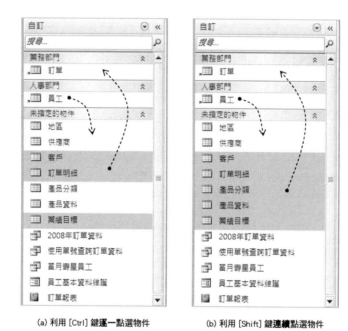

(a) 利用 [Ctrl] 鍵逐一點選物件　　(b) 利用 [Shift] 鍵連續點選物件

圖 2-17　拖拉方式將物件加入群組或自群組移除

2-3　ACCESS 的物件介紹

ACCESS 的物件有『資料表』、『查詢』、『表單』以及『報表』四種基本類型。每一種物件之間的關係以圖 2-18 來表示，並且分別說明如下：

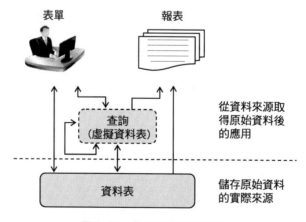

圖 2-18　物件之間的相依性

資料表（Table）

資料庫儲存『原始資料』（raw data）的邏輯概念，就稱為『資料表』（table）。資料表如同一個二維的表格形式存在，分為縱向的行以及橫向的列。縱向的行，稱之為『欄位』，每一個欄位都有其『欄位名稱』。橫向的列，每一列都代表一筆『記錄』。

以下開啟書附光碟中的『CH02 範例資料庫』，並於『員工』資料表上連按兩下滑鼠左鍵；或是按滑鼠右鍵後，於快顯功能中點選【開啟（O）】。開啟畫面後，如同下圖說明。

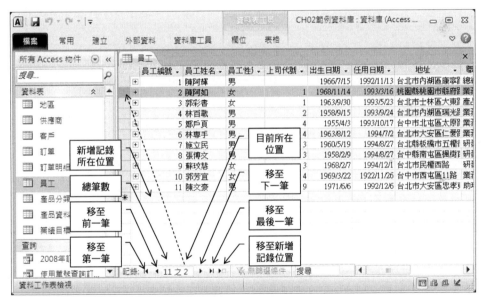

圖 2-19　資料表

查詢（Query/View）

『查詢』可謂之『虛擬資料表』（virtual table），也就是說，它的外觀與資料表相同；唯有它本身不儲存任何資料，全部展現出來的資料，都是來自於最底層的資料表（見圖 2-18），所以謂之『虛擬資料表』。

延續上一個動作，在開啟『員工』資料表之後，再開啟『2008年訂單資料』查詢，將如圖中，兩個物件分別位於兩個不同的頁籤。可透過選取不同頁籤來切換不同物件的使用。倘若要關閉某一個物件，可於該物件的右上方，點選『X』來關閉；但要特別注意，最左上方的『X』是關閉整個 ACCESS 軟體。

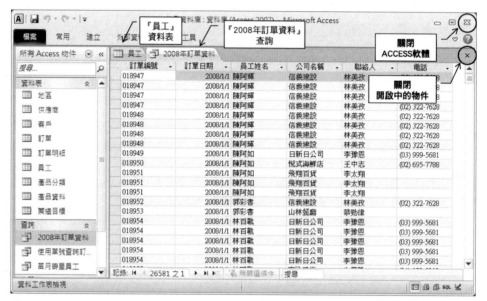

圖 2-20　查詢

❖ 表單（Report）

『表單』就如同在第一章提到資料庫系統中『應用程式』（見圖 1-1）的定位，它提供給使用者輸入及維護資料的一個圖形界面（Graphy User Interface, 簡稱 GUI）。

在『表單』群組中，開啟『員工基本資料維護』表單，如圖 2-21 顯示的畫面，使用者可以透過表單的界面來輸入與維護『員工』資料表的資料，而不是直接開啟資料表維護資料，這樣可以避免使用者不當使用，造成資料表內的資料大量損壞。

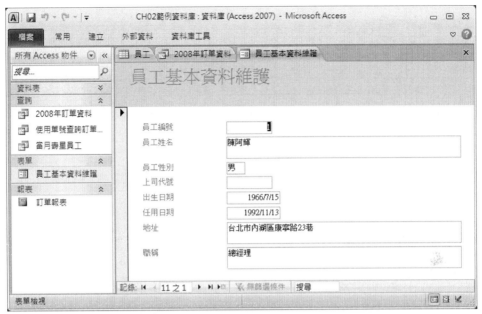

圖 2-21　表單

❖ 報表（Form）

　　『報表』也算是資料庫系統中的『應用程式』之一，它主要的功能在於將資料輸出成報表格式來列印。報表與表單的差異在於，表單是一個使用者維護資料的界面，所以它會存、取資料；而報表是不容許使用者透過它來變更資料，所以報表只能讀取資料。

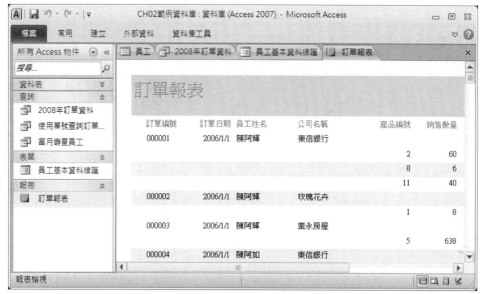

圖 2-22　報表

綜合以上四個物件，除了『資料表』是真正儲存『原始資料』（raw data）之外，其他物件的『最原始』資料來源都是『資料表』。再以圖 2-23（同圖 2-18）而言，不論是查詢、表單或是報表，資料來源可以是單一或多個查詢、單一或多個資料表、查詢與資料表混合。但無論如何，最原始的資料，一定是來自於資料表。唯有不同之處是報表對於資料僅能讀取，不可能會有寫入的動作。

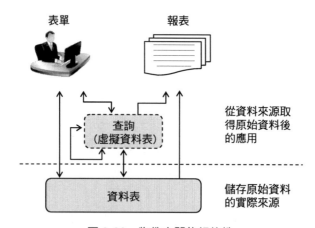

圖 2-23　物件之間的相依性

2-4 ACCESS 的常用『選項』設定

開啟『CH02 範例資料庫』之後，點選【檔案】頁籤→【選項】功能，將會出現以下畫面。

❖【一般】選項

主要可以針對建立新的資料庫時，設定預設的檔案格式（Access 2007 / Access 2002-2003 / Access 2000）與儲存的資料夾。還有該資料庫的個人資訊。

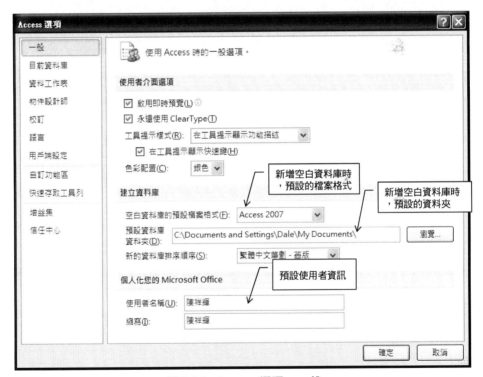

圖 2-24 Access 選項 – 一般

❖【目前資料庫】選項

在【目前資料庫】功能，【關閉資料庫時壓縮（C）】的選項，建議使用者勾選。因為 ACCESS 資料庫，真正儲存資料的所在是由檔案所組成，而該檔案只會隨著資料的存取越來越大，不會因為資料量減少，而自動縮小檔案大小，必須透過人工方式來壓縮才可以讓檔案變小。勾選此項的好處在於每次關閉該資料庫時，系統會自動對該檔案進行壓縮，以減少空間浪費。由於每次關閉資料庫時，系統會進行一次壓縮動作，所以會延長關閉資料庫的時間。

圖 2-25　Access 選項 - 目前資料庫

【資料工作表】選項

【資料工作表】功能，主要是針對『資料表』資料的展現效果進行設定，包括【格線與除存格效果】以及【預設字型】。此處的【預設字型】只針對新增資料表時，當下的字型有效，已建立的資料表將不受影響。若是要針對已建立的資料表更改字型，必須至【常用】頁籤→【文字格式設定】，再選定不同的設定方式。

圖 2-26　Access 選項 - 資料工作表

❖【物件設計師】選項

【物件設計師】選項，可以針對『資料表』、『查詢』、『表單』以及『報表』四種不同物件，設定該物件於【設計檢視】模式下的不同設定。此處要特別說明，在【查詢設計】項目中的【輸出所有欄位（F）】，強烈建議不要勾選，避免在後面建立『查詢』物件時，會莫名其妙出現所有的欄位。

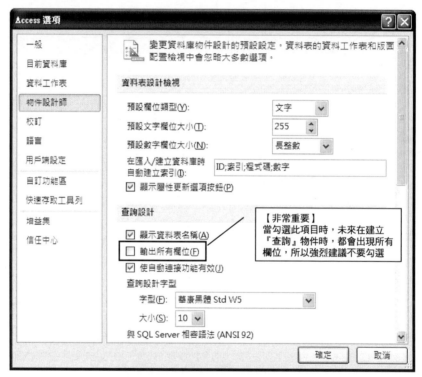

圖 2-27　Access 選項 - 物件設計師

❖【自訂功能區】選項

【自訂功能區】選項，是針對 Access 上方的【功能區】自訂其功能。在下圖中的左邊代表可用功能，於右邊視窗代表已經被選取，並顯示於【功能區】中的功能。

圖 2-28　Access 選項 - 自訂功能區

❖【快速存取工具列】選項

【快速存取工具列】選項，是針對 Access 左上方的【快速存取工具列】自訂其功能。在下圖中的左邊代表可用功能，於右邊視窗代表已經被選取，並顯示於【快速存取工具列】中的功能。

圖 2-29　Access 選項 - 快速存取工具列

❖ 安全性警告

常常在開啟 Access 資料庫時常遇到的一種情形，如圖 2-30 所示，系統會出現一個可怕的訊息【安全性警告】。並告知使用者『部份主動式內容已經停用』，表示已經將『巨集』的功能關閉，目的是避免潛藏的惡意程式攻擊。倘若該資料庫安全無虞，可以按【啟用內容】來啟用巨集的功能。至於安全狀態的預設處理方式，亦可至 Access 的選項設定，說明如後。

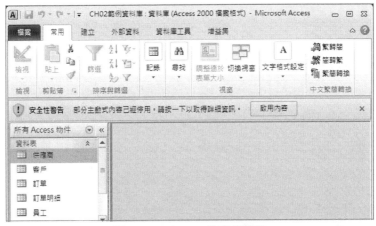

圖 2-30　Access 的安全警告

❖【信任中心】選項

　　【信任中心】選項中可以設定以上的問題，只要點選該選項之後，再按下【信任中心設定（T）】的按鍵。

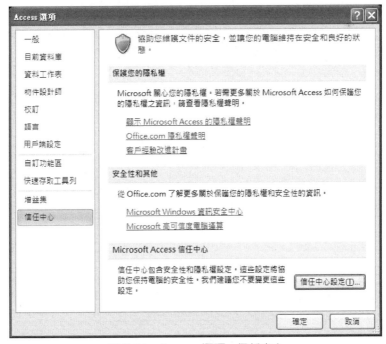

圖 2-31　Access 選項 - 信任中心

　　當出現【信任中心】的視窗時，點選【巨集設定】功能，會出現四個不同的設定選項，預設方式為『停用所有巨集（事先通知）（D）』。此項設定才會出現前方的警告訊息。

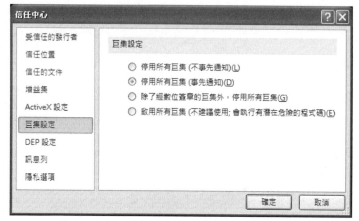

圖 2-32　Access 選項 - 信任中心（巨集設定）

本章習題

是非題

( ) 1. 試問 ACCESS 2010 的檔案格式基本上與 ACCESS 2007 是相同的。

( ) 2. 使用 ACCESS 2010 所建立的資料庫檔案,只要沒有使用到 ACCESS 2007 所沒有的屬性,基本上而言,是可以被 ACCESS 2007 所開啟使用。

( ) 3. 在 ACCESS 內的『資料表』與『查詢』內所儲存的資料是各自獨立存在,彼此不會互相影響。

( ) 4. 由於 ACCESS 是屬於檔案型的資料庫,所以只要將所建立的 ACCESS 資料庫檔案複製至另一台有 ACCESS 軟體的電腦,亦可開啟。

( ) 5. 『表單』物件底層的資料來源,僅可以是『資料表』,不可以是『查詢』。

( ) 6. 『報表』物件底層的資料來源,可以是『資料表』或是『查詢』。

( ) 7. 『查詢』物件底層的資料來源,可以是『資料表』或是其他的『查詢』。

( ) 8. 『查詢』的資料來源,最底層一定是來自於『資料表』;所以『查詢』本身並沒有儲存任何資料。

簡答題

1. 請利用本書的書附光碟,並且自行將範例檔案複製至您的電腦『C:\AccessDB』。

2. 如何觀察最近開過哪些 ACCESS 的資料庫檔案?

3. 請先完成第 1 題,將光碟資料複製至您的電腦之後。並開啟『C:\AccessDB\CH02\CH02 範例資料庫 .accdb』。並逐一針對左邊【功能窗格】操作以下需求。

(1) 試著關閉,再開啟。

(2) 依據『物件類型』顯示所有物件。

(3) 依據『物件類型』僅顯示『資料表』的物件。

(4) 依據『物件類型』僅顯示『查詢』的物件。

(5) 依據『修改日期』來顯示所有物件。

(6) 依據『自訂』來建立『人事』、『業務』以及『產品』三個群組，並將物件依據下方方式歸於不同群組內。

『人事』群組：『員工』資料表。

『業務』群組：『訂單』、『訂單明細』、『客戶』以及『業績目標』資料表。

『產品』群組：『產品分類』、『產品資料』資料表。

『未指定的物件』群組：其他未被歸類的全部物件。

(7) 依據『物件類型』顯示所有物件。(還原成 2-2 的樣子)

4. 開啟『C:\AccessDB\CH02\CH02 範例資料庫 .accdb』，並將【功能窗格】內依據『物件類型』來顯示所有的物件，再逐一完成以下基本操作。

(1) 逐一開啟『員工』、『客戶』、『訂單』、『訂單明細』以及『供應商』資料表。

(2) 將 4-1 開啟的資料表切換到『員工』資料表，並自行新增兩筆記錄。

(3) 從視窗中將『訂單』資料表關閉，再關閉『訂單明細』資料表。

(4) 關閉所有的物件。

(5) 開啟『員工基本資料維護』表單，並透過此表單異動資料。異動完畢之後，將此表單關閉後，再開啟『員工』資料表，看看剛剛被異動的資料是否已被寫入。

5. 請於『C:\AccessDB\CH02』目錄下建立一個名為『myACCESS.accdb』資料庫。

CHAPTER 3

『資料表』的基本建立

　　資料表是所有資料庫最基本的物件，本章將針對建立資料的一些常見限制，例如每個資料表的欄位上限。以及對每一個欄位的資料類型逐一介紹，不同的欄位所使用的資料類型必會有所不同。適當的使用資料類型對於資料表的建立是非常重要，以及每一個欄位的屬性參照，例如欄位大小、格式以及輸入遮罩…等等。

3-1　資料表的限制與資料類型

　　每一個資料庫管理系統，都會有其限制。ACCESS 2010 而言，對於各項屬性仍會有不同的限制。例如：資料表名稱的最大字元數目、欄位名稱的最大字元數目、…等等。可參考表 3-1 所列的屬性以及說明。

表 3-1　Access 2010 資料表的實際限制

屬性	最大值與說明
資料表名稱的字元數目	64
欄位名稱的字元數目	64
資料表欄位數目	255
開啟資料表的數目	2048 使用者無法使用到 2048，因為還包括 Access 系統內部開啟的系統資料表
資料表大小	2GB 系統物件所需空間也會分享此 2GB
文字欄位的字元數目	255
備忘欄位的字元數目	● 透過使用者介面輸入資料則為 65,535 ● 透過程式方式輸入資料則為 2GB
OLE 物件欄位大小	1 GB
資料表中的索引數目	32
索引中的欄位數目	10
驗證訊息的字元數目	255

屬性	最大值與說明
驗證規則的字元數目	2,048
資料表或欄位描述的字元數目	255
欄位屬性設定的字元數目	255
當欄位的 UnicodeCompression 屬性設為 Yes 時，記錄中的字元數目（不含 [備忘] 欄位與 [OLE 物件] 欄位）	4,000

　　每一個資料表都是由縱向行的『欄位』與橫向列的『記錄』所組成。而每一個欄位的屬性都會有所規定，其中最重要的就是『資料類型』；ACCESS 2010 的資料類型可分為表中所列的 12 種類型。嚴格說來，最後的『計算』與『查閱精靈』兩項不能算是真正的資料類型，所以說，ACCESS 2007 / 2010 提供 10 種不同的資料類型，但 ACCESS 2007 不支援『計算』類型；其他較舊版的 ACCESS 僅提供 9 種資料類型，不支援『附件』與『計算』類型。

表 3-2　資料類型

資料類型	說　　明
文字	<ul><li>英數資料（文字與數字）</li><li>最多可儲存 255 個字元</li><li>適合儲存員工姓名、產品名稱、…</li></ul>
備忘	<ul><li>英數資料（文字與數字）</li><li>以程式方式填入，最多可儲存 2GB 的資料（這是受限於 Access 資料庫的大小限制）</li><li>以圖形界面輸入資料，最多可以輸入及檢視 65,535 個字元</li><li>適合用來儲存一些大量的說明資料</li></ul>
數字	<ul><li>值資料</li><li>[欄位大小] 可以用來決定欄位所能儲存值的最大與最小值的範圍區間</li><li>[欄位大小] 包括：位元組、整數、長整數、單精準數、雙精準數、複製識別碼以及小數等七種類型</li><li>＊後續將會再逐一詳細說明以上數種類型</li></ul>
日期 / 時間	<ul><li>日期及時間</li><li>會以 8 位元雙精度整數來儲存日期型態。</li><li>＊後續將再進一步說明 [日期 / 時間] 欄位的詳細資訊</li></ul>

資料類型	說　　明
貨幣	<ul><li>貨幣資料</li><li>會將資料儲存為具有四位小數點位數的 8 位元數字</li><li>適合儲存財務資料，因為貨幣類型不會自動四捨五入數值</li></ul>
自動編號	<ul><li>新增記錄時，會由 Access 自動建立的唯一值</li><li>將資料儲存為 4 位元的值</li><li>這個值通常可以使用在主索引鍵</li></ul>
是 / 否	<ul><li>布林值（True 或 False）資料</li><li>『是』的值，圖形界面的核選方塊會顯示『已勾選』，但實際是儲存 -1</li><li>『否』的值，圖形界面的核選方塊會顯示『沒勾選』，但實際是儲存 0</li></ul>
OLE 物件	<ul><li>Office 及 Windows 程式的圖像、文件、圖形及其他物件</li><li>最多可儲存 2GB 的資料（這是受限於 Access 資料庫的大小限制）</li><li>每個 OLE 物件的欄位，最多只能儲存一個 OLE 物件，不可以同時儲存多個 OLE 物件</li></ul>
超連結	<ul><li>網址，最多可儲存 1GB 的資料。適合儲存的類型：</li><li>網站：http://www.drmaster.com.tw</li><li>FTP：ftp://ftp.edu.tw</li><li>Mail：dale0211@msn.com</li><li>內部網站檔案：\\filesrv\docs\readme.txt</li><li>本機電腦檔案：C:\AccessDB\CH03\CH03 範例資料庫 .accd</li></ul>
附件	<ul><li>支援任何的檔案類型</li><li>Office Access 2007 / 2010（.accdb）檔案新增的類型</li><li>可以儲存圖像、試算表檔案、文件、圖表及其他支援的檔案類型附加至資料庫中的記錄</li><li>每個附件類型的欄位，可以同時儲存多種及多個不同的物件。此為附件與 OLE 物件最大的差異之處</li></ul>
計算	<ul><li>一種衍生性的欄位</li><li>此種類型，嚴格說起來並不能算是一種資料類型</li><li>此欄位的值是透過其他欄位，或是其他運算式所計算出來</li></ul>
查閱精靈	<ul><li>此種類型，嚴格說起來並不能算是一種資料類型</li><li>只是提供使用者在輸入資料時，方便透過下拉式選單，取得資料來輸入的一種設計模式</li></ul>

　　若是要建立一個有關書籍基本資料的資料表，可能會使用到的一些基本欄位，列於表 3-3，而每一個欄位的資料類型也有所不同。

表 3-3　書籍基本資料

欄位名稱	資料類型	需求說明
出版流水號	自動編號	僅代表一個流水號碼，並且沒有重複的值
書號	文字	包括英、數字混合型態，例如：DB30006
書籍名稱	文字	包括中、英文字，例如：ACCESS 資料庫設計
作者	文字	包括中文字，例如：陳祥輝、陳臆如
出版日期	日期 / 時間	包括日期與時間
價格	貨幣	儲存書籍的訂價
庫存量	數字	儲存書籍的庫存量
是否再刷	是 / 否	代表布林值（True or False） ● 是：代表還要再刷 ● 否：代表尚未再刷
書籍封面	OLE 物件	儲存圖片檔案
書籍網址	超連結	用來儲存書籍位於出版公司的網址資料，例如：http://www.drmaster.com.tw/Bookinfo.asp?BookID=DB30006
附件資料	附件	儲存不同的檔案類型
書籍目錄	備忘	用來列出書籍的目錄，文字內容可能會超過 255 個字元

　　若是開啟書附光碟中的『CH03 範例資料庫』，並於『書籍資料』資料表上按滑鼠右鍵，並點選【設計檢視（D）】，將會呈現下圖所示，並說明如下。

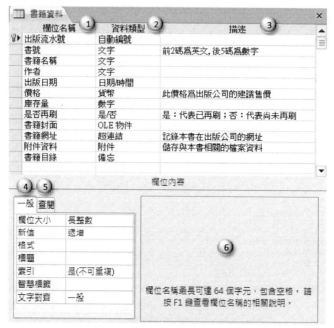

圖 3-1　書籍資料的資料表設計檢視

　　從上圖中，基本上可以分為兩大類，上半視窗只要是針對欄位名稱、資料類型以及描述三個項目；下半視窗是針對每一個欄位內容的細部設定，主要分為一般、查閱兩個頁籤，以及一個輔助說明。

1. 【欄位名稱】，填入的欄位名稱，可以是中、英文的字元，應避免使用特殊符號或空白，避免發生錯誤。

2. 【資料類型】，此欄位是下拉式選單，選擇適當的資料類型。

3. 【描述】，此欄位可以填入該欄位的說明文字，例如在『書號』欄位中的描述，是說明該欄位值的編碼方式。

4. 【一般】頁籤，此頁籤的內容項目，將會隨著該欄位的資料類型不同而有所不同。

5. 【查閱】頁籤，此頁籤所能設定的項目，於『查詢精靈』的資料類型相同。

6. 輔助說明，此框架內將會顯示相關的欄位限制資訊，或直接按 F1 功能鍵來取得更多的資訊。

　　若是以表單方式來呈現不同的資料類型，參考下圖的『書籍資料』表單，或是開啟『CH03範例資料庫』，在『書籍資料』表單上點擊兩下滑鼠開啟，將會呈現以下的畫面。

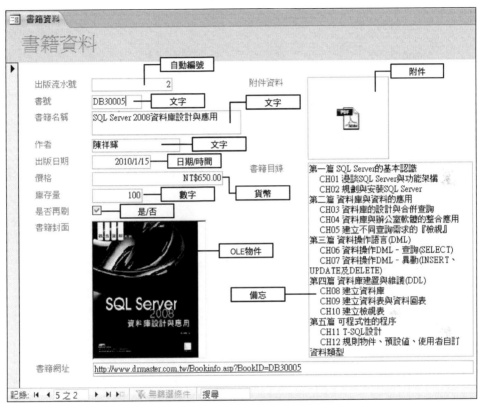

圖 3-2　各項資料類型的表單範例

3-2　建立資料表

　　上一節主要是針對資料類型的說明，以及已設計好的『書籍資料』資料表和『書籍資料』表單來呈現不同資料類型。本節重點將以下列的範例來說明如何建立一個資料表，以及其他『欄位內容』的設定方式。

表 3-4 員工

欄位名稱	資料類型	長度	說明
員工編號	自動編號		長整數
姓名	文字	5	
身份證字號	文字	10	
出生日期	日期 / 時間		簡短日期
到職日期	日期 / 時間		簡短日期
性別	文字	1	在設計此資料表時,讓此欄位可以利用下拉式選單選取『男』、『女』或『未知』
稱呼	計算	3	性別欄位值若是『男』,此欄自動填入『先生』;性別欄位值若是『女』,此欄自動填入『小姐』;否則填入『敬啟者』
職稱	文字	10	希望透過『職稱』資料表,利用下拉式選單填入職稱
部門編號	文字	3	希望透過『部門』資料表,利用下拉式選單填入『部門編號』
已婚否	是 / 否		是:代表已婚、否:代表未婚
可休假數	數字		可休假的天數,最多不得超過 30 天
基本核薪	貨幣		
相片	OLE 物件		儲存個人相片
附件資料	附件		儲存個人的履歷表、相關專業證書電子檔、⋯。
電子郵件	超連結		個人的 email address
備註說明	備忘		其他說明

　　以下針對此範例的建立步驟逐一說明。首先,在啟動 ACCESS 2010 之後,點選【建立】頁籤,要建立 ACCESS 的任何物件,皆是在於【建立】頁籤功能表中。再於【資料表】功能區塊中點選【資料表設計】。並以表 3-4 的欄位名稱與資料類型先填入,如圖 3-3『設計檢視』模式的樣子。

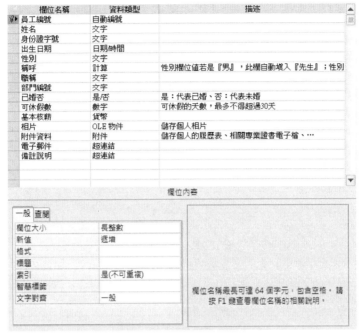

圖 3-3　員工的設計檢視

　　以下再針對每一個欄位的【欄位內容】逐一加入表 3-4 的其他需求，包括欄位大小、格式、⋯等等。

❖ 員工編號

當此欄位的資料類型設定為自動編號後，在欄位內容說明如下：

- ▦ 【欄位大小】：預設為長整數（參考表 3-5）。

- ▦ 【新值】：可為遞增或隨機，預設值為遞增。

- ▦ 【標題】：欄位內填入的文字，這些文字不會出現在資料表上，只有在建立表單時，會於此欄位的標題顯示。若是此欄位不輸入任何值時，表單出現的標題會以欄位名稱來取代。

一般 查閱	
欄位大小	長整數
新值	遞增
格式	
標題	
索引	是(不可重複)
智慧標籤	
文字對齊	一般

圖 3-4　員工編號的欄位內容

❖ 姓名

點選姓名的欄位之後，在欄位內容說明如下：

▪ 【欄位大小】：更改為 5，以符合一般姓名的長度，不論中、英文字，每一個字的長度都算 1。

▪ 【標題】：可填入『員工姓名』

▪ 【必須有資料】：此欄位可點選『是』，代表在新增或修改一筆記錄時，此欄位不得空白，而必須要填入資料。

▪ 【索引】：索引如同一般原文書後面的英文專業術語索引一般，可提供讀者快速

圖 3-5　姓名的欄位內容

找到所要的資料。由於資料庫在搜尋資料時，是從第一筆逐一往下搜尋（此種方式稱之為『table scan』），若是資料量非常龐大時，會非常沒有效率。所以，如果使用者經常會使用『姓名』來查詢資料時，可以在此欄位點選『是』，ACCESS 的索引方式有提供可重複與不可重複兩種；所以會有『是（可重複）』與『是（不可重複）』兩種選項。而員工姓名是有可能重複的，所以此處應該點選『是（可重複）』；若是選擇『是（不可重複）』的選項，當第二個員工姓名重複時，將無法加入本資料表。

❖ 身份證字號

由於身份證字號有其特殊的格式，除了欄位大小固定為 10 之外，第一碼是大寫的英文字母，其餘九碼為 0~9 的數字。所以在資料輸入時，可以設定【輸入遮罩】來限制使用者輸入時的資料格式。

▪ 【欄位大小】：設定為 10

▪ 【輸入遮罩】：可以直接輸入遮罩，亦或是點按右邊的『…』圖示，會開啟【輸入遮罩精靈】，可以直接選擇內訂的『身分證字號』遮罩。【編輯

清單（L）】功能按鍵，可以啟動另一視窗自訂遮罩。最後，滑鼠於【試試看吧：】的欄位點選後，將會出現與實際資料輸入時的樣式相同。

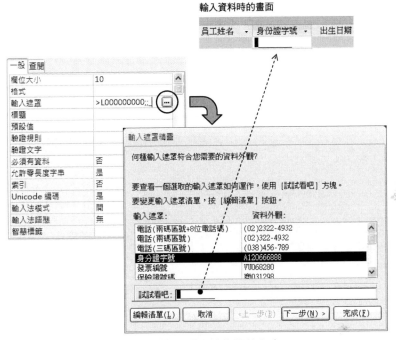

圖 3-6　身份證字號的欄位內容

❖ 出生日期

日期／時間的資料類型尚分為數種不同的格式，說明如下：

▪ 【格式】：下拉式選單可以選擇不同的日期格式，包括通用日期、完整日期、中日期、簡短日期、完整時間、中時間以及簡短時間等七種格式。

▪ 使用『輸入遮罩』輸入日期：由於在資料表的輸入格子是完全空白，使用者輸入時會將日期的年月日順序弄錯，因此可以利用【輸入遮罩】來固定格式，讓使用者輸入資料時能有所依循，例如『＿＿／＿／＿』。

操作方式，只要點按【輸入遮罩】欄位的右方『…』的小按鈕，會先跳出一個【輸入遮罩精靈】的警告視窗，要求先將資料表儲存；點選【是

（Y）】之後，就可以選擇不同的遮罩格式。不過，必須與前面所選格式相同的遮罩。

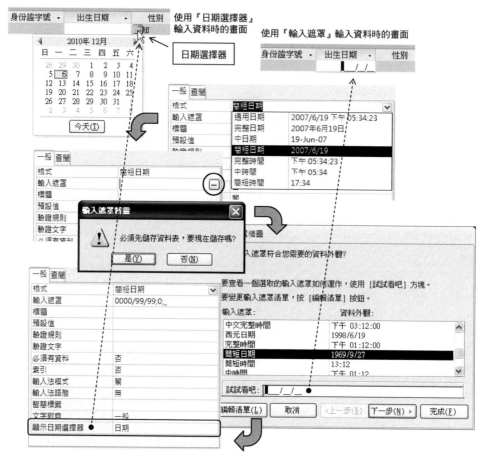

圖 3-7　出生日期的欄位內容

■ 使用『日期選擇器』輸入日期：若是不採用【輸入遮罩】來限制輸入資料的方式，亦可採用【顯示日期選擇器】，設定成『日期』。在輸入資料時，即會出現日期選擇器，供使用者點選後，透過月曆模式來選擇日期輸入。可參考圖 3-7 的左上方輸入樣式。當兩者同時使用時，日期選擇器將會失去功效。

❖ 性別

　　某些欄位的輸入值可能會受限於清單內幾個固定的值。以此欄位而言，可能只有『男』、『女』兩種。如圖 3-8，使用者希望在輸入『性別』欄位的值時，可以使用下拉式點選，若是該清單中沒有的值，可以自己編輯清單，將該值加入。只要點擊下方【編輯清單項目】的小圖示，即會出現【編輯清單項目】的對話方框，直接在最後一行加入『未知』，同時也可以設定【預設值（D）】。

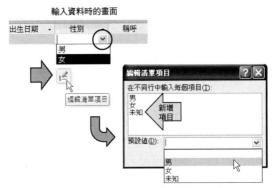

圖 3-8　性別欄位下拉式選單輸入畫面

　　操作方式，先點擊欄位內容中的【一般】頁籤，設定欄位大小為 2。再點擊【查閱】頁籤中的【顯示控制項】，選擇『下拉式方塊』，如圖所示。

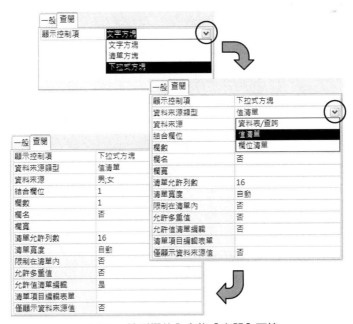

圖 3-9　性別欄位內容的【查閱】頁籤

在【查閱】頁籤會出現更多的項目可供設定，分別說明如表 3-5：

表 3-5 【查閱】頁籤的下拉式方塊項目

項目名稱	說　　明
顯示控制項	(1) 文字方塊，該欄位只會呈現空白讓使用者自行輸入 (2) 清單方塊，以清單方塊呈現，讓使用者以挑選方式選擇，同時會呈現多列資料供點選。 (3) 下拉式方塊，以下拉式方塊呈現，讓使用者以點選下拉式表單來點選資料，必須點選下拉式表單方能點選資料。 清單方塊與下拉式方塊，在資料表中都會呈現下拉式，無法明顯呈現差異性；唯有在表單中才能分辨差異。
資料來源類型	(1) 資料表 / 查詢，資料是來自於資料表或查詢的『記錄』 (2) 值清單，資料是由設計者或使用者自行編輯 (3) 欄位清單，資料是來自於資料表或查詢的『欄位名稱』
資料來源	(1) 資料來源類型若是資料表 / 查詢，此項目將會出現下拉式選單，供點選資料表 / 查詢，或自建查詢。 (2) 資料來源類型若是值清單，此項目只會出現空白行，提供自行輸入值，本例是輸入『男 ; 女』 (3) 資料來源類型若是欄位清單，此項目將會出現下拉式選單，供點選資料表 / 查詢。
結合欄位	此欄位結合第幾個欄位的值，預設為 1
欄數	顯示的欄位數目，預設值為 1
欄名	• 是 / 否，預設值為『否』 • 是否顯示資料來源的欄位名稱，或是第一列當成欄位名稱
欄寬	設定欄位的寬度
清單允許列數	• 允許在清單內所能顯示最大的列數，其他列必須透過捲軸來顯示 • 預設值為 16
清單寬度	• 自動 / 自訂 • 設定清單的寬度，可採用自動，或自己設定值
限制在清單內	• 是 / 否，預設值為『否』 • 是否允許輸入不存在於清單中的其他值
允許多重值	• 是 / 否，預設值為『否』 • 是否允許查閱欄有多重值

項目名稱	說　　明
允許值清單編輯	• 是 / 否，預設值為『否』 • 是否允許使用者在輸入資料時，可以自己編輯清單的項目內容，包括新增、刪除與修改值。本例是設為『是』。 • 若是使用『值清單』的資料來源類型，此項目才有效用。
清單項目編輯表單	• 下拉式點選，選擇是利用那一個『表單』來編輯清單項目
僅顯示資料來源值	• 是 / 否，預設值為『否』 • 是否僅顯示符合資料來源的資料值

❖ 稱呼

此欄位的資料類型為『計算』，實為一個較為特殊的情形，它的值並非由使用者輸入，而是透過運算的方式而得。以此範例中的條件，是根據『性別』欄位值來填入。若是 " 男 " 則填入『先生』，否則就填入『小姐』。可以直接使用 IIF（條件式，條件式成立時的值，條件式不成立時的值）函數填入，此範例應該填入

IIF（[性別]=" 男 "," 先生 "," 小姐 "）

或是點選旁邊『…』的小按鈕，啟動【運算式建立器】來輔助填寫。

圖 3-10　稱呼的【運算式】

> **TIP** 『計算』的資料類型是 ACCESS 2007 所沒有，是 ACCESS 2010 所新增的。所以，只要使用 ACCESS 2010 建立的資料庫內，具有『計算』類型時，使用 ACCESS 2007 開啟該檔案將會產生失敗。因為 ACCESS 2007 並不支援『計算』的資料類型。

❖ 職稱

有些資料會來自其他的資料表，例如本例中的職稱，希望能透過另一個『職稱』資料表的內容來點選方式輸入，操作方式如下。

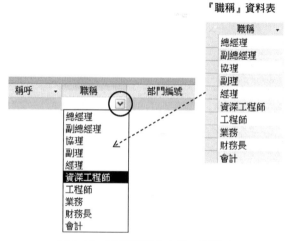

圖 3-11　職稱資料來自另一資料表

點擊欄位內容的【一般】頁籤，設定【欄位大小】為 10。再切換到【查閱】頁籤，在【顯示控制項】選擇『下拉式方塊』，再於【資料來源類型】選擇『資料表 / 查詢』，然後於【資料來源】點選下拉式表單，選擇『職稱』資料表，亦可透過『…』小按鈕來建立查詢。由於『職稱』資料表內只有一個欄位，所以【結合欄位】設為 1，【欄數】設為 1，其他設定如圖所示。

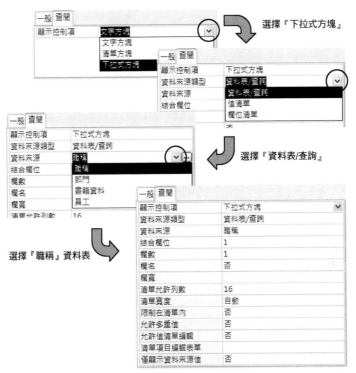

圖 3-12　職稱的欄位內容

🔹 部門編號

　　此欄位的值希望能透過『部門』資料表來取得，並於此欄位顯示『部門編號』與『部門名稱』，當使用者點選之後，回傳『部門編號』值，填入此欄位。

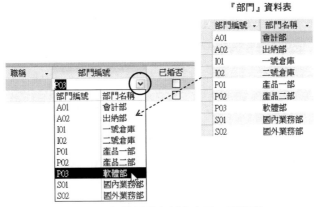

圖 3-13　部門編號資料來自另一資料表

點擊欄位內容的【一般】頁籤，設定【欄位大小】為 3。再切換到【查閱】頁籤，在【顯示控制項】選擇『下拉式方塊』，再於【資料來源類型】選擇『資料表／查詢』，然後於【資料來源】點選下拉式表單，選擇『部門』資料表，亦可透過『…』小按鈕來建立查詢。由於『部門』資料表內有二個欄位，所以【結合欄位】設為 1 來結合第一個欄位，【欄數】設為 2 來顯示兩個欄位，【欄名】設為『是』來顯示『部門』資料表的欄位名稱，其他設定如圖所示。

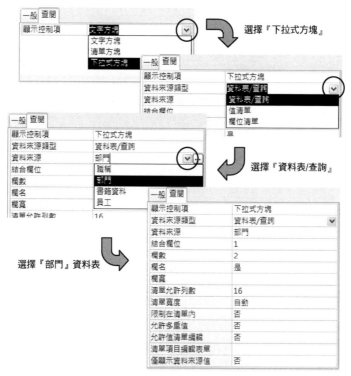

圖 3-14 部門編號的欄位內容

❖ 已婚否

此欄位是採用『是／否』的資料型態，於欄位內容的【一般】頁籤的【格式】可選擇『True/False』、『Yes/No』或是『On/Off』，並於【預設值】填入預設值。

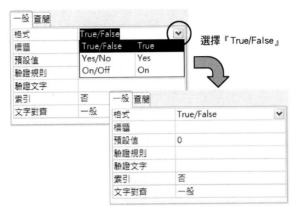

圖 3-15　已婚否的欄位內容

可休假數

由於可休假數的限制是『最多 30 天』，也就是此欄位所儲存的值並不會很大，因此在【格式】的選擇上，應該儘量符合所使用的大小即可，避免浪費太多的空間。因此，此處只要選擇『位元組』即可。至於數字型態的『欄位大小』可以參考表 3-5 的說明。

圖 3-16　可休假數的欄位內容

表 3-5　數字型態的『欄位大小』說明

欄位大小設定	數值區間與說明
位元組	• 1 位元整數 • 0 至 255 的整數值
整數	• 2 位元整數 • -32,768 至 +32,767 的整數數值
長整數	• 4 位元整數 • -2,147,483,648 至 2,147,483,647 的整數數值
單精準數	• 4 位元整數 • -3.4x1038 至 +3.4x1038 的整數數值 • 最多可以有 7 位數字
雙精準數	• 8 位元浮點數字 • -1.797x10308 至 +1.797x10308 的整數數值 • 最多可以有 15 位數
複製識別碼	• 16 位元全域唯一識別碼（GUID） • 因為隨機產生的 GUID 長度夠長，因此基本上並不會重複 • 它們可以運用在各種不同的方面，例如貨物的追蹤
小數	• 定義小數位數的 12 位元整數 • -1028 到 +1028 的數值 • 預設的整數位數為 0 • 預設的小數位數（顯示小數點的位置）為 18 • 亦可以將小數位數設定為 28

❖ 其他欄位

除了以上的欄位之外，其餘的欄位只要將資料類型設定完成即可，可以不用再更改【欄位內容】。

3-3　設定主索引鍵與儲存資料表

一般而言，每一個資料表建立完成之後，必須建立一個『鍵』（key），此鍵的功能是用來唯一識別資料表內每一筆不同的記錄。例如在我們生活當中，每一個人都會有『身份證字號』，所以『身份證字號』可以唯一識別每一位不同的國民。此鍵就稱之為『主索引鍵』。

　　『主索引鍵』的形成，可以是單一個欄位，亦可由多個欄位組合成為一個『主索引鍵』。以本範例而言，『員工編號』可以用來唯一識別每一位不同的員工，所以『員工編號』可以當成『員工』資料表的『主索引鍵』。

　　『主索引鍵』的設定方式，在該欄位之前點選之後，點擊【設計】頁籤→【主索引鍵】，完成之後，將為在『員工編號』前出現一把金鑰，表示該欄位已是『主索引鍵』。

圖 3-17　設定主索引鍵

　　若是『主索引鍵』是有多個欄位所組成時，在點選欄位時，可分為兩種模式：選擇連續多欄位與選擇分散多欄位。若是組成『主索引鍵』的欄位剛好都是連續，可以先使用滑鼠點選第一個欄位之後，久按【Shift】鍵不放，再點選最後一個欄位，完成後就放開【Shift】鍵，並點擊【設計】頁籤→【主索引鍵】，完成之後，將為在那些連續的欄位前方出現一把金鑰，表示那些欄位已是『主索引鍵』，如圖。

圖 3-18　選擇連續多欄位

　　若是組成『主索引鍵』的欄位剛好都是不連續，可以久按【Ctrl】鍵不放，再逐一點選每一個欄位，完成後就放開【Ctrl】鍵，並點擊【設計】頁籤→【主索引鍵】，完成之後，將為在那些不連續的欄位前方出現一把金鑰，表示那些欄位已是『主索引鍵』，如圖。

圖 3-19　選擇分散多欄位

當 3-2 節的資料表建立完成之後，最後當然是要將此資料表儲存，並取名為『員工』。儲存方式，可以直接透過左上方的快速存取工具列中的【儲存檔案（Ctrl+S）】，或是【檔案】頁籤→【儲存檔案】，如圖所示，會出現【另存新檔】的對話框，只要填入『員工』即可按下確定。

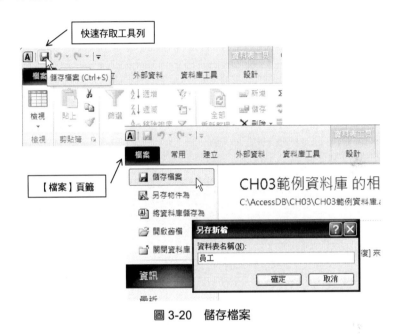

圖 3-20　儲存檔案

3-4　建立索引

『索引』就像前面所言，如同一本書籍後面的名詞索引，可以提供給讀者快速尋找到想要的資料；面對儲存龐大資料的資料庫而言，更是需要索引功能，才能提高資料搜尋的效率。

前面一個章節中提到的『主索引鍵』，其實也是屬於一種較為特殊的『索引』。每一個資料表最多只能有一個『主索引鍵』；至於其他的『索引』數量並沒有限制。雖說如此，建立太多的索引，將會造成新增、刪除及修改資料的效率受到影響。『索引』的構成，可以是單一欄位的索引，亦可以是多欄位的索引。分別說明如下：

❖ 設定單一欄位的索引

單一欄位的索引較為單純，只要在【欄位內容】下【一般】標籤內的【索引】項目，選擇『否』、『是（可重複）』或『是（不可重複）』其中之一。

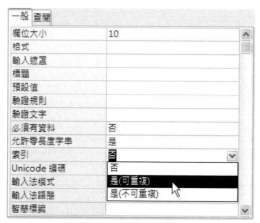

圖 3-21　單一欄位索引

❖ 設定多欄位的索引

若是要建立多欄位所組成的索引，必須點擊 ACCESS 上方的功能區，【設計】頁籤→【索引】，即會開啟一個【索引】的視窗。例如延續前面章節所建立的『員工』資料表，在開啟【索引】視窗時，上面的標題會是『索引：員工』。

若是『員工』資料表中的資料，經常會以『職稱 + 姓名』來查詢員工的資料時，在該視窗的索引名稱可以自行輸入，例如圖中所輸入的是『職稱與姓名 index』，欄位名稱可以使用下拉式點選『職稱』，並於排列順序設定為『遞增』，再於下一列的欄位名稱點選『姓名』，並於排列順序設定為『遞減』。如此的索引就是由兩個欄位所組成，至於排列順序可以依據自己的需求設定為遞增或遞減。

　　倘若要在中間新增或是刪除一個列，可以於索引名稱前方的小方塊，按下滑鼠右鍵，再點選『插入列（I）』或『刪除列（D）』即可。

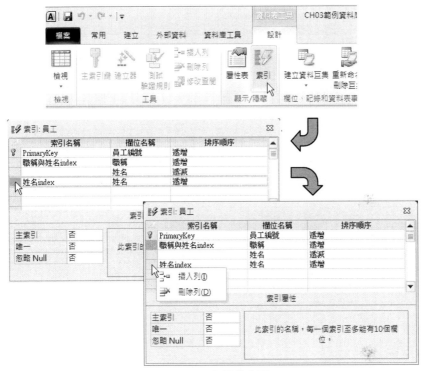

圖 3-22　多欄位索引

3-5　不同檢視模式的切換

　　資料表的檢視模式共有四種，分別為『資料工作表檢視』、『樞紐分析表檢視』、『樞紐分析圖檢視』以及『設計檢視』。模式的切換可以透過【設計】頁籤的左上方【檢視】功能鍵，此功能鍵可分為上、下兩個不同的功能：上方功能，可以在『資料工作表檢視』與『設計檢視』兩個模式之間快速切換；下方功能，可以將所有檢視模式列出，提供點選使用。

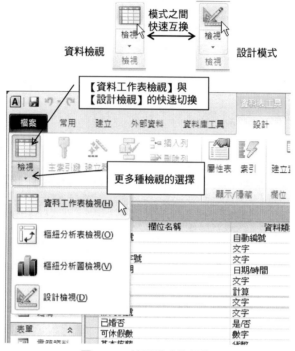

圖 3-23　檢視模式的切換

資料工作表檢視（H）

當資料表的結構建立完成之後，可以切換到『資料工作表檢視』來瀏覽所有的資料，亦可針對資料進行不同的操作，包括新增、刪除、修改以及不同的資料篩選。

樞紐分析表檢視（O）

當該資料表被切換至『樞紐分析表檢視』模式時，表示要針對該資料表內的資料進行樞紐分析，也就是所謂的多維度分析。本書於後面章節將會針對 EXCEL 的強大功能與 ACCESS 的結合來說明樞紐分析的功能。

樞紐分析圖檢視（V）

　　『樞紐分析圖檢視』模式如同上一個『樞紐分析表檢視』模式，只是轉換成圖型方式的呈現。

設計檢視

　　當建立好的資料表，事後要在更改資料表結構時，必須切換到『設計檢視』方能更改所有的結構，包括欄位名稱、資料類型、欄位內容、主索引鍵以及索引…皆是在此模式下更改。

本章習題

是非題

( ) 1. 在 ACCESS 資料表中，只能使用單一個欄位建立索引，不可以同時使用多個欄位來建立一個索引。

( ) 2. 若是要在 ACCESS 中儲存圖片檔案，應該使用 OLE 物件的資料型態。

( ) 3. 資料類型『OLE 物件』與『附件』最大的差異，前者只能儲存單一物件，後者可以同時儲存多個物件。

( ) 4. 在 ACCESS2007 與 2010 都具有『計算』的資料類型。

選擇題

( ) 1. 試問建立 ACCESS 資料表名稱字元數上限為何
(A) 16 (B) 32 (C) 64 (D) 128。

( ) 2. 試問建立 ACCESS 資料表的欄位名稱字元數上限為何
(A) 16 (B) 32 (C) 64 (D) 128。

( ) 3. 試問建立 ACCESS 資料表的欄位數目上限為何
(A) 155 (B) 255 (C) 355 (D) 不限。

( ) 4. 建立一個索引，最多能有幾個欄位
(A) 4 (B) 10 (C) 16 (D) 32。

( ) 5.『文字』的資料類型最多可儲存幾個字元
(A) 64 (B) 128 (C) 255 (D) 256。

( ) 6. 若是要儲存客戶的『電子郵件位址』，最適合的資料類型為
(A) 超連結 (B) 文字 (C) 附件 (D) 查閱精靈。

簡答題

1. 請依據下表實際建立一個資料表，並儲存為『會員』資料表。

欄位名稱	資料類型	長度	說明
會員編號	自動編號		長整數
姓名	文字	5	
暱稱	文字	20	
帳號	文字	15	
密碼	文字	15	
出生日期	日期／時間		簡短日期 顯示日期選擇器
性別	文字	2	使用下拉式方塊，選取『男』、『女』或『未知』
已婚否	是／否		是：代表已婚、否：代表未婚 預設值為：0
職業別	文字	5	使用下拉式方塊，提供『軍』、『公』、『教』、『法』、『商』、『自由業』，未表列的資料，提供使用者自己變更。
年收入薪資	貨幣		
會員相片	OLE 物件		儲存個人相片
附件資料	附件		儲存個人的履歷表、相關專業證書電子檔、…。
電子郵件	超連結		個人的 email address
備註說明	備忘		其他說明

2. 根據第 1 題所建立的『會員』資料表，建立以下的索引。

索引名稱	欄位名稱	其他說明
PrimaryKey	會員編號	
Index01	帳號 (遞減)	不可重複
Index02	暱稱 (遞增)	不可重複
Index03	姓名 (遞增) 會員編號 (遞減)	

3. 根據以上兩題所建立的『會員』資料表輸入十筆資料。

CHAPTER 4

『資料表』的操作

　　資料表是所有資料庫儲存資料的最基本物件，本章將針對資料表的資料進行異動操作（包括新增、刪除和修改資料）。除了基本的操作之外，也可以針對資料表來進行大量資料的尋找與取代的操作，而不用逐筆的操作，更可以透過不同的條件篩選來篩選出所要的相關資料，最後就是資料呈現的順序，也就是排序，以及資料的合計方式。

4-1　新增、刪除與修改資料

　　一個資料表的基本操作，大概可分為查詢和異動（包括新增、刪除和修改）資料，查詢的部份將於後續會有更多的探索，此節主要是針對異動操作的新增、刪除和修改資料，以『CH04 範例資料庫』為例，分別說明如下：

❖ 新增資料

　　新增資料時，切勿資料庫當成 Excel 般的使用，也就是說，新增資料時，會很在意的將資料新增在某些位置，或某一筆記錄的前或後方。所有的資料庫新增資料，皆是加於最下方列，至於資料的排序方式，是在查詢時再給予排序即可。

　　新增資料必須逐筆資料加入，新增的方式可以直接將滑鼠點於最下方一列，也就是於『列選取器』上有呈現一個『＊』的列，或是點選上方功能區的『新增』按鈕、直接按『Ctrl++』或於最下方按『新（空白）記錄』按鈕，如圖 4-1 標示圓圈處。

　　當新增資料於最下方一列時，最前方會出現一支『筆』的小圖示，如圖中下方的小圓圈，表示該列正在編輯中且尚未儲存，若要儲存可以直接將滑鼠於其他列點擊即可，或是按上方功能區中的『儲存（Shift+Enter）』按鈕，如圖 4-2 中上方的小圓圈。

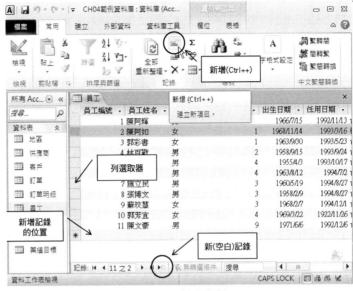

圖 4-1 新增資料

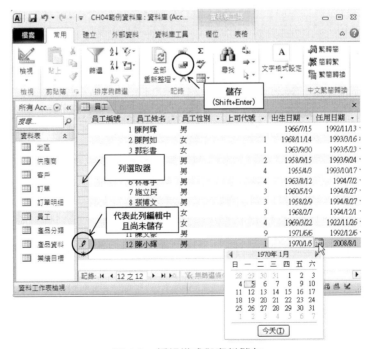

圖 4-2 編輯模式與資料儲存

🔷 刪除資料

　　資料的刪除是以列為單位，可以選擇單列刪除，亦可選擇連續多列刪除，唯有不可以選擇分散多列來刪除資料。單列刪除的方式，只要在『列選擇器』上點選所要刪除的列，再直接按鍵盤上的『Delete』鍵，或按滑鼠右鍵刪除，也可以使用上面功能區，【常用】頁籤→記錄區塊的【刪除】。

　　若是要同時選擇多列刪除，可以用滑鼠點選欲刪除的第一列，再久按『Shift』鍵，再用滑鼠點選最後欲刪除的列；亦可直接使用滑鼠，點選欲刪除的第一列之後，滑鼠不放，直接拉曳至最後欲刪除的列。選擇完成之後，再如同上段所言，直接按鍵盤上的『Delete』鍵，或使用上面功能區，【常用】頁籤→記錄區塊的【刪除】。若是要使用按滑鼠右鍵刪除多列，滑鼠必須位於兩列之間，如圖中呈現出上、下箭頭時，再按下滑數右鍵，並選擇【刪除記錄（R）】。

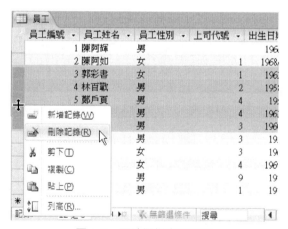

圖 4-3　同時選擇多列刪除

🔷 修改資料

　　基本上，修改資料是逐一筆、逐一個欄位的資料更改，所以必須先用滑鼠點至欲修改的列與欄位上，直接修改。但要注意，『列選擇器』上若是顯示一支『筆』的小圖示，表示尚未儲存修改過的資料。在資料尚未被儲存之前，都可以按下鍵盤上的『Esc』來取消尚未儲存的資料，並恢復原來的資料。

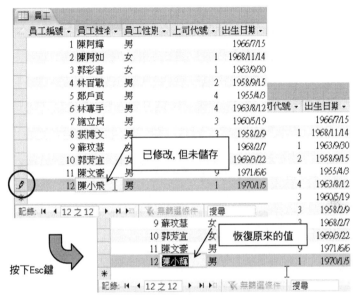

圖 4-4　修改資料與取消修改

4-2　資料的尋找與取代

　　當資料表內的資料量很龐大時，可以透過『尋找』的操作，來找到符合條件的第一筆，然後再往下尋找下一筆。倘若尋找的對象有特定的欄位，可以使用滑鼠先定位在該欄位內，然後再於上面的功能區按下【尋找】，或直接按『Ctrl+F』，就會如圖，出現一個【尋找及取代】的對話框。透過此對話框切換【尋找】與【取代】頁籤。

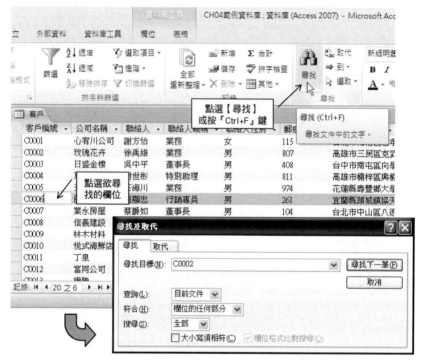

圖 4-5　資料的尋找

❖ 尋找頁籤

在【尋找】內的設定項目說明如下：

▉ 【尋找目標（N）：】：輸入欲尋找的值。

▉ 【查詢（L）：】

- 目前欄位：尋找的對象，僅針對游標所停留的欄位值進行尋找。
- 目前文件：尋找的對象，包括本資料表中所有欄位值進行尋找。

▉ 【符合（H）：】

- 欄位的任何部份：只要【尋找目標（N）】中的值，出現在欄位中任何部份皆符合。
- 整個欄位：【尋找目標（N）】中的值，必須完全符合欄位內的值。

- 欄位的開頭:【尋找目標(N)】中的值,必須出現在欄位的開頭部份,可以不用完全符合。

■ 【搜尋(S):】

- 向上:以游標所在之處,向上搜尋。以圖 4-5 而言,游標停在第 6 筆記錄『C0006』,尋找目標為『C0002』,就可以順利找到。
- 向下:以游標所在之處,向下搜尋。以圖 4-5 而言,游標停在第 6 筆記錄『C0006』,尋找目標為『C0002』,就不能順利找到。
- 全部:會從第一筆開始往下搜尋整份資料表。以圖 4-5 而言,不論游標停在哪一筆,尋找目標為『C0002』,都可以順利找到。

■ 『大小寫須相符(C)』:此項目若是有勾選,表示英文的大、小寫必須要完全一樣才算符合;若是沒有勾選,就不分大、小寫的差異。

■ 『欄位格式比對搜尋(O)』:通常此選項系統都會自動勾選,建議不要去除此勾選,以免有些資料會尋找不到。

❖ 取代頁籤

『取代』的功能操作可以先和『尋找』一樣,再於【尋找及取代】對話框切換到【取代】頁籤。或是直接在上方的功能區按下【取代】(或直接按 Ctrl+H),來開啟【尋找及取代】對話框。

例如,『CH04 範例資料庫』的『客戶』資料表,欲將『地址』欄位前面的城市名稱更改,用『台西市』取代原有的『台北市』。首先,將游標停留在『地址』欄位內的第一筆資料,其他操作如下。

■ 【尋找目標(N):】:填入『台北市』。

■ 【取代為(P):】:填入『台西市』。

■ 【查詢(L):】:點選『目前欄位』,避免取代到其他欄位的值。

■ 【符合(H):】:點選『欄位的開頭』,避免欄位值中間處也剛好有符合的字,也一併被更改。

- ■ 【搜尋（S）:】:點選『全部』,可以避免游標並非停留在第一筆,而造成某些資料未被取代。

- ■ 『大小寫須符合（C）:』:因為此範例是填入中文字,所以勾不勾都可以。

- ■ 『欄位格式比對搜尋（O）』:使用系統預設即可。

以上設定項目完成之後,必須先尋找到第一筆資料,方能執行取代的功能,以下按鍵說明如下:

- ■ 【尋求下一筆（F）】:可以利用此按鍵來找到第一筆,或下一筆符合的資料。

- ■ 【取代（R）】:僅將游標所在之處取代其值,也就是逐筆取代。建議採用此方式,可以逐一核對所要更改的資料是否正確。

- ■ 【全部取代（A）】:一次取代所有符合的資料。利用此方式取代會較為快速,但是有可能某些特殊情形下並不取代,而造成錯誤。

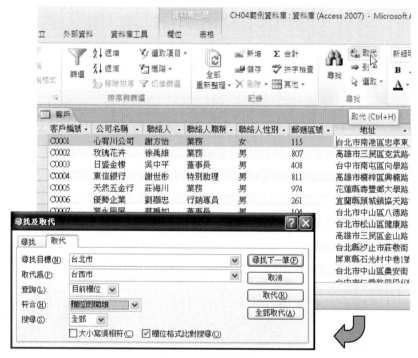

圖 4-6　資料的取代

4-3 資料的排序與篩選

在 ACCESS 上方功能區，【常用】頁籤的【排序與篩選】區塊內功能，主要分為『排序』與『篩選』兩大功能。兩者功能可以混合使用，也就是透過資料表的條件篩選後的資料，可以再進行不同方式的排序。

資料的排序

資料的排序是針對資料表所呈現出來的資料進行排序，排序方式可分為『遞增』與『遞減』排序兩種。

1. 簡易的排序

所謂的簡易排序，就是只針對一個欄位，依據『遞增』或『遞減』來進行排序。操作方式非常簡單，只要先用滑鼠在欲排序的欄位之任何地方按一下，再點選上方功能區中的【遞增】或【遞減】功能即可。亦可直接在該欄位的欄位名稱標題上，用滑鼠點擊『▼』符號，再點選排序方式即可。完成排序之後，在欄位名稱的標題上會出現遞減『↓』或遞增『↑』的符號，來表示該欄位目前是以哪一種方式排序。

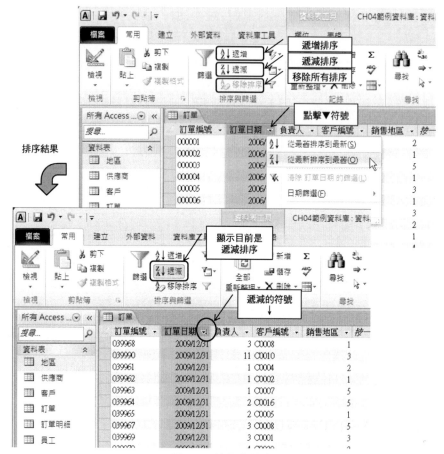

圖 4-7　簡易的排序

2. 移除排序

若是想要恢復原來的模樣，只要在上面功能區，點選【移除排序】，所有
的排序規則就會全部被移除。

圖 4-8　移除排序

3. 進階的排序

所謂的進階排序，只是同時會有多個欄位進行相同或不相同的排序方式。例如，欲針對『訂單』資料表的『訂單日期』先進行『遞減』排序，若是有數筆相同訂單日期的訂單資料，再以『訂單編號』進行『遞增』排序。

特別注意操作方式，第一種方式可以利用前面所介紹的簡易排序方式進行，只是操作的順序必須與需求剛好相反。也就是先操作『訂單編號』的『遞增』排序，再進行『訂單日期』的『遞減』排序。因為系統會將較先加入排序的欄位，當成優先順序較低者；較後面加入的排序欄位，當成優先順序較高者。

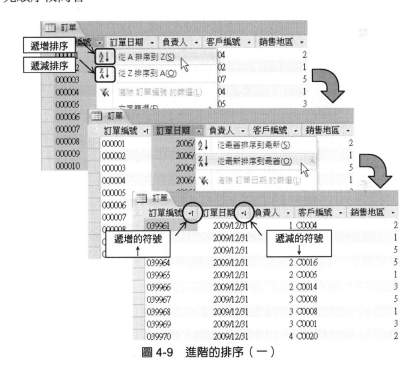

圖 4-9　進階的排序（一）

當以上的排序規則都完成之後，從結果的畫面，仿佛無法很明顯的看出，是以哪一個先排序、哪一個後排序。此時，可以點選上方功能區的【進階篩選選項】→【進階篩選 / 排序（S）…】。

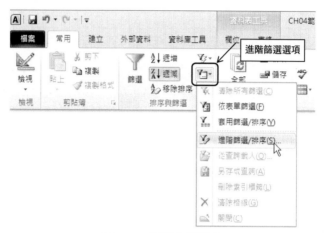

圖 4-10　進階篩選選項

　　將會出現下圖的畫面，在視窗下方就是排序的欄位，自左而右，越左邊的排序優先權越高，越右邊的排序優先權越低。也就是說，以『訂單日期』為主要排序對象，當此欄位有數列相同的訂單日期，再以『訂單編號』排序。

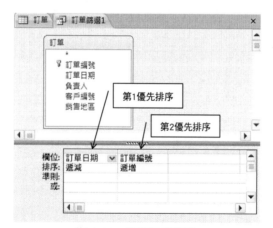

圖 4-11　進階排序設計

　　第二種的操作方式可能會較為複雜，但卻較為人性化，也較容易看出排序的原則。其實此種方法只是上圖的操作而已。一樣使用『訂單』資料表操作進階排序，必須將前面的排序規則清除掉，只要按上方功能區的【清除所有排序】即可。

　　點擊上方功能區的【進階篩選選項】，將會出現下圖畫面的視窗，依序將『訂單日期』、『負責人』以及『訂單編號』以拖拉方式至下面視窗，或是直接在下面視窗的【欄位】處使用下拉式方式依序點選。自左而右，表示排序的優先順利由高至低；再依據點選每一個欄位的【排序】方式。

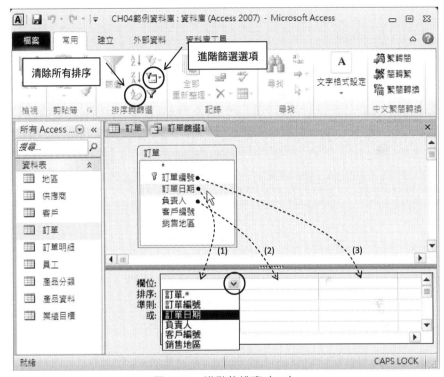

圖 4-12　進階的排序（二）

　　完成排序的規則之後，應該會如下圖所示，『訂單日期』是遞減排序、『負責人』是遞增排序以及『訂單編號』是遞增排序。完成排序規則之後，可以不需要將此規則儲存，因為儲存下來的將會是『查詢』，除非是往後會經常使用到這樣的排序方式；否則，只要使用上方功能區的【套用篩選】即可。

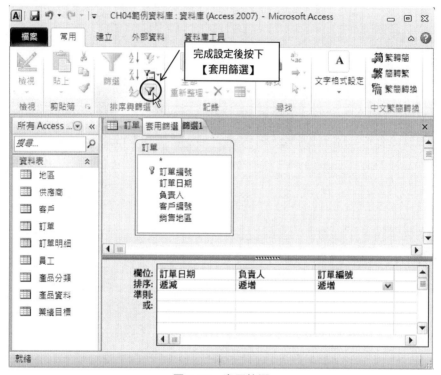

圖 4-13　套用篩選

　　點擊【套用篩選】之後,畫面將會直接切換到排序後的結果。可以注意標題列上的符號,在『訂單編號』的標題出現『↑』遞增、『訂單日期』的標題出現『↓』遞減以及『負責人』的標題出現『↑』遞增。唯有,無法表現出欄位排序的優先順序,除非再點擊【進階篩選選項】才能看得出原始設定的規則。

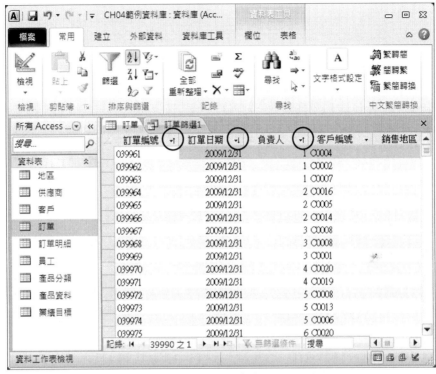

圖 4-14 排序結果

❖ 資料的篩選

　　資料『篩選』的功能與前一節所提到的『尋找』有所不同，『尋找』是在整份資料表中，找到符合條件的位置，資料表仍是顯示出所有的資料；『篩選』是隱藏不符合條件的資料，僅顯示出符合條件的資料。如同資料的排序一樣，在資料的篩選，亦可以分為『簡易篩選』和『進階篩選』兩種。

　　資料篩選可以透過單一個欄位或是多個欄位的條件來篩選資料。單一欄位的篩選方式，就稱之為簡易篩選；多欄位的篩選方式，就稱之為進階篩選。以『產品資料』為例，分別說明如下：

1. 簡易篩選

簡易篩選就是利用單一欄位來進行條件的篩選。首先，在欲進行篩選的欄位標題上點▼符號；或點選標題後，按上方功能區的【篩選】。出現快顯功能表之後，可以直接在快顯功能表下方選取所要顯示的資料，或是點【數字篩選（F）】中的比較運算子。例如點選【小於（L）】，再於出現的對話框內填入數值。此處值得注意的是【小於（L）】其實是『小於或等於』、【大於（G）】其實是『大於或等於』、【介於（W）】其實是『介於兩個值之間的數值，包括兩邊的值』。

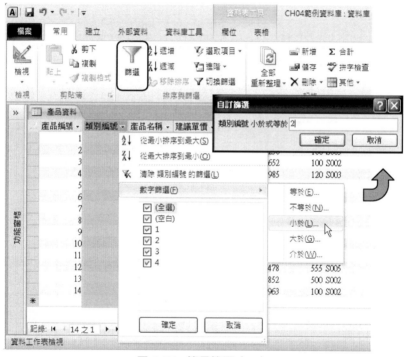

圖 4-15　簡易篩選（一）

或是在該欄位內的某一個值上按滑鼠右鍵；也可以點選該值之後，再於上方功能區點選【篩選】。出現的快顯功能表與上圖的有所差異，在於下方的比較值，會以所點選的值為比較對象，可見下圖的方框區域。

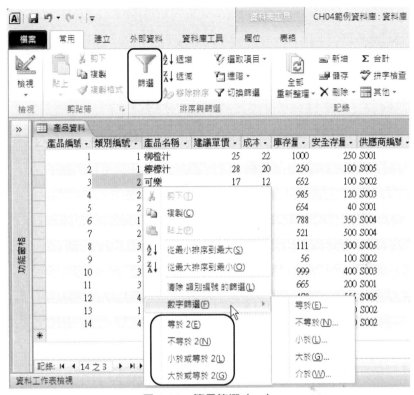

圖 4-16　簡易篩選（二）

完成以上的條件篩選之後，將會出現以下的結果，在『類別編號』的標題
列上會出現一個漏斗狀的圖示，表示是以該欄位進行篩選。在下方的狀態
欄也會出現【已篩選】，表示目前所顯示的資料是經過篩選過的資料，並
非資料表內的全部資料。若是要套用或移除篩選，可以點選上方功能區內
的【切換篩選】。

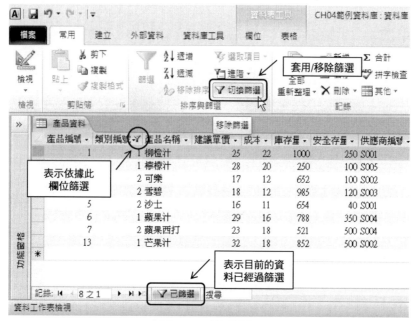

圖 4-17 篩選結果

條件篩選不一定要給予數字或文字，亦可以是欄位之間的比較關係。例如，若是想篩選出，庫存量介於 0.5 倍安全存量與 1.5 倍安全存量之間（含）。可於『庫存量』欄位點選▼之後，選擇【數字篩選（F）】中的【介於（W）…】，並於對話框中的【最小:】填入『[安全存量]*0.5』，【最大:】填入『[安全存量]*1.5』。此處要特別注意的是，於欄位名稱前後必須要加上 [ ]，否則會出現錯誤訊息；也就是說，只要使用到欄位名稱時，都必須於欄位名稱的前後加上 [ ]，方便系統分辨是欄位名稱或是文字字串。

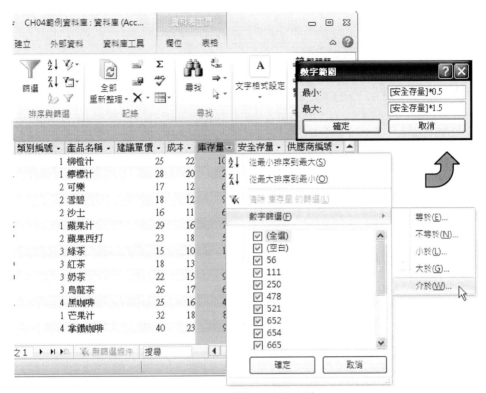

圖 4-18　欄位之間的比較

2. 進階篩選

　　進階篩選就是利用多個欄位來進行條件的篩選。操作方式可以採用前述的單一欄位設定方式，只要逐一設定即可。例如要挑選出『類別編號 <=2 且產品名稱中沒有 "果" 字的產品』。可以延續前述的範例，將已經挑選出『類別編號 <=2』的資料表，再針對『產品名稱』再加入【文字篩選（F）】條件為『產品名稱 不包含 果』即可。

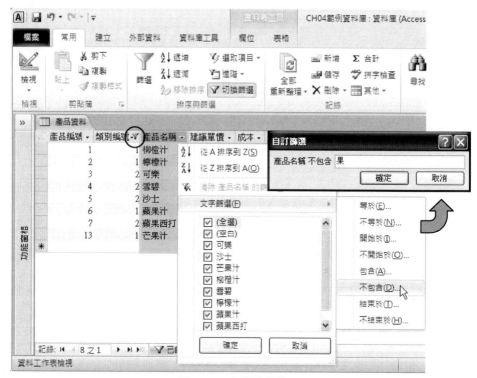

圖 4-19　多欄位的篩選

　　若是要清除多欄位的篩選條件，可以在該欄位的標題列按下▼，於快顯功能表中點選清除功能。例如要清除『產品名稱』的篩選條件，點選▼後，於快顯功能中點選【清除 產品名稱 的篩選（L）】，即可清除一個欄位的篩選。不過，這樣設定多個欄位的篩選，只能設定『同時』成立的情形，也就是邏輯運算的『AND』，但有時會需要『OR』的條件組合時，就必須使用後續介紹的方式。

圖 4-20　篩選結果與移除篩選條件

在介紹另一種設定方式之前，必須先將前述的設定條件全部清除掉。再於上方功能區中的【常用】頁籤→【排序與篩選】功能區塊中的【進階篩選選項】。

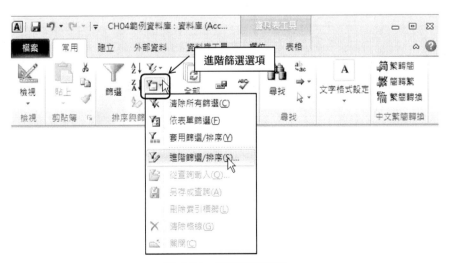

圖 4-21　進階篩選選項

以下將針對『產品資料』篩選出庫存量大於兩倍的安全存量，同時庫存成本（＝成本＊庫存量）大於 20000 的產品資料。操作方式在下方欄位設定庫存量的【準則】為『>[安全存量]*2』，並且於第二欄位填入『[成本]*[庫存量]』，並於【準則】的相同一列填入『>20000』。兩個【準則】位於同一列表示『AND』，若是位於不同列表示『OR』。『AND』如同交集，表示兩個條件要同時都成立，才會被篩選出來；『OR』如同聯集，表示兩個條件中，任何一個條件成立，都會被篩選出來。

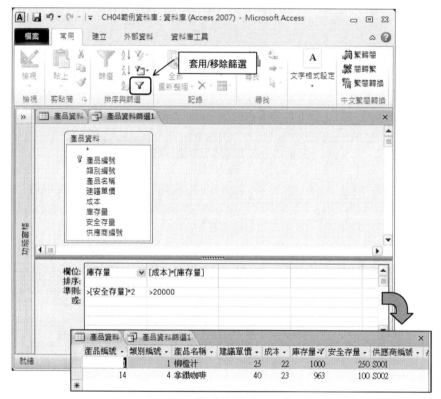

圖 4-22　進階篩選（AND）

比較一下，將條件設於兩個不同列時，代表『OR』的邏輯運算，上圖的結果是『AND』與下圖的結果是『OR』，請比較兩者之間的差異。

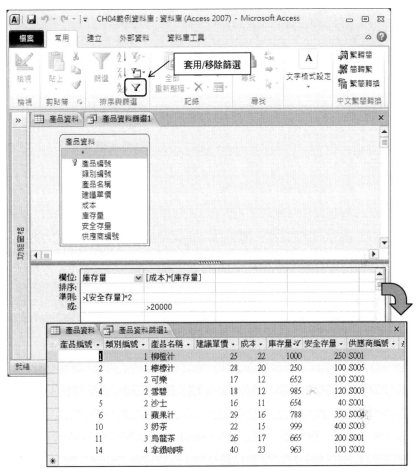

圖 4-23　進階篩選（OR）

4-4　資料的合計

　　資料的合計，可以針對資料表的全部來進行合計，亦可針對前一節所介紹的篩選之後的資料，再進行『合計』的動作。

　　以『訂單明細』為例，當開啟『訂單明細』資料表之後，可以先使用前一節介紹的資料篩選功能，先將資料篩選出符合自己想要的資料，再僅針對顯示出來的資料進行計算；亦可直接使用整個資料表的內容進行計算。

　　首先，在上方功能區的【常用】頁籤的【記錄】區塊內，點擊【Σ】的合計功能，在資料表的最下方將會出現『合計』列。再僅針對所有計算的欄位，於『合計』列點選下拉式選單，選取所要計算的方式。例如，欲查詢銷售單價最高的金額，可以在『銷售單價』的最下方點選『最大值』。

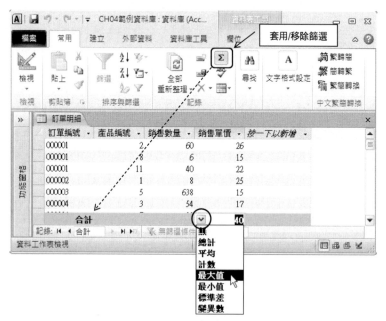

圖 4-24　資料的合計

　　在合計功能的下拉式選單中，有幾種不同的計算方式，介紹如下：

- **無**：取消該欄位的計算功能。
- **總計**：計算該欄位的加總值。
- **平均**：計算該欄位的平均值。
- **計數**：計算該欄位值為非空值（null）的筆數。
- **最大值**：選取該欄位中的最大值。
- **最小值**：選取該欄位中的最小值。
- **標準差**：計算該欄位的標準差。
- **變異數**：計算該欄位的變異數。

本章習題

是非題

( ) 1. 以資料表的『尋找』功能，僅能真對單一個欄位尋找資料，不能同時尋找多個欄位。

( ) 2. 尋找資料表中的資料，最好是將游標停駐於第一筆的第一個欄位，避免找不到資料。否則就要在【搜尋 (S):】功能選擇『全部』。

( ) 3. 資料表的『取代』功能，必須先使用『尋找』功能，當找到資料後再使用『取代』功能。

( ) 4. 資料表的排序功能，當多個欄位要同時排序時，不能選擇欄位的優先排序。

選擇題

( ) 1. 當資料表前方的『列選取器』中呈現一隻鉛筆時，以下何者錯誤

    (A) 編輯中   (B) 已儲存

    (C) 未儲存   (D) 該筆記錄已被選擇。

( ) 2. 若是要使用多個欄位排序，必須透過【進階篩選選項】下的哪一個子功能進去設定

    (A) 進階篩選   (B) 進階排序

    (C) 進階篩選 / 排序   (D) 以上皆非。

簡答題

1. 請使用書附光碟內的『CH04 範例資料庫 .accdb』，並開啟『訂單明細』資料表，並依據『訂單編號』遞增排序。

2. 請使用書附光碟內的『CH04 範例資料庫 .accdb』，並開啟『訂單明細』資料表，並依據『產品編號』遞增排序 +『銷售數量』遞減排序 +『訂單編號』遞增排序。

3. 請使用書附光碟內的『CH04 範例資料庫 .accdb』，並開啟『訂單明細』資料表，並將『訂單編號』為 "036123" 的資料篩選出來，再依序完成以下動作：

   (1) 依據『產品編號』遞增排序。

   (2) 移除所有排序。

   (3) 依據『銷售數量』遞減排序。

   (4) 依據『銷售數量』遞減排序 +『產品編號』遞增排序。

4. 請使用書附光碟內的『CH04 範例資料庫 .accdb』，並開啟『產品資料』資料表，並篩選出『類別編號』為 "1"、"2" 和 "3" 且成本小於 20 元的資料。

CHAPTER 5

『查詢』的建立與操作

　　『查詢』物件，顧名思義，就是透過『查詢』物件自『資料表』挑選出不同需求的資料，方便使用者經常地、或反複的查詢不同需求的資料。

5-1　什麼是查詢

　　不論哪一種資料庫，都會有『資料表』（table）和『查詢』（query）兩種物件，只是在不同資料庫的『查詢』會有不同的名稱出現。在大型的資料庫 Oracle / MS SQL SERVER 的『查詢』，會以『檢視表』（view）來命名，而不是用『查詢』（query），但是以功能而言，完全是一模一樣的。

　　『查詢』的外貌與『資料表』幾乎是一樣的，唯一最大的差別在於，『資料表』是真正儲存資料的地方，而『查詢』並不儲存任何資料。取而代之，『查詢』只存一些簡單的 SQL 語法和條件限制，當使用者開啟『查詢』瀏覽資料時，它會即時從最底層的『資料表』取得最新資料來展現，所以也稱之為『虛擬資料表』（virtual table）。

　　一個資料表的欄位數目有可能非常多，也有可能是記錄的數量很龐大；若是每一次開啟資料表瀏覽資料，都出現非常多不需要的資料，反而造成瀏覽上的困擾。雖然在前一章有介紹到資料表的『篩選』功能，畢竟也只能套用一個篩選，若是還有其他的需求時，必須先清除原有的篩選條件，再重新建立新的篩選，這樣是非常不方便的。『查詢』的功能與角色，正好可以彌補『資料表』在這方面的不足。

　　例如以下有四個不同的需求，而且這些需求是經常會使用到的資料查詢，因此可以透過建立查詢來建立永久條件的資料篩選。

(1) 查詢書籍名稱中包含 " 資料庫 " 字串的書籍資料，輸出（書籍編號 , 書籍名稱），命名為『資料庫』查詢。

(2) 查詢庫存量不足的書籍資料，也就是找出『庫存量＜安全存量』的書籍，輸出（書籍編號 , 庫存量 , 安全存量），命名為『庫存量不足書籍』查詢。

(3) 查詢建議單價大於或等於 650 元的書籍資料，輸出（書籍編號，書籍名稱，建議單價），命名為『高單價書籍』查詢。

(4) 查詢書籍名稱中同時要包含 "ACCESS" 和 " 資料庫 " 字串的書籍資料，輸出（書籍編號，書籍名稱），命名為『ACCESS 資料庫』查詢。

以這四個需求而言，『(1) 資料庫』、『(2) 庫存不足書籍』、『(3) 高單價書籍』查詢的資料來源都是取自於下方『書籍』資料表；唯有『(4) 資料庫』查詢的資料來源，可以直接來自於下方『書籍』資料表，或是取自於下方『(1) 資料庫』查詢的資料。也就是說，查詢的資料來源，可以來自於『資料表』或另外的『查詢』；但無論如何，最下層的資料來源，絕對是『資料表』。

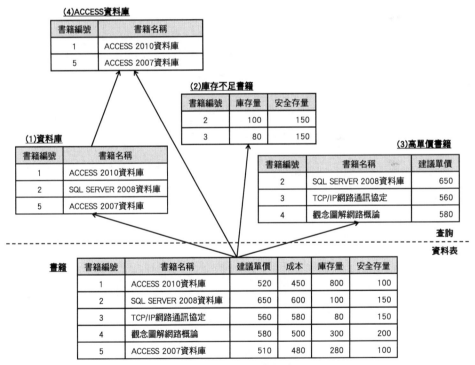

圖 5-1 查詢與資料表

以『(2)庫存不足書籍』來說明什麼是『查詢』。『查詢』可以只針對資料表的縱向選取，例如輸出（書籍編號，庫存量，安全存量）三個欄位；同時也可以針對資料表的橫向挑選出符合『庫存量＜安全存量』條件的記錄。但是，『查詢』本身並不儲存任何的資料，所以每一次開啟查詢，所瀏覽的資料都是來自『資料表』的最新資料。

5-2 使用『查詢設計』建立查詢

建立『查詢』可以透過【建立】頁籤→【查詢】區塊內的【查詢設計】來啟動查詢的設計模式。

圖 5-2 啟動建立查詢

當啟動【查詢設計】之後，會出現【顯示資料表】的對話框，可以從此對話框，選擇資料來源是來自於『資料表』、『查詢』或是『兩者都要』的頁籤，再從該物件內選擇所要的資料來源。

圖 5-3　建立查詢的環境

　　若是不小心將【顯示資料表】對話框關閉，或是要重新讓它出現，可以按上方功能區的【設計】→【顯示資料表】。或是從左方的【功能窗格】，將所要的資料來源物件直接拖拉至查詢視窗內，操作上會更方便。

　　在實作前，先將需求與前述的觀念再結合一次。若是要建立一個查詢，用來查詢『產品資料』資料表內『類別編號小於或等於 3』，並輸出（產品編號,類別編號,產品名稱,庫存量,安全存量）五個欄位。觀念上，如圖中顯示，下方是基於『產品資料』資料表，縱向選取五個欄位，橫向篩選類別編號小於或等於 3 的記錄。

查詢1				
產品編號 ▾	類別編號 ▾	產品名稱 ▾	庫存量 ▾	安全存量 ▾
1	1	蘋果汁	390	50
2	1	蔬果汁	117	50
3	3	汽水	213	200
4	1	蘆筍汁	110	120
6	2	烏龍茶	320	300
7	2	紅茶	450	500

查詢

資料表

產品資料							
產品編號 ▾	類別編號 ▾	供應商編號 ▾	產品名稱 ▾	建議單價 ▾	平均成本 ▾	庫存量 ▾	安全存量 ▾
1	1	S0001	蘋果汁	18	12	390	50
2	1	S0001	蔬果汁	20	13	117	50
3	3	S0001	汽水	20	10	213	200
4	1	S0002	蘆筍汁	15	9	110	120
5	5	S0002	運動飲料	15	10	210	100
6	2	S0003	烏龍茶	25	15	320	300
7	2	S0003	紅茶	15	8	450	500
8	6	S0003	礦泉水	18	10	339	200
9	4	S0004	牛奶	45	25	250	300
10	8	S0004	咖啡	35	22	131	150
11	4	S0005	奶茶	25	12	220	200
12	7	S0004	啤酒	30	22	635	300

圖 5-4　實作前的概念

　　實作方式，在建立一個新的查詢時，先將所需要的相關『資料表』和『查詢』，全部都拖拉至查詢的視窗。也就是說，建立一個查詢有可能同時用到多個資料表和其他的查詢；多資料表的查詢，將在後面章節會詳盡介紹，本章只針對單一『資料表』的操作進行說明。

　　若是要將輸出的欄位名稱置於下方，可以使用三種不同方式：

(1) 以拖拉方式

(2) 在上方資料表內的欄位連點兩下滑鼠

(3) 使用下方欄位內的下拉式選單選取皆可。

　　只要能將欄位適當地置於下方欄位即可，並確定【顯示】的核取方塊是被勾選的，表示該欄位確定會被輸出。再於【準則】處輸入篩選的條件即可，以本例而言，只要於『類別編號』下輸入『<=3』即可。

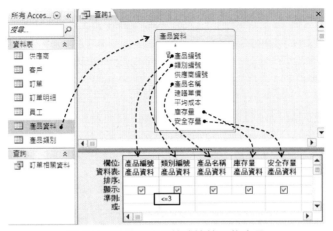

圖 5-5 類別編號小於或等於 3 的產品

完成設計之後，可於上方功能區，點擊【常用】頁籤中【檢視】功能的上半部，可以快速切換【設計檢視（D）】至【資料工作檢視（H）】模式，就可以瀏覽資料。

圖 5-6 切換至【資料工作表檢視（H）】模式

相同地，若是要快速從【資料工作檢視（H）】切換至【設計檢視（D）】模式。也是點擊【常用】頁籤中【檢視】功能的上半部即可，就可以再修改設計的內容。

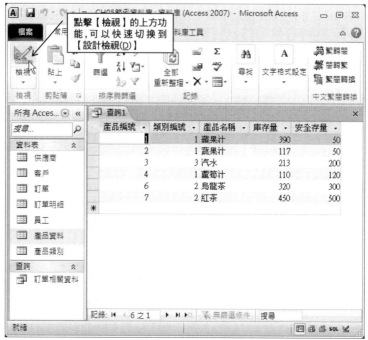

圖 5-7　切換至【設計檢視（D）】模式

TIP 若是在『資料工作表檢視』模式下所看到的欄位是顯示出資料表的所有欄位，而非僅顯示使用者所挑選之欄位時，處理方式有以下兩種：

- 【檔案】頁籤 -> 【選項】-> 【物件設計師】-> 【查詢設計】-> 【輸出所有欄位】的核取方塊不要勾選。
- 【設計】頁籤 -> 【屬性表】-> 【輸出所有欄位】-> 設定成『否』。

若是要切換至不同的模式，只要點擊【常用】頁籤中【檢視】功能的下半部功能，系統就會顯示出五種不同的模式，包括『資料工作表檢視』、『樞紐分析表檢視』、『樞紐分析圖檢視』、『SQL 檢視』以及『設計檢視』。

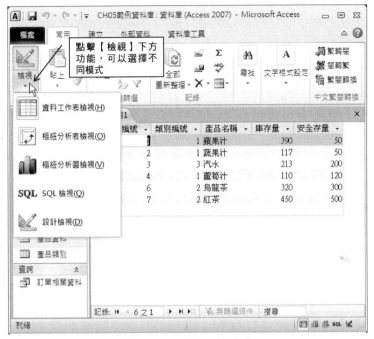

圖 5-8　切換至其他模式

❖ 調整欄位順序

若是在拖拉欄位後，才發現欄位的順序必須調整，亦可以使用拖拉方式來改變順序。如圖所示，必須先在要被移動的欄位上方停駐，呈現向下箭頭時，再點壓滑鼠左鍵不放，拖曳至新位置後放開滑鼠即可。

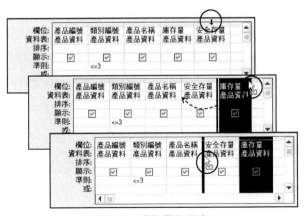

圖 5-9　調整欄位順序

5-3 使用『查詢精靈』建立查詢

　　所謂的『查詢精靈』，是 ACCESS 提供的一種引導式設計模式，讓使用者可以依據系統所提供的步驟和選項，一步一步地填入資料，再由系統根據使用者填入和設定的選項，完成整體的設計。若是熟悉 ACCESS 資料庫的使用者，大部份都會直接採用『查詢設計』模式來設計所要的查詢。

　　首先，先啟動『查詢精靈』，點擊【建立】→【查詢】功能區塊中的【查詢精靈】，將會出現以下對話框，『查詢精靈』將查詢分為四種不圖的查詢類型，讓使用者選擇要建立哪種一類型，以下將分別說明。

圖 5-10　查詢精靈的【新增查詢】視窗

❖ 簡單查詢精靈

　　以此查詢精靈屬於最簡單的方式，點選此類型後請按下【確定】，將出現以下的畫面。首先要在【資料表 / 查詢（T）】的下拉式選單中選擇要建立查詢的資料來源，可以是資料表或是其他查詢；在於下方視窗點選所要的欄位，左邊表示可用的欄位，右邊表示已選取的欄位。

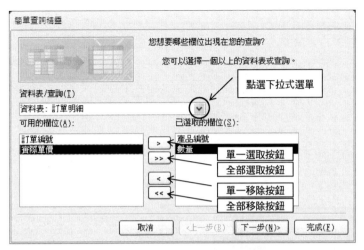

圖 5-11　選擇資料表 / 查詢與欄位

完成資料表 / 查詢與欄位的選擇之後，按下【下一步（N）>】將出現兩種子類型的查詢，一個是『詳細查詢』，一個是『摘要查詢』，分別說明如後。

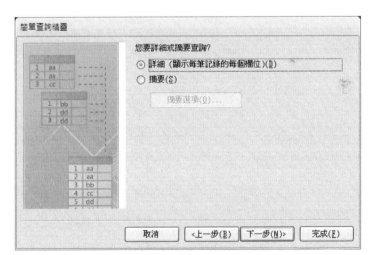

圖 5-12　查詢種類

【詳細（顯示每筆記錄的每個欄位）（D）】

『詳細查詢』只是針對該資料表 / 查詢的欄位直接輸出詳細的記錄，並不進行任何的欄位計算，所以稱為『詳細』的查詢，也就是原始資料的顯示。勾選此項查詢之後,按下【下一步(N)>】,就直接給定該查詢的名稱後,按下【完成(F)】,即可看到前述所選擇的兩個欄位的顯示。

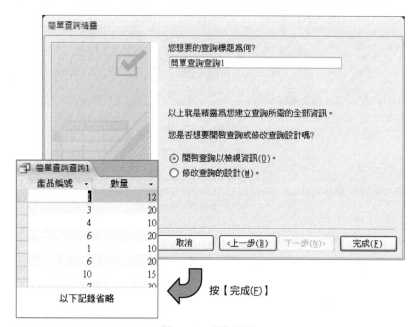

圖 5-13　詳細查詢

【摘要(S)】→【摘要選項(O)…】

倘若選擇的是【摘要(S)】,必須再點擊【摘要選項(O)…】,即會出現【摘要選項】的對話框。該對話框將會出現可計算的欄位名稱,以及四種不同的彙總函數,分別為總計、平均、最大與最小。以圖中針對『數量』欄位勾選【總計】,代表著以『產品編號』為主,相同『產品編號』的數量全部加總在一起,所以每一個『產品編號』僅會有一個『數量』的總計值。完成後,即可按【下一步(N)>】,並給定查詢名稱之後,再按下【完成(F)】,即可看到輸出的結果。請自行與『詳細查詢』的輸出結果比較,才能瞭解這兩種查詢的差異。

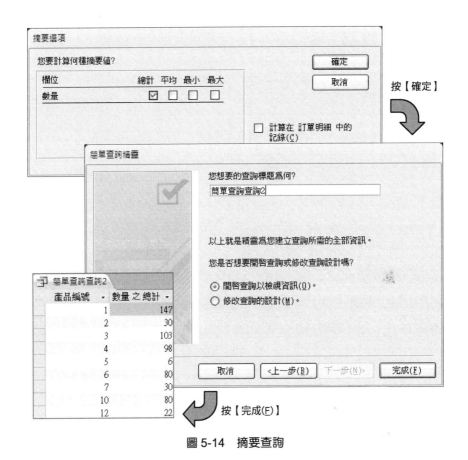

圖 5-14　摘要查詢

❖ 交叉資料表查詢精靈

　　所謂的『交叉資料表查詢』，其實類似 EXCEL 的樞紐分析功能，以多維度的方式來看不同的數值資料，也又是一種多維度分析的查詢。

> **TIP** 以筆者的經驗，ACCESS 的交叉查詢功能，完全比不上 EXCEL 的樞紐分析。以操作而言，也比不上 EXCEL 樞紐分析的方便性，所以建議讀者必須熟讀本書的 11 章，讓 ACCESS 單純當成資料庫的儲存地，分析的工作應該交由 EXCEL 來處理，中間透過兩者的整合，將會發揮最大效益。

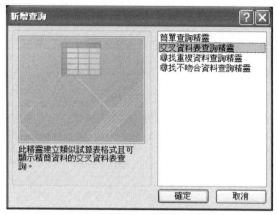

圖 5-15　交叉資料表查詢精靈

　　點選『交叉資料表查詢』選項之後，將會出現以下視窗，使用者可以在【檢視】方框中點選資料來源的類型，是【資料表（T）】、【查詢（Q）】或【兩者都要（O）】，上面的視窗將會相對應出現所選的物件類型。以此例說明，點選本書事先已經建立好的『查詢：訂單相關資料』來進行說明，並按下【下一步（N）>】。

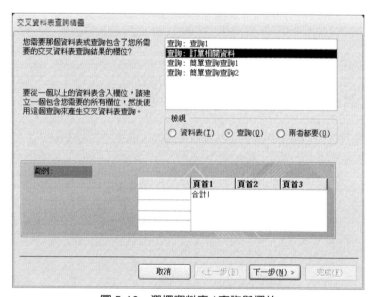

圖 5-16　選擇資料表／查詢與欄位

接著，所要選的欄位分為兩種，一種是位於左方的維度，另一種是上方的維度。以下的視窗是先選擇出現在左方的欄位，可以是一至多個欄位，例如點選『客戶』，並按下【下一步（N）>】。

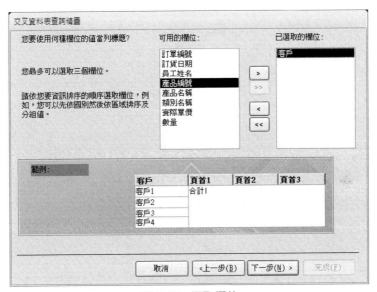

圖 5-17　選取欄位

再者，就是要點選上方的維度，以此例是點選『類別名稱』。在 ACCESS 的交叉查詢，只允許左方的維度可以置放多個欄位，而上方的維度就受到限制，僅允許放置單一個欄位。

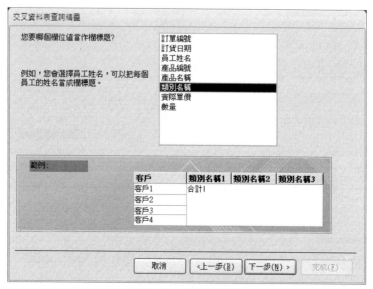

圖 5-18　選擇欄標題

以上的兩個維度選擇完成之後，可以解讀成『以客戶的觀點來看類別名稱』，但是要看『類別名稱』的什麼呢？此處若是選擇『數量』欄位，右邊的函數選擇『合計』，就代表以客戶的觀點來看類別名稱的『總訂貨量』。也就是，此查詢的目的在分析每一位客戶對於不同的產品類別的喜好程度。

圖 5-19　選擇計算欄位與函數

在上一步驟中，若是勾選【您要為每列做合計嗎？】標題下方的【是，加上列合計（Y）】的核選方塊時，表示此查詢會多出一行，為每一位客戶的『類別名稱』數量再全部加總，最後的結果可以參考下圖黑線框起來的欄位。

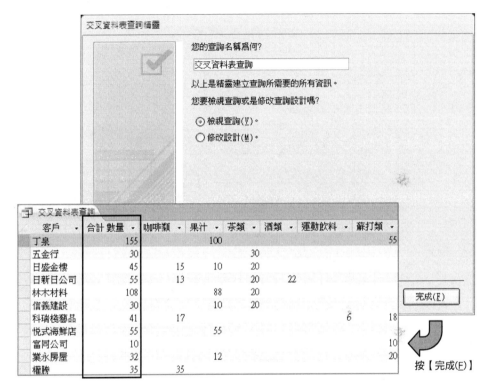

圖 5-20　完成交叉資料表查詢

尋找重複資料查詢精靈

『尋找重複資料查詢』算是一個很方便的查詢功能，它可以幫一個資料表或查詢找出重複的資料。例如『供應商』資料表中有兩筆『妙恩』，也有兩筆『正心』的供應商名稱，但供應商編號卻兩兩皆不相同。到底這兩筆的資料是不是相同的一筆資料，亦或是疏忽重複輸入呢？這就必須透過查詢出來後，由人工來判斷。

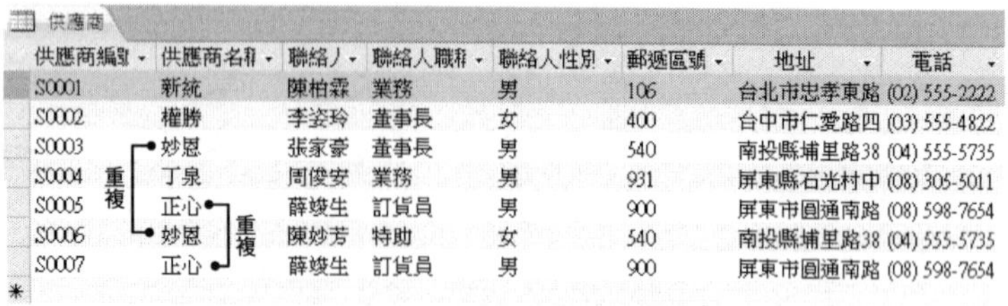

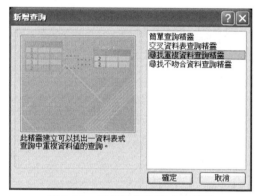

圖 5-21　重複的供應商資料

所以，我們的目標是希望將這四筆資料能查詢出來，再顯示幾個相關的欄位資料，透過人工方式來判斷，

圖 5-22　尋找重複資料查詢精靈

首先，仍是選擇要查詢重複資料的資料表 / 查詢，所以還是要先在下方的【檢視】方框中選擇物件類型，再於上方選擇物件名稱。

圖 5-23　選擇資料表 / 查詢

　　接著，就是要選擇可能會重複的欄位名稱。此處可以選擇一個欄位，亦可選擇多個欄位。此處若是選擇多個欄位，表示這幾個欄位會同時進行比對，必須是所有欄位都相同，才會被視為重複資料。以此範例而言，若是此處僅選擇『供應商名稱』將會出現兩筆『妙恩』與兩筆『正心』，共四筆資料。若是選擇『供應商名稱』＋『聯絡人』兩個欄位，僅會出現兩筆『正心』重複的資料；因為兩筆『妙恩』的『供應商名稱』雖然相同，但『聯絡人』並不相同，所以不會被視為重複資料，也不會顯示出來。

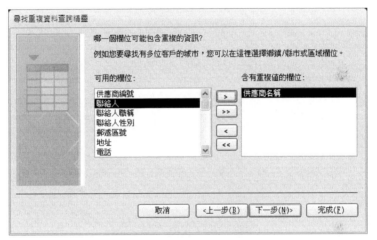

圖 5-24　選擇可能重複的欄位

　　以下要選擇的欄位，只是顯示出來，並沒有任何比對的功能。主要是可以多提供一些資料，讓使用者容易判斷重複的資料是真的重複，還是剛好有相同的值。

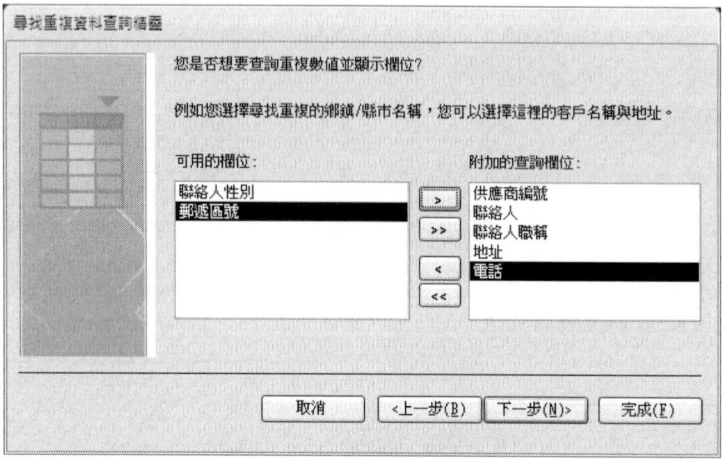

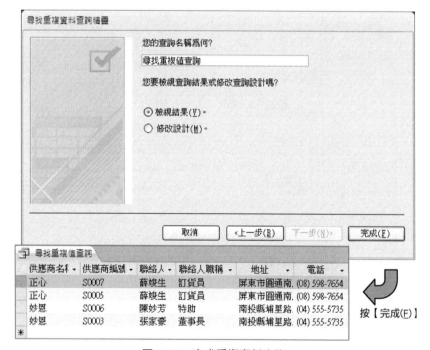

圖 5-25　選擇顯示的欄位

　　最後，仍是輸入查詢的名稱，並按下【完成（F）】，可以看到所有重複的
資料。所以這種查詢在日常生活中，可以協助很多人處理資料重複的問題。

圖 5-26　完成重複資料查詢

尋找不吻合資料查詢精靈

　　什麼是『尋找不吻合資料查詢』呢？這一種查詢的資料來源，一定是來自於兩個資料表／查詢。因為這一種查詢是比較兩個資料來源之間的差異。例如『員工』與『訂單』兩個資料表，從這兩個資料表可以很清楚看出，在『員工』資料表中有 12 位員工，員工編號從 1 至 12；但是在『訂單』資料表中的員工編號欄位，並不是每一位員工都有出現。此查詢的主要目的是在找出，一個資料表中有的值，另一個資料表中確沒有的記錄。以此範例而言，應該是要將員工編號 1、2、3、4、5、11、12 這些沒有出現在『訂單』資料表的記錄查詢出來；換句話說，就是挑出沒有承接訂單的員工資料。

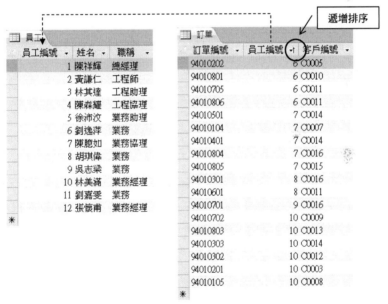

圖 5-27　『員工』與『訂單』的不吻合資料

　　瞭解『尋找不吻合資料查詢』的意義之後，接著就是要開始操作查詢精靈。首先，點選『尋找不吻合資料查詢精靈』開始建立。

圖 5-28　尋找不吻合資料查詢

先選擇要以哪一個資料表／查詢為主要的查詢對象，此處選擇『資料表：員工』，再按【下一步（N）>】。

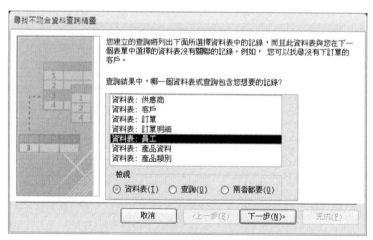

圖 5-29　選擇比較的第一個資料表

再選擇第二個資料表／查詢，當成與第一個資料表／查詢的比較對象。此處選擇『資料表：定單』，再按【下一步（N）>】。

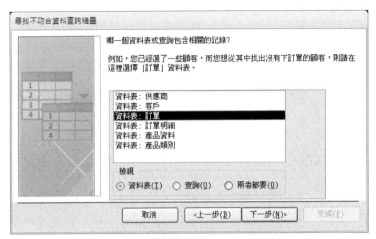

圖 5-30　選擇比較的第二個資料表

此處所要選擇的是兩邊的關聯，也就是選擇左、右兩邊相對應的欄位，兩邊的欄位名稱可以不一樣，但是資料類型與長度必須要相同。兩邊欄位選擇完成之後，按下【<=>】按鈕，再按下【完成（F）】。

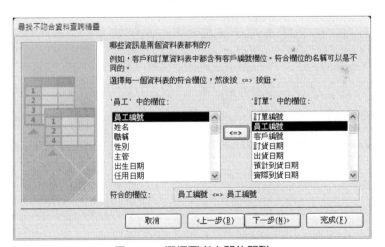

圖 5-31　選擇兩者之間的關聯

此處所又選擇的是哪些欄位要被輸出，但是在可用欄位中的欄位名稱，都是來自於前面第一個被選擇的資料表 / 查詢。以此例而言，就是『員工』資料表的所有欄位。

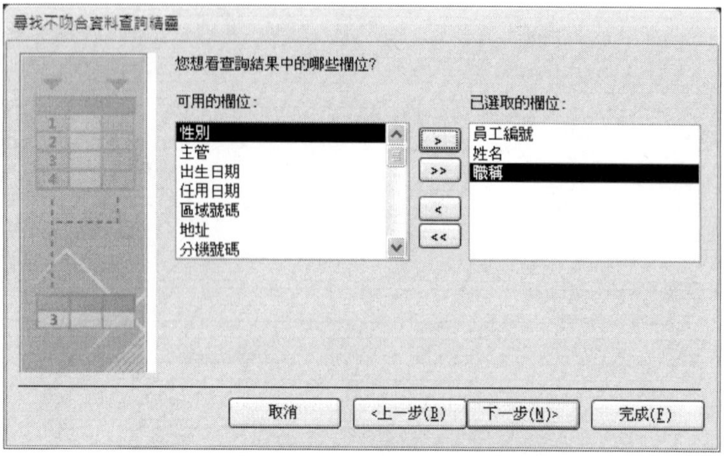

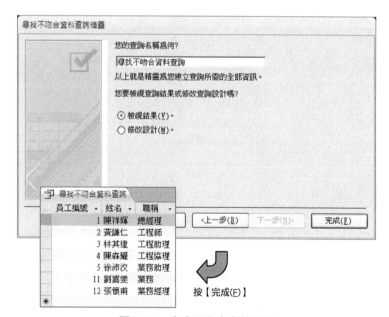

圖 5-32　選擇第一個資料表中欲顯示的欄位

最後，在完成之前仍要輸入儲存的查詢名稱，並從輸出的結果看來，正是前面所言的 1、2、3、4、5、11、12 的員工編號。

圖 5-33　完成不吻合資料查詢

5-4　使用參數動態查詢資料

　　一般在建立查詢時，若是有任何的條件限制，會在下方的【準則】輸入篩選的條件，若是每一次所要查詢的條件值不相同時，就會很麻煩，而且都要去修改查詢的【準則】條件。

　　本節所要介紹的是使用參數方式，傳入所要篩選的條件值。例如針對『訂單明細』資料表而言，每一次想要查詢單一個訂單編號的訂單明細。可以先建立一個參數名稱，再將此參數名稱寫入【準則】條件內。

　　操作方式，點擊【設計】頁籤→【顯示/隱藏】區塊內的【參數】，將會出現【查詢參數】的對話框，請於對話框的參數填入『輸入訂單編號』，再於資料類型點選『文字』，完成後按【確定】。

圖 5-34　建立參數

再於【準則】條件內鍵入 [輸入訂單編號]，當鍵入至系統可分辨時，將會自動顯示出來讓使用者選擇，使用者只要按下 [ENTER] 即可輸入。

完成【準則】的條件設定之後，就是要瀏覽資料。按【常用】頁籤→【檢視】，將會出現一個【輸入參數值】的對話框，要求使用者輸入參數值，上面所顯示的字『輸入訂單編號』就是前面所建立的參數名

圖 5-35　準則輸入參數名稱

稱，所以此參數名稱的選擇要格外注意，以免是使用者看不懂意思。此處填入『94010201』，和按下【確定】，即可動態地篩選出所要的訂單明細資料。

圖 5-36　輸入參數值

本章習題

是非題

( ) 1. 在 ACCESS 的『查詢』物件中的所有資料都來自於『資料表』，所以『查詢』本身並沒有儲存任何資料。

( ) 2. 建立『查詢』物件，當使用到『資料表』或其他『查詢』時，可以直接從左邊的【功能窗格】內將該物件直接拖進『查詢』的建立視窗內。

( ) 3. 建立『查詢』的條件限制必須置於【準則】欄位，因為只有一個【準則】項目，所以只能有一個限制條件。

選擇題

( ) 1. 針對『查詢』的資料來源敘述何者是錯誤
(A) 可以是單一資料表
(B) 可以是多個資料表
(C) 可以是其他多個查詢
(D) 可以是表單。

( ) 2. 以下對『查詢』的敘述何者正確
(A) 可以將數個資料表合併成一個虛擬資料表
(B) 可以針對一個資料表挑選顯示的欄位以及篩選記錄
(C) 可以將輸出的資料進行排序
(D) 以上皆是。

簡答題

1. 從『客戶』資料表挑選職稱為『董事長』的資料，並建立一個查詢名為『CH0501 客戶』。

輸出 (客戶編號, 公司名稱, 聯絡人, 聯絡人職稱, 電話)。

2. 試將第 1 題的設計變更，將輸出順序改為 (客戶編號, 公司名稱, 電話, 聯絡人, 聯絡人職稱)，並以客戶編號遞減排序。

MEMO

CHAPTER 6

『關聯式資料庫』的塑模

　　『塑模』（Modeling）和『模型』（Model）是什麼呢？就像建築公司要賣房子之前，通常會在房子尚未開工前，先塑造一個依某個比率縮小的模型來提供客戶在『概念上』的參考並介紹；但也有些會依 1:1 的比例建造一個樣品屋，一切如同真正房屋一般的『實體上』的參考；客戶便可藉由此模型和房屋銷售人員的介紹和溝通，很容易瞭解預售屋的實際情形，來決定是否為自己所喜愛的格局建物，如此可降低在直接購買之後，才發現其格局並非自己所喜歡之格局的風險。在塑造模型的過程我們稱之為『塑模』（Modeling），而塑模後的東西就是『模型』（Model）。

6-1　塑模（Modeling）與模型（Model）

　　目前較為通用的模型大致可分為三種模型：第一種是『處理為主』（Process Driven）的模型，例如較早期所使用的『資料流程圖』（Data Flow Diagram，簡稱 DFD）；第二種是以『資料為主』（Data Driven）的模型，此種模型主要是以資料為主要考量方向的『實體關聯圖』（Entity Relationship Diagram，簡稱 ERD），大部份是使用在資料庫的設計使用；第三種是以『物件導向』為主的模型（Object Oriented），此模型的代表則為『統一塑模語言』（Unified Modeling Language，簡稱 UML）。這三種模型所要代表和展現出來的意義皆有所不同，也就是所要描述的構面和目的會有所不同。由於本書是介紹資料庫的設計，所以以下僅針對『實體關聯圖』進行介紹。

6-2　實體關聯圖（Entity Relationship Diagram）

　　『實體關聯圖』（Entity Relationship Diagram）主要是以『資料』為主要考量方向的實體關聯模型，以及找出資料彼此之間的靜態『關係』（Relationship），例如學生與課程之間會產生一種『選修』的關係；一位學生通常可選修多門課程；相反地，一門課程又可以被多位學生選修，此種『關係』又產生數量上所謂的『基數』（Cardinality）關係，而『基數』關係一般可分為以下四種：

1：1　：一對一關係

1：N　：一對多關係

M：1　：多對一關係

M：N　：多對多關係

下圖範例中，表示出『學生』和『課程』之間的『選修』關係，圖中用 N 來表示出一位學生可以選多門課程；用 M 表示出一門課程可以被多位學生選修。而此表示為 M：N，此處的 M 與 N 都表示多的意思，即為多位學生對多門課程之意。而此處的學生和課程皆表示為一個實體（Entity），而『選修』則為此兩者之間的『關係』（Relationship）。

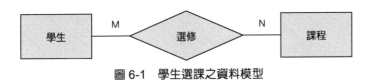

圖 6-1　學生選課之資料模型

在資料庫管理系統當中，資料庫設計是相當重要的一環，倘若設計不當，或是在設計過程，無法很忠實地將客戶的需求記錄，並表達出來，最後所設計出來的資料庫系統，絕對會是一個失敗的專案，更會導致企業流程混亂而無所適從，甚至產生出錯誤的資訊，造成企業決策者的誤判，更別說要利用資料庫系統來提升企業競爭力或改善企業流程。

6-3　資料的抽象化（Data Abstraction）

介紹『塑模方法』（Modeling）之前，我們必須先介紹何謂『抽象化』（Abstraction），或稱為『一般化』（Generalization）的概念和定義。

> **【定義 1】『抽象化』（Abstraction）或『一般化』（Generalization）**
>
> 　　將不同事物之共同特性歸納或抽離出來，並整理成另一個事物或一個概念的過程，稱之為『抽象化』（Abstract）或『一般化』（Generalize）。反之，則稱之為『具體化』（Specialize）。

　　在我們的日常生活，或是在企業營運當中，透過抽象化的過程，將所有相類似的事物，抽離出彼此之間共同的屬性，重新形成一個群組或概念是很重要的，這也就是一種『標準』的形成。所以如何有效地利用『塑模方式』（Modeling），先將所有的資料經過抽象化過程，再形成一個模型（Model）呢？建立此模型的主要目的，不僅讓我們將真實世界中的情形，更容易且忠實地表達或描繪出來，更可以透過此模型和不同的人員，當成一個彼此溝通的橋樑。也讓系統分析人員能更瞭解真實世界或企業的處理流程，亦可讓系統開發人員能更具體地且正確地將應用程式實作出來，期待能符合企業需要的系統。

　　例如我們在公司上班時，整個公司的組織架構中，從上到下會有許多不同職務主管和員工，例如員工代號 581，名字為 Candy 住 Tainan；員工代號 854，名字為 Andy 住 Taipei；員工代號 542，名字為 Jacky 住 Taipei。我們可以稱此三名員工為三個獨立或特定的『實體』（Entity），並且從中可發現每一個實體都有『員工代號』、『名字』和『住址』，所以我們將此共同的屬性抽離出來，這就是所謂的抽象化過程，如圖所示，抽象後所形成的『實體型態』（Entity Type），我們將之表示成：

　　員工（員工代號，姓名，住址）

　　在以上的表示方式當中，可以將『員工』稱之為『實體型態名稱』（Entity Type Name），『員工代號』、『姓名』及『住址』為實體型態『員工』的『屬性』（Attribute），Candy、Andy 及 Jacky 則為『姓名』屬性的『屬性值』（Attribute Value）。其實，這裡所提到的實體型態名稱，就是前面提到的資料表；屬性就是前面的欄位名稱。

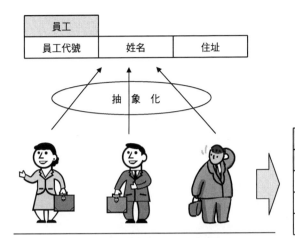

圖 6-2　資料的抽象化

6-4 資料模型的重要性

　　在真實的世界中，處處都充滿了很多的資料，例如客戶的姓名、行動電話，每一家供應商具有哪些的貨品、貨品的單價、貨品的規格…等等。雖然我們有心想要全部都記錄下來，但要如何才能有效率的一一記錄，並且在資料之間建立彼此之間的『關係』（Relationship），不致『資料重複性』（Data Redundancy）過高。例如，記錄一家公司的訂單資料，或許會設計成下圖方式來存取資料，但我們可以從中發現到訂單編號為 00001 的共有三筆資料，此時的訂購日期、客戶、地址皆重複地輸入，倘若有一筆打錯資料，如圖中的陳如 " 鷹 " 或是陳如 " 鶯 " 呢？這將會造成資料的混淆，並且資料重複性太高。

訂單資料	訂單編號	訂購日期	客戶	地址	產品	數量	單價
	00001	2006/01/12	陳如鷹	台北	紅茶	90	8
	00001	2006/01/12	陳如鷹	台北	綠茶	120	7
	00001	2006/01/12	陳如鷺	台北	咖啡	105	15
	00002	2006/02/11	蔡育倫	嘉義	咖啡	160	14
	00002	2006/02/11	蔡育倫	嘉義	紅茶	120	8

圖 6-3　不當的資料設計

　　將以上的資料表重新設計，從單一個『訂單資料』的資料表資料，切割成為兩個資料表（分別為『訂單』與『訂單明細』）。從『訂單』資料表中，可以很清楚看出，去除了重複的資料（包括訂購日期、客戶、地址）；而原本在『訂單』的產品相關資料，改由另一個『訂單明細』資料表來儲存。當資料在輸入時，便可以節省很多時間於重複輸入相同的資料，以及造成無心的錯誤。倘若要查詢訂單編號為 00001 的產品資料，可從下圖的『訂單』、『訂單明細』兩個資料表的『訂單編號』當成一個『關係』（Relationship），來查得『訂單明細』中的三筆資料。

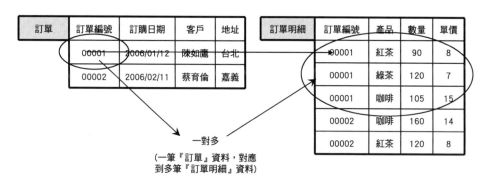

圖 6-4　改變後的資料 (a) 切割後的資料表

　　從上圖中顯示出，『訂單』的一筆資料會對應到多筆的『訂單明細』資料；這樣的概念，如同在現實生活中的訂單表單，如下圖所示，在設計上必會將單一的資料寫在上方，如圖中的『訂單編號』、『訂購日期』、『客戶』和『地址』；多筆的資料會設計在表單中的下方，如圖中的『產品』、『數量』和『單價』。所以如何將繁雜的資料整理後，並規劃出好的資料庫儲存方式是很重要的，簡單地說，就是資料模型的重要性。

圖 6-5　改變後的資料 (b) 訂單之表單

　　雖然在此例子之中，彷彿已經解決掉了資料的重複性，也就是降低了資料重複輸入以及避免資料不一致性的問題，但是卻衍生出另一個問題，也就是在使用者欲查詢相關的訂單明細資料時，必須先查得『訂單』資料表，再『訂單明細』資料表查詢相關的資料，如此對於『查詢』反而造成了困擾和麻煩。此一問題將留至後面章節的『合併』（Join）理論再介紹。

6-5　概念實體關聯模型基本認識

　　在資料庫系統中資料模型的表示方式，大致可分為兩種：一種為『概念資料模型』（Conceptual Data Model）或稱為『高階資料模型』（High Level Data Model）；另一種為『實體資料模型』（Physical Data Model）或稱為『低階資料模型』（Low Level Data Model）。

　　『概念資料模型』或『高階資料模型』，比較適合一般非電腦專業人員所使用，也就成為非電腦專家（通常稱為一般資料庫使用者）與電腦專家（通常為系統分析師）之間溝通的共同語言或模型。其主要目的在於讓系統分析師（System Analyst）能從企業客戶身上獲得相關的企業資訊，並藉由繪製概念資料模型，來達到與企業客戶的溝通與確認；此模型的主要目的在於描述出企業中，每一個實體（Entity）與實體之間的關係，並不著重於實作（Implementation）層面。顧名思義，此模型亦稱為『高階資料模型』，也就是容易讓企業客戶容易且清楚瞭解所表示的語意，以免在彼此溝通之中，會錯意或資訊傳達錯誤，而造成系統完成後的不可用性。

　　相對地，在完成且確認概念資料模型無誤之後，系統分析師所面對的又將會是一群以實作為主要工作的程式設計人員，而此模型並不適合程式設計人員進行程式設計所使用，所以必須將此概念資料模型轉為『實體資料模型』，提供給程式設計人員來實作；所以此模型的主要目的，除了能展現出每一個『實體』（Entity）與『實體』之間的『關係』（Relationship）之外，更必須要能展現出實體之間的實作方式。所以整體的概念轉換如下圖所示。

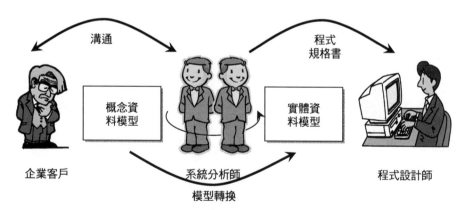

圖 6-6　概念資料模型與實體資料模型的轉換關係

實體、實體集合

顧名思義，『實體』就是實實在在的物體，此物體在真實世界中，代表著獨立、具體且特定的人、事、時、地、物或只是一個概念上的任何事物。例如在某家公司上班的五位員工，在這五位員工當中，每一位員工都算是一個獨立、具體的實體，如圖所示，我們可將五位員工的資訊表示成如下：

員工（8210171，胡琪偉，33，1963/8/12，{94010301、94010601}，220台北縣板橋市中山路一段）

員工（8307021，吳志梁，35，1960/5/19，94010701，Null）

員工（8308271，林美滿，38，1958/2/9，{94010105、94010201、94010302、94010303、94010702}，104台北市中山區 一江街）

員工（8311051，劉嘉雯，28，{1968/2/7，94010101、94010106、94010808}，111台北市士林區福志路）

員工（8312261，張懷甫，27，1969/1/2，Null，220台北縣板橋市五權街32巷）

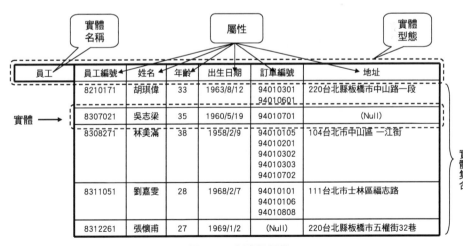

圖 6-7　實體與屬性

這五位員工皆稱為『實體』，而此五位員工所形成的集合即稱為『實體集合』；而學校、課程、部門雖然不是具體存在的物體，但在概念上亦可算是一種事物，故也稱之為『實體』；所以我們將整理並定義如下。

> 【定義2】『實體』（Entity）
>
> 在真實世界中，『實體』（Entity）代表著一個獨立、具體且特定的人、事、時、地、物或是一個概念上的事物。
>
> 【定義3】『實體集合』（Entity Set）
>
> 具有相同『屬性』（Attributes）的『實體』所構成的集合，稱為『實體集合』（Entity Set）。

屬性與屬性值

在我們的生活周遭，一定會有很多相似的實體，我們該如何來描述這些實體呢？例如某一位員工，為了要來描述此位員工，我們必須先定義出此位員工的描述項目。例如員工編號、姓名、年齡、出生日期、訂單編號、地址等等的資料項目，我們便可稱這些項目為員工的『屬性』，所以我們將屬性定義如下。

> 【定義4】『屬性』（Attribute）與『屬性值』（Attribute Value）
>
> 『屬性』（Attribute）就是用來定義或描述實體特性的一個表示項目；而每一個屬性都至少會具有一個或一個以上的值，稱為『屬性值』（Attribute Value）。

依據不同屬性的特性和特質，劃分出幾種不同類型的屬性，包括『鍵值屬性』（Key Attribute）、『單值屬性』與『多值屬性』（Single-Valued & Multi-Valued Attribute）、『單元型屬性』與『複合型屬性』（Atomic Attribute & Composite Attribute）及『儲存型屬性』與『衍生型屬性』（Stored Attribute & Derived Attribute）以及一個特殊的屬性值，稱為『空值』（Null Value）。

『鍵值屬性』（Key Attribute）

在一個實體集合當中，不會希望一個實體出現兩次或兩次以上；也就是說，造成資料的重複。例如在上圖中的實體集合中，如果員工（8210171，胡琪偉，33，1963/8/12，{94010301，94010601}，220 台北縣板橋市中山路一段），同時出現兩次的話，表示資料重複，對於我們的紀錄而言，不但沒有幫助，反而會造成額外的錯誤或困擾。

所以在一個實體集合中，識別每一個實體的唯一性是非常重要的。所以對每一個實體而言，就必須付予一個能唯一識別該實體的屬性，此屬性便稱之為『鍵值屬性』（Key Attribute）。換言之，『鍵值屬性』是能夠唯一識別該紀錄的屬性，所以只要是屬於『鍵值屬性』，就不允許有『重複值』的存在，也不允許有『空值』（Null Value）的情形。

『單值屬性』（Single-Valued Attribute）與『多值屬性』（Multi-Valued Attribute）

在某些情形下，一個實體集合中，會有一個或多個實體，在某項屬性會同時具有多個屬性值。例如在上圖中的員工 " 胡琪偉 "，承接了兩筆訂單，訂單編號分別為 94010301、94010601；也就是說一位『員工』具有多筆『訂單』資料。此時的『訂單編號』屬性即屬於『多值屬性』（Multi-Valued Attribute），並以大括弧 {} 來表示成 {94010301，94010601}。也就是說，只要在一個實體集合中，有一個或多個實體的某項屬性具有此種特性時，該屬性便稱為『多值屬性』。反之，倘若該屬性最多只會有一個值或是空值，皆稱為『單值屬性』（Single-Valued Attribute）。

『單元型屬性』（Atomic Attribute）與『複合型屬性』（Composite Attribute）

如果一個屬性不能再被切割成更小的屬性，則稱之為『單元型屬性』；反之，若是一個屬性可以再被切割成更小不同屬性的組合，便稱之為『複合型屬性』。例如『地址』屬性，一個地址可分為區域號碼、縣市、街道等等；而街道或許可以再分為路名、段、巷、弄、號、樓…等等，此種屬性稱之為『複合型屬性』。

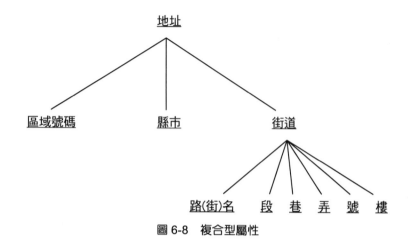

圖 6-8　複合型屬性

■ 『儲存型屬性』（Stored Attribute）與『衍生型屬性』（Derived Attribute）

顧名思義，『儲存型屬性』就是該屬性的值必須被儲存下來；反之，『衍生型屬性』則是由儲存型屬性、或是透過其他資料計算或推導出來的值。例如『年齡』，可藉由『目前日期』以及『出生日期』計算得之。對於『衍生型屬性』的屬性值是否不被儲存於儲存體或資料庫，可視必要性來決定。例如『年齡』可快速地由出生日期算出，儲存只會造成資料的不正確性；因此『年齡』屬性建議不儲存於資料庫中；反之，如果要得出一個衍生屬性值，必須經過長時間的計算時，而此『衍生型屬性』又是經常被存取，則會被建議直接儲存於資料庫中，以方便存取。

■ 空值（Null Value）

『空值』的意義就是該屬性不具有任何的屬性值；但『空值』不等同於長度為零的『空字串』或是空白。會造成某些屬性不具有任何屬性值的原因，通常可歸納出以下兩種情形：

1. 『不適用』（Not Applicable）：在一個資料表中要記錄所有的實體，此時，總會發生有些屬性不適合某些實體使用。例如在一個『學生』資料表，其中有一個『屬性』為『兵役情形』，但由於女性學生並沒有服兵役的義務，所以只要是女性學生，該『屬性』的『屬性值』就會是『空值』（Null Value）。

2. 『未知』（Unknown）：未知的情形可以再分為兩種情形來說明：

- 該屬性值是存在的，但由於某種情形，尚無法得知該實體的屬性值。例如當學校的新生剛入學時，在填寫個人基本資料表時遺漏某些欄位，卻沒有將個人的身份證字號或通訊地址填入，但這些屬性值確實是存在的，只是校方尚無法從學生基本資料表中得知。

- 該屬性值不知是否存在的情形下，也會暫將該屬性保持『空值』。例如在前例中，如果學生是手機號碼遺漏而未填入表格中，由於手機並非每個人必定會擁有的東西，所以有些學生真的沒有手機，亦有可能是忘了填寫，在此種不確定是否存在的屬性值亦會保留其屬性值為『空值』。

該特別注意的，『空值』（Null Value）不等同於一般的空字串（Empty Character String）、空白字元、零或其他的任何數值，所以在處理『空值』時必須要特別注意，以免產生不可預期的錯誤。

❖ 實體型態（Entity Type）

在一群的實體之中，可能會有相近或類似的實體，我們可以透過歸納（也就是透過前述的資料『抽象化』或『一般化』的概念）的方式，將這些特定的實體做分類，再組合成一個所謂的『實體型態』（Entity Type）。例如有一群老師，而每個人的屬性都大同小異，我們可以將他們共同的屬性集合成一個稱為『老師』的實體型態；倘若在學校的職員的屬性也都很相似，可另外形成一個稱為『職員』的實體型態，並將實體型態表示成以下方式：

老師（老師代號，姓名，聯絡地址，聯絡電話，科系，專長）

職員（職員代號，姓名，聯絡地址，聯絡電話，單位）

以上的兩個實體型態在相較之後，或許會被認為同質性相當高，所以可以再利用前述的抽象概念，將兩者更一般化來處理，形成一個稱為『員工』的實體型態，另外產生一個『身份』的屬性來區分兩者之間的差異，如下：

員工（員工代號，姓名，聯絡地址，聯絡電話，部門，專長，身份）

所以我們將『實體型態』定義如下：

【定義 5】『實體型態』（Entity Type）
　　　　　　將數個性質相近的實體，彙整出共同的屬性及實體名稱，此稱為『實體型態』（Entity Type）。

6-6 概念實體關聯模型及構成要素

在概念實體關聯圖中，可以將所有構成的基本要素分為五類，一為實體本身，包括不同類型的『實體型態』和不同種類的『屬性』兩部份：一為實體之間的『關係』，包括兩個實體之間的『關係』（Relationship）；以及兩個實體之間的數量比例，稱為『基數』（Cardinality）關係，和『參與性』（Participation）的關係，並將說明如下。

❖ 實體型態

『實體型態』可以依據『鍵值屬性』的存在與否，以及該實體是否具有獨立存在性，再分為兩種：一為『強實體型態』（Strong Entity Type），另一種為『弱實體型態』（Weak Entity Type）。分別定義如下：

【定義 6】『強實體型態』（Strong Entity Type）
　　　　　　具有『鍵值屬性』的實體，或是可以獨立存在，不需要依附在其他實體的實體，稱之為『強實體型態』（Strong Entity Type）或簡稱『實體』。

『強實體型態』，例如學生，可以獨立存在，並且會有學生學號為鍵值屬性，所以此實體型態為『強實體型態』，表現方式會以方形來表示，中間為該實體型態的名稱，如下：

圖 6-9　實體表示法

【定義 7】『**弱實體型態**』（**Weak Entity Type**）

　　不具有鍵值屬性的實體，或是無法獨立存在的實體，必須依附在其他實體才能存在的，稱之為『弱實體型態』（Weak Entity Type）。

『弱實體型態』，例如學生的監護人，如果沒有學生的存在，該監護人是無法獨立存在的，並且該實體沒有鍵值可用來識別，此種實體稱之為『弱實體型態』，而弱實體型態，表現方式會以兩個同心方形來表示，中間為弱實體型態的名稱，如下：

圖 6-10　弱實體表示法

❖ 關係與識別關係

兩個實體之間一定會具有一個『關係』，『關係』代表兩個實體之間具有某種的互動。例如學生『選修』課程，說明了學生實體與課程之間為『選修』關係。通常會表示成菱形，內部標示此關係的名稱，如圖所示。

圖 6-11　關係

『弱實體型態』，除了沒有『鍵值屬性』之外，也必須依附在另一個『強實體型態』而存在。所以在兩個實體之間的關係，有可能兩者皆為『強實體型態』，也有可能其中一個是『弱實體型態』，但絕不可能兩邊同時為『弱實體型態』。當其中一個是『弱實體型態時』，由於沒有『鍵值屬性』，所以必須透過『識別關係』來做為『弱實體』的識別。換言之，必須與另一『強實體型態』產生『關係』之後，方能有『識別屬性』的產生，來識別實體。

圖 6-12　識別關係

❖ 屬性

在屬性的部份可再分為一般的『屬性』（Attribute）、『衍生型屬性』（Derived Attribute）、『鍵值屬性』（Key Attribute）、『多值屬性』（Multi-Valued Attribute）和『複合型屬性』（Composite Attribute）五種，分別表示成不同的形式。

通常『屬性』是附加在實體之上，所以都會在實體上加上一條線，以及一個小橢圓形表示，如下圖所示。若是有多個屬性，則會有多個橢圓形來表示。不過在此必須特別強調說明，屬性的產生並非一定在屬性之上，亦可發生於『關係』（Relationship）之上；也就是說，當此『關係』有必要記錄某些資訊，而非僅僅在於概念的『關係』時，就會有『屬性』的存在。例如員工與部門之間的『管理』關係，此『關係』必須記錄員工與部門之間的管理起、迄時間，則在此『關係』上便會多出兩個『屬性』，分別為『起日期』與『迄日期』。又如學生與課程之間的『選修』關係，必須記錄下選修的學年期和成績，則此『關係』會有兩個屬性，『學年期』與『成績』。

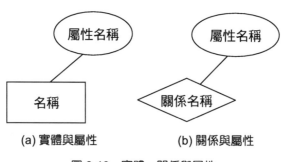

(a) 實體與屬性　　　　　　(b) 關係與屬性

圖 6-13　實體、關係與屬性

▣ 衍生屬性

『衍生屬性』就如前述的，是由儲存型屬性或其他輸入資料計算或推算出來的結果。不過，該屬性是由企業需求所必要的，雖然可以不必實際儲存，但仍必須標示出來，這也就是忠實記錄使用者的需求，以提供將來在系統開發時，會瞭解此屬性的必要性，而一般的表示方式如下圖所示，使用虛線的橢圓形，內部標示該衍生屬性的名稱。

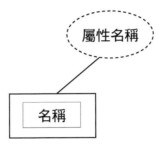

圖 6-14　衍生屬性與實體

鍵值屬性

『強實體型態』都會有一個『鍵值屬性』來做唯一識別實體，表示方式如同一般屬性一樣都是使用橢圓形，內部則為該鍵值屬性名稱，以及在鍵值屬性名稱下方加上底線，方便與一般的屬性區別，如下圖。

圖 6-15　鍵值屬性與實體

多值屬性

『多值屬性』代表該屬性可能沒有任何的屬性值，或同時擁有多個屬性值的可能性；也就是說，實體中的屬性只要會有可能發生此種情形，就必須標示為『多值屬性』；有些屬性是可以很容易辨識出來，但有些屬性則會模糊無法判定，一旦有此情形的產生，將會以使用者的需求來當評估依據。例如學生的電話，此屬性將會是一個模糊的屬性，就應該由使用者來

評估和決定，如果使用者僅需要記錄一個電話，則此屬性應該被認定為
『單值屬性』。反之，則為『多值屬性』，『多值屬性』表示方式則以兩個同
心橢圓形來表示，內部標示出『多值屬性』的名稱，如圖所示。

圖 6-16　多值屬性與實體

複合型屬性

顧名思義，『複合型屬性』是由多個屬性所組成的屬性。如同多值屬性一
般，有可能造成模糊的情形，例如以學生的姓名和地址而言，姓名可分為
姓和名，地址可分為區域號碼、縣市、街道，依此種的分類，可能會造
成相當多的屬性皆為複合屬性，所以在判定上，依然會以使用者需求來判
斷，例如使用者會不會經常性地查詢姓氏，或常會有某種需求的統計，此
時便可將姓名視為複合屬性。相對地，地址亦然，而此種屬性的表示會以
下圖方式表達之。

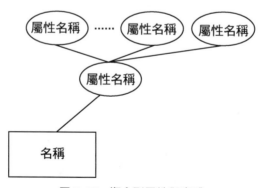

圖 6-17　複合型屬性與實體

基數關係

『基數』（Cardinality）關係所代表的是兩個實體 E1 與 E2 的比率關係，E1 和 E2 之間的比率關係，通常可分為下列四種情形：

1：1　：一對一關係，表示兩實體之間是一個對應一個。

1：N　：一對多關係，表示一個左邊實體會對應到多個右邊實體。

M：1　：多對一關係，表示多個左邊實體會對應到一個右邊實體。

M：N　：多對多關係，表示多個左邊實體會對應到多個右邊實體。

通常會在『關係』的左右兩邊標示基數比率，如圖所示，所代表的是一個實體 E1 會對應到多個實體 E2。

圖 6-18　基數關係

參與關係

『參與關係』（Participation）可分為『部份參與』和『全部參與』兩種。實體型態之間，有部份的實體會參與此關係，有些並不參與，此種關係就稱為『部份參與』。例如『學生』與『監護人』之間的關係，僅有未成年的學生才必須有監護人；反之，成年之學生並不需要有監護人，所以在學生這邊的參與關係為『部份參與』關係，以一條直線表示之。但是，監護人一定會對應到學生，所以監護人這邊的參與關係為『全部參與』關係，以兩條直線表示之。如圖所示，表示 E1 為部份參與關係，E2 為全部參與關係。

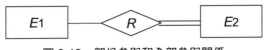

圖 6-19　部份參與和全部參與關係

學校的選課系統，每一門課程會因成本考量，會將學生選修人數做一最低人數方才開班的限制，以及受教室容量的大小限制，而限制學生選修的人數上限，此種即為『參與數的限制』關係，而此種關係並不一定同時發生在雙方實體，所以會在被限制的一端標示 {min,max} 的上、下限符號，如圖所示。

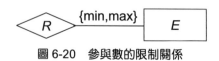

圖 6-20　參與數的限制關係

彙整以上所有元素，如表 6-1 所示，即為所有在概念實體關聯圖中的所有元素集合，以及簡略的說明。

表 6-1　實體關聯圖的基本要素說明

序號	基本圖示	名　稱	說　明
1	名稱	實體型態 （Entity Type）	代表真實世界中，具體的人、事、時、地、物或是一個概念。例如員工或公司。
2	名稱	弱實體型態 （Weak Entity Type）	弱實體的存在，一定會相依於實體而存在。例如在公司員工的家屬，沒有員工的存在，就不會有家屬的存在。
3	⬭	屬性 （Attribute）	代表每一個實體型態所擁有的屬性。
4	⬭	衍生型屬性 （Derived Attribute）	其值是經過計算出的屬性。例如員工的年齡，可透過出生日期屬性值計算出。
5	⬭	鍵值屬性 （Key Attribute）	代表此屬性為該實體型態的唯一識別之鍵值。
6	⬭	多值屬性 （Multi-Valued Attribute）	代表此屬性在該實體型態中，具有多重的值。例如一個員工同時有多個電話，此電話屬性即為多值屬性。

序號	基本圖示	名　稱	說　明
7		複合屬性 （Composite Attribute）	複合屬性是由多個單一屬性所組合合成，例如地址屬性可由縣市、路名、…等等所組成
8		關係 （Relationship）	代表兩實體型態之間的互動關係。例如員工與專案之間是 " 負責關係 "。
9		識別關係 （Identifying Relationship）	代表實體與弱實體之間的識別關係
10	E1　1 ─◇ R ◇─ N　E2	基數 （Cardinality）	基數是代表兩實體型態 E1 和 E2 之間的比率關係。例如一位員工（E1）負責 ®N 個專案（E2）。
11	E1 ─◇ R ◇═ E2	全部參與 （Total Participation）	代表實體型態 E2 內所有的實體皆必須具有和 E1 有 R 的關係存在。
12	◇ R ◇ {min,max}　E	參與數的限制 （Constraint of Participation）	實體型態與關聯型態之間的比率關係。例如學生的實體型態與選課的關聯型態之間的比率關係。

6-7　概念實體關聯模型的範例説明

在此節中，將以一個實際範例來說明如何依據使用者的需求來建立和表達出一個概念實體關聯模型，且如何來解讀所繪製出來的模型。在此，以學校的學生管理系統來做一闡述範例，並且假設使用者有以下幾項的需求產生。

1. 一位學生（學號，姓名，地址，電話，生日，年齡），可能會有多個電話號碼，以及會有監護人（姓名，關係，地址），但不是每一位學生都必須有監護人，可視學生年齡是否已經成年，以及可能會有一到多位監護人。

2. 學生必須歸屬在某一個科系（科系代號，科系名稱，位置），也可以同時申請輔系或雙學位，也就是主副修關係。

3. 每一個科系僅會有一個學生代表，參與該科系的科系會議，並且不需要將歷年的學生代表記錄，只要記錄目前的學生代表即可。

4. 每位學生可以自由選修課程（課程代號，必選修別，學分數，課程名稱），但學生的選修結果必須記錄該名學生選修的成績與學年學期。

5. 每一門課程必須限制學生的修課人數，最少必須達到五人，最高不得高於五十人選修該課程。

6. 課程之間有可能檔修情形，也就是說，有些課程必須要先修過某些基礎課程之後，方可選修該門課程；而某一個課程也有可能會擋其他多個不同課程的情形，一個課程只會有一個先修課程。

7. 每科系可以開出很多不同的課程讓學生來選修；但每一科系所開出的課程，雖然課程名稱有可能在不同科系之間會有相同的情形，但視為不同課程；換句話說，一個課程只會有一個科系開出，不會有多個科系開出完全相同的一門課程。

8. 所有課程都必須教師（教師代號，姓名）授課，而且每一門課程僅會有一位教師授課；每位教師可以不授課，也可以同時授課多門課程。

現在，依據以上的需求，將逐一的將使用者需求轉換成『概念實體關聯模型』（Conceptual ERD）。

❖ 第一項需求的解析

一位學生（學號，姓名，地址，電話，生日，年齡），可能會有多個電話號碼，以及會有監護人（姓名，關係，地址），但不是每一位學生都必須有監護人，可視學生年齡是否已經成年，以及可能會有一到多位監護人。

　　上述這句話中，可以很清楚知道有兩個實體的存在，分別為『學生』和『監護人』兩個實體。個別的屬性分別為，『學生』具有學號、姓名、地址、電話、生日和年齡。在這些的屬性當中，必須找出一個能唯一識別的屬性，可以明顯看出學號將會是學生實體的『鍵值屬性』，而年齡亦可由生日來導衍出來，所以年齡屬性是一個『衍生屬性』（Derived Attribute），而地址可以再切割成不同的屬性，所以會是一個『複合屬性』（Composite Attribute），而電話會成為『多值屬性』（Multi-Valued Attribute）是因為來自於需求中的要求。

　　在『監護人』的實體部份，具有姓名、和學生之間的關係、地址三個屬性，由於此實體會是一個完全相依於學生實體，所以它將會是一個『弱實體型態』，也就是並沒有鍵值屬性的實體。

　　在『關係』的部份，這兩個實體之間具有的『監護』關係，也就是學生的監護人，這兩者之間的關係名稱。

　　『不是每一位學生都必須有監護人，可視學生年齡是否已經成年，以及可能會有一到多位監護人』

　　在上述這句話中，明顯的突顯出『參與』關係和『基數』關係。這句話 " 因為不是每位學生都必須有監護人 " 中可說明，學生實體在此關係中是『部份參與』關係，而由於監護人是弱實體，所以必須是『全部參與』關係。這句話 " 可能會有一到多位監護人 " 中，也說明了基數關係是一對多的關係，所以以第一項的需求，可繪製出下圖的模型。

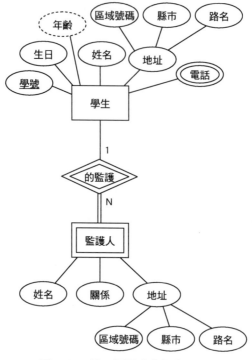

圖 6-21　第一項需求之概念 ERD

💠 第二項需求的解析

> 學生必須歸屬在某一個科系（科系代號，科系名稱，位置），也可以同時申請輔系
> 或雙學位，也就是主副修關係。

　　在上述的需求中，有一個『科系』的實體產生，並且具有三個屬性，分別
為科系代號、科系名稱以及科系的位置，其中科系代號為鍵值屬性。而彼此之
間的關係是『主副修』關係，以及從需求中，可以瞭解到，所有學生都應該歸
屬至少一個科系或多個科系（輔系或雙學位），所以是『全部參與』關係，以
及 1:N 的基數關係。反之，在正常情形下每一個科系皆必須要有學生方能成
立科系，這是很自然的條件，並不需要從需求之中明白的提供，所以也是『全

部參與』關係,以及一個科系當然可以擁有多位學生,亦就是 M:1 的基數關系。但是,在此處的『主副修』關係必須要清楚地記錄出,此學生所歸屬該科系的類別,例如是主修、輔系或是雙學位,所以在此『歸屬』的關係上必須多一個屬性稱為『主副修別』。故將此需求整理後,可繪製出下圖的模型。

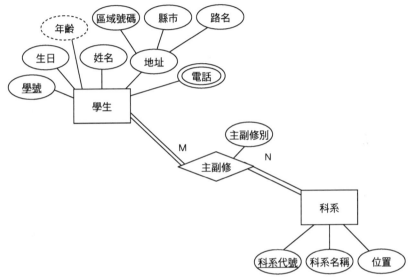

圖 6-22　第二項需求之概念 ERD

🔶 第三項需求的解析

> 每一個科系僅會有一個學生代表,參與該科系的科系會議,並且不需要將歷年的學生代表記錄,只要記錄目前的學生代表即可。

在上述的需求中,可以明顯瞭解到,『學生』實體與『科系』實體之間的關係為『代表』關係;在實體的參與關係中,不是所有的學生皆可當科系的代表;所以學生對於科系是『部份參與』關係,科系對學生是『全部參與』關係。但是,在需求中有提到。

在基數部份，一位學生可以代表一個科系的會議，一個科系也僅能讓一位學生代表參與，所以是 1：1 的基數關係，故將此需求整理後，可繪製出下圖的模型。

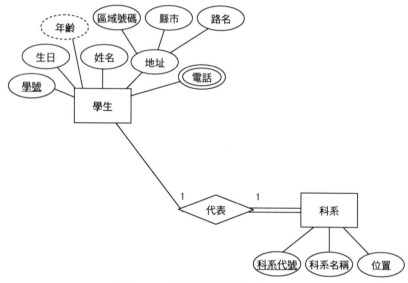

圖 6-23　第三項需求之概念 ERD

❖ 第四項需求的解析

> 每位學生可以自由選修課程（課程代號，必選修別，學分數，課程名稱），但學生的選修結果必須記錄該名學生選修的成績與學年學期。

在此需求中，又多出一個實體，稱之為『課程』，其中包括課程代號、必選修別、學分數、課程名稱等四個屬性，其中課程代號為鍵值屬性。而學生實體與課程實體之間的關係稱之為『選修』關係，但此關係比較特別的是每位學生所選修的課程必須記錄選修的成績，故此『選修』關係不同於一般僅止於隱含關係而已，必須擁有『成績』與『學年學期』屬性。

在參與關係中，由於學生可能辦理休學或退學，所以並非所有的學生都會參與此項選課動作，而課程則必須所有的課程要參與被選的關係，所以在學生的實體是屬於『部份參與』關係，在課程的實體是屬於『全部參與』關係。

而基數部份，由於一位學生可以自由選課，所以是 1：N 的基數關係，反之，一門課程也可以讓許多學生來選修，所以是 1：M 的基數關係，所以綜合以上分析，可繪製出下圖的模型。

圖 6-24　第四項需求之概念 ERD

❖ 第五項需求的解析

每一門課程必須限制學生的修課人數，最少必須達到五人，最高不得高於五十人選修該課程。

此項的需求主要在於參與數的限制，也就是限制每一門課程必須有最低人數五人，最高人數五十人，所以此項的需求在於參與數的描述，可以將前圖再加入『參與數限制』，可繪製出下圖的模型，於學生實體的一方，多一個限制條件 {5,50}。

圖 6-25　第五項需求之概念 ERD

❖ 第六項需求的解析

> 課程之間有可能擋修情形，也就是說，有些課程必須要先修過某些基礎課程之後，方可選修該門課程；而某一個課程也有可能會擋其他多個不同課程的情形，一個課程只會有一個先修課程。

　　" 課程之間 " 這句話，表示出了兩個實體皆為『課程』的實體，也就是自我之間的關係（Self Relationship），此時的課程實體將會扮演不同的兩個角色，一個為『後修』課程，一個為『先修』課程；彼此之間為『先修』或稱為『擋修』關係。而一個課程可能會同時會擋修數門課程，一個課程只會有一個先修課程，在此基數關係為 1：N，但因為不是所有課程都會有擋修課程，也不是所有課程皆是先修課程，所以在參與關係中，這兩者皆為『部份參與』關係，可繪製出下圖的模型。

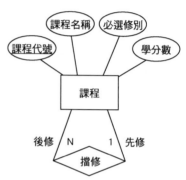

圖 6-26　第六項需求之概念 ERD

❖ 第七項需求的解析

> 每科系可以開出很多不同的課程讓學生來選修；但每一科系所開出的課程，雖然課程名稱有可能在不同科系之間會有相同的情形，但視為不同課程；換句話說，一個課程只會有一個科系開出，不會有多個科系開出完全相同的一門課程。

　　從此需求中，所增加出來的只是科系實體與課程實體之間的『開課』關係，在參與關係中，所有科系都必須要開課，而所有課程也都必須由科系開出，所以兩者皆為『全部參與』關係。在基數部份則為一個科系會開多門課程，所以是 1：N 的關係，可繪製出下圖的模型。

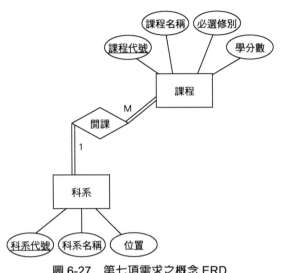

圖 6-27　第七項需求之概念 ERD

❖ 第八項需求的解析

所有課程都必須教師（教師代號，姓名）授課，而且每一門課程僅會有一位教師授課；每位教師可以不授課，也可以同時授課多門課程。

　　此項需求透露出『教師』與『課程』之間產生『授課』關係，並且是 1:M 的基數關係。在參與關係中，『教師』是『部份參與』關係；『課程』是『全部參與』關係，可繪製出下圖的模型。

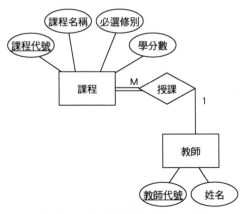

圖 6-28　第八項需求之概念 ERD

　　最後，綜合以上的八項需求，以及經過每一項的需要分析建構之後，可繪製出下圖完整的『概念實體關聯圖』，並藉由此模型即可透過資訊人員與企業的客戶做一溝通的中介模型，來達到瞭解企業的真正現況，進而再將此模型轉換成實際的資料關聯圖（下一章所介紹的關聯式模型即為一種實際的資料關聯圖），讓資料庫設計人員，依據所使用的資料庫管理系統，實際建構出資料庫綱要，進而讓程式設計師來進行應用程式的撰寫與開發。

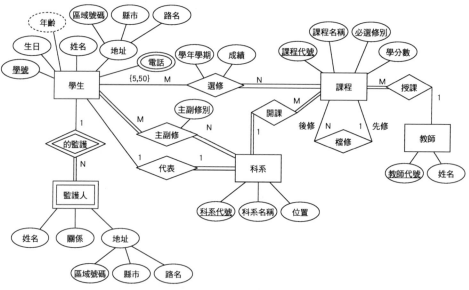

圖 6-29　教務系統之完整概念實體關聯模型

6-8 摘要

　　在本章中所提及的塑模方法和模型的重要性，以及目前與資料庫系統相關的三種主要模型，分別為『處理為主』的『資料流程圖』（Data Flow Diagram，簡稱 DFD）、以『資料為主』的『實體關聯圖』（Entity Relationship Diagram，簡稱 ERD）以及『物件導向』（Object-Oriented）的『統一塑模語言』（Unified Modeling Language，簡稱 UML），其中又以『實體關聯圖』為本章之主要介紹內容。

　　『實體關聯圖』（Entity Relationship Diagram, 簡稱 ERD）分為『概念式實體關聯圖』（Conceptual ERD）以及『實體式實體關聯圖』（Physical ERD）兩種，主要目的分別為一般使用者與系統分析人員溝通用的概念式模型；再由系統分析師與資料庫管理師依據所使用的資料庫，將概念模型轉換成實際式模型，建立資料庫的實際結構，並給予程式開發人員進行應用程式的撰寫，後續章節所介紹的關聯式模型即是『實體式實體關聯圖』（Physical ERD）。

本章習題

是非題

( ) 1. 所謂的『衍生型屬性』是指其值是從其他屬性或是運算式所計算出來的。

( ) 2. 所謂的『多值屬性』是指該屬性會有可能多個值。

選擇題

( ) 1. 『實體關聯圖』（Entity Relationship Diagram，簡稱 ERD）是
    (A) 以處理為主   (B) 以資料為主
    (C) 物件導向為處   (D) 流程為主。

( ) 2. 『統一塑模語言』（Unified Modeling Language，簡稱 UML）是
    (A) 以處理為主   (B) 以資料為主
    (C) 物件導向為處   (D) 流程為主。

( ) 3. 以下何種屬性有可能成為鍵值屬性
    (A) 單值屬性   (B) 多值屬性
    (C) 衍生屬性   (D) 以上皆可。

( ) 4. 通常『空值』（Null Value）的使用時機，以下何者正確
    (A) 不適用時   (B) 不知該值時
    (C) 不確定是否有值時   (D) 以上皆正確。

簡答題

1. 在概念的實體關聯圖中，有哪幾種不同的基數。

2. 何謂抽象化或稱為一般化。

3. 請說明以下之資料設計有何不妥。

訂單資料	訂單編號	訂購日期	客戶	地址	產品	數量	單價
	00001	2006/01/12	陳如鷹	台北	紅茶	90	8
	00001	2006/01/12	陳如鷹	台北	綠茶	120	7
	00001	2006/01/12	陳如鷹	台北	咖啡	105	15
	00002	2006/02/11	蔡育倫	嘉義	咖啡	160	14
	00002	2006/02/11	蔡育倫	嘉義	紅茶	120	8

4. 在資料庫系統中資料模型的表示方式，大致可分為兩種，一種為『概念資料模型』（Conceptual Data Model）或稱為『高階資料模型』（High Level Data Model），另一種為『實體資料模型』（Physical Data Model）或稱為『低階資料模型』（Low Level Data Model），請說明個別的使用時機。

5. 請說明何謂實體（Entity）？何謂實體集合？

6. 何謂鍵值屬性（Key Attribute）

7. 請說明何謂『單值屬性』（Single-Valued Attribute）與『多值屬性』（Multi-Valued Attribute），『儲存型屬性』（Stored Attribute）與『衍生型屬性』（Derived Attribute）。

8. 何謂強實體型態與弱實體型態。

9. 在實體關聯圖中，參與數關係可分為哪兩種。

MEMO

CHAPTER 7

正規化與資料庫關聯圖

關聯式資料庫的設計與應用，不外乎就是『分與合』的兩項基本處理原則。何謂『分』呢？就是如何將一個資料表，依據 Codd 博士所提出的一系列『正規化』的過程，去除不當的設計，也就是將一個資料表，分割成多個資料表的處理過程，所以『正規化』主要的工作就是『分』。反之，何謂『合』呢？在關聯式資料模型中的四個操作當中：『查詢』、『新增』、『刪除』以及『修改』，主要可歸納為『查詢』與『異動』（包括新增、刪除以及修改）兩大類。

資料庫設計對此兩大類的操作，剛好具有相反的效果，若是去除資料表三種異動的異常現象，就必須對該資料表做適當地切割，再透過『主索引鍵』與『外部索引鍵』達到彼此之間的關聯性。如同正規化的整個過程，若只為了在異動操作上不會造成異常現象，而犧牲掉查詢的便利性，這並不是資料庫設計上所希望看到的結果。所以在經過切割之後，對於查詢所造成的不方便性，就必須透過數個資料表的『合併』（join）過程，得到的一個『虛擬資料表』（virtual table），來達到查詢的方便；此『虛擬資料表』在 MS ACCESS 稱之為『查詢』（Query）。

7-1 資料表不當設計所造成的異動操作

未經正規化的資料庫系統，在一個資料表當中，可能會造成許多不同的異動操作上問題。問題的產生，主要來自於同一個資料表的『查詢操作』和『異動操作』（包括新增、刪除和修改操作）之間的衝突。

對於『查詢操作』而言，使用者會希望查詢的所有資料，全部在一個資料表，如此可以很方便的看到所有的資料；反之，對於『異動操作』而言，針對不同的異動會發生不同的異常現象，包括『新增異常』、『刪除異常』和『修改異常』等等，這些異常的操作都會影響到資料庫的正確性，後續將會一一介紹這三種的異常情形。

因此，要設計出沒有異常現象的異動操作，勢必要對該『資料表』做適當的切割處理，也就是 Codd 等人所提出的『正規化』處理。但是在經過『正規化』處理之後，又會造成在查詢操作上的麻煩和不方便，如下圖所示。

操作項目	查詢操作		異動操作
	查詢(Select)		新增(Insert) 刪除(Delete) 修改(Update)
衝突性	方便	⟶	造成異動操作 的異常
	造成查詢操作 的不便性	⟵	正常
解決方式	**合併** **(Join)**	⟵●	**正規化** **(Normalization)**

圖 7-1　查詢與異動的衝突

如何才能達到『查詢』與『異動』操作兩者之間的平衡點呢？解決異動的異常，必須對一個設計不當的資料表，進行適當地切割，切割成多個資料表，才可以避免掉異常現象。相反地，要解決查詢的不便性，可以將切割後的數個相關資料表（table），和這些相關資料表彼此之間的關聯性（Relationship），透過不同的『合併』方式，還原成原有的單一資料表模式，或是合併出所需要的資料，以解決資料表因切割後所造成查詢上的不便性，也就是利用資料庫的『檢視』（view）物件來達成此動作。

對於一個關聯式資料庫（Relational Database Management System, 簡稱 RDBMS）而言，必須使用具體的『資料庫綱要』（Database Schema）來實作。在設計階段，必須先經過正規化（Normalization）處理，然後再透過資料庫管理系統中的檢視（view）來合併出不同的需求。以下針對未經過正規化所造成的三種不同異常，來突顯出正規化的重要性和精神。

以下列的資料表為例，每一筆記錄，代表著一個供應商供應的產品項目。一個供應商同時可以提供多種產品，每一位供應商也會有多筆記錄，例如供應商『日月』提供蘋果汁與奶茶兩個產品。如此設計的資料表對於『查詢的觀點』來看，是可以將所有的資料皆出現在一個資料表上，若從達到查詢的方便性，但以『異動的觀點』卻會產生不同的異常現象。以下將針對如圖 7-2 的範例資料表，說明在異動操作（包括新增操作、刪除操作和修改操作）可能造成的三種異常現象，分別稱之為『新增異常』、『刪除異常』和『修改異常』。

供應商編號	供應商名稱	聯絡人	區域代號	區域	產品編號	產品名稱	單價
0001	鴻山	林亮光	A01	台北市	P01	黑咖啡	20
0001	鴻山	林亮光	A01	台北市	P03	汽水	15
0001	鴻山	林亮光	A01	台北市	P05	奶茶	15
0002	夢月	陳啾啾	B01	高雄縣	P01	黑咖啡	22
0002	夢月	陳啾啾	B01	高雄縣	P02	蘋果汁	12
0003	日月	劉名船	A02	台中市	P02	蘋果汁	13
0003	日月	劉名船	A02	台中市	P05	奶茶	13
0004	雲澔	吳雪白	B01	高雄縣	P04	紅茶	10
0005	海疆	盧深寶	A01	台北市	P04	紅茶	10
0005	海疆	盧深寶	A01	台北市	P05	奶茶	12

圖 7-2 【CH07 範例資料庫 _ 異動的異常】

❖ 新增異常（Insertion Anomaly）

如此設計的資料表，每一筆資料所表示的是一個供應商提供的產品資料，在此資料表，雖然可以很清楚地看出所有的相關資料，但就新增操作而言，倘若所有屬性的資料都齊全後，再將資料新增進資料表，並不會有任何的問題產生，如果所具備的屬性資料不齊全，便有可能會產生所謂的『新增異常』（Insertion Anomaly）。

　　例如有個新供應商『灰鴿』，已具有供應商的相關資料（包括供應商編號、供應商名稱、聯絡人、區域代號以及區域），唯獨缺少所提供的產品資料，造成『灰鴿』供應商所提供的產品是空值（null），如下圖 7-3 框線中所示。如此將違反了原本資料表設計的理念，就是每一筆記錄所代表的是供應商所提供的一項產品。資料庫設計的便利性，應該是使用者只要有任何新的資料，就必須能即時輸入才對，但此種資料表不當設計所產生的問題，稱之為『新增異常』（Insertion Anomaly）。

供應商編號	供應商名稱	聯絡人	區域代號	區域	產品編號	產品名稱	單價
0001	鴻山	林亮光	A01	台北市	P01	黑咖啡	20
0001	鴻山	林亮光	A01	台北市	P03	汽水	15
0001	鴻山	林亮光	A01	台北市	P05	奶茶	15
0002	夢月	陳啾啾	B01	高雄縣	P01	黑咖啡	22
0002	夢月	陳啾啾	B01	高雄縣	P02	蘋果汁	12
0003	日月	劉名船	A02	台中市	P02	蘋果汁	13
0003	日月	劉名船	A02	台中市	P05	奶茶	13
0004	雲漵	吳雪白	B01	高雄縣	P04	紅茶	10
0005	海疆	盧深寶	A01	台北市	P04	紅茶	10
0005	海疆	盧深寶	A01	台北市	P05	奶茶	12
0006	灰鴿	陳嵩高	A01	台北市	null	null	null

圖 7-3　新增資料異常

❖ 刪除異常（Deletion Anomaly）

　　刪除操作就是將整筆資料從資料表中刪除，倘若有供應商『夢月』，以後不再提供『黑咖啡』與『蘋果汁』兩項產品。在此設計當中，就是將兩筆資料刪除，如下圖所示。很明顯地，刪除之後發生一個異常現象，就是連供應商的基本資料也完全被刪除，此種的異常，稱之為『刪除異常』（Deletion Anomaly）。

供應商編號	供應商名稱	聯絡人	區域代號	區域	產品編號	產品名稱	單價
0001	鴻山	林亮光	A01	台北市	P01	黑咖啡	20
0001	鴻山	林亮光	A01	台北市	P03	汽水	15
0001	鴻山	林亮光	A01	台北市	P05	奶茶	15
~~0002~~	~~夢月~~	~~陳啾啾~~	~~B01~~	~~高雄縣~~	~~P01~~	~~黑咖啡~~	~~22~~
~~0002~~	~~夢月~~	~~陳啾啾~~	~~B01~~	~~高雄縣~~	~~P02~~	~~蘋果汁~~	~~12~~
0003	日月	劉名船	A02	台中市	P02	蘋果汁	13
0003	日月	劉名船	A02	台中市	P05	奶茶	13
0004	雲淵	吳雪白	B01	高雄縣	P04	紅茶	10
0005	海疆	盧深寶	A01	台北市	P04	紅茶	10
0005	海疆	盧深寶	A01	台北市	P05	奶茶	12

圖 7-4　刪除異常

❖ 修改異常（Modification Anomaly）

　　一個好的資料庫使用與設計觀點，應該是在重複的資料要儘量地降低，而不是浪費人力的重複維護。例如要修改供應商『鴻山』的聯絡人為『林一光』，由於『鴻山』共提供三種產品，也就會有三筆記錄，相對要更改三筆的『聯絡人』值，萬一使用者只更改了兩筆資料，而少更改一筆記錄，如下圖所示，此時將會造成資料的不一致性。在未來查詢時，將不知正確聯絡人的資料是『林一光』或是『林亮光』，這種操作的異常，稱之為『修改異常』（Modification Anomaly）。

供應商編號	供應商名稱	聯絡人	區域代號	區域	產品編號	產品名稱	單價
0001	鴻山	林一光	A01	台北市	P01	黑咖啡	20
0001	鴻山	林一光	A01	台北市	P03	汽水	15
0001	鴻山	林亮光	A01	台北市	P05	奶茶	15
0002	夢月	陳啾啾	B01	高雄縣	P01	黑咖啡	22
0002	夢月	陳啾啾	B01	高雄縣	P02	蘋果汁	12
0003	日月	劉名船	A02	台中市	P02	蘋果汁	13
0003	日月	劉名船	A02	台中市	P05	奶茶	13
0004	雲淵	吳雪白	B01	高雄縣	P04	紅茶	10
0005	海疆	盧深寶	A01	台北市	P04	紅茶	10
0005	海疆	盧深寶	A01	台北市	P05	奶茶	12

圖 7-5　修改異常

7-2 正規化（Normal Form）

1972 年由 Codd 最早提出正規化的過程，而初期所提出的正規化稱之為『三正規化』（Three Normal Form），包括『第一正規化』（First Normal Form, 簡稱 1NF）、『第二正規化』（Second Normal Form, 簡稱 2NF）和『第三正規化』（Third Normal Form, 簡稱 3NF）三種。之後，由 Boyce 和 Codd 又針對 3NF 提出一種加強型的正規化，稱之為 Boyce-Codd Normal Form，簡稱為『BCNF』。這些正規化的所有原理皆基於『功能相依性』的原理所發展出來，也就是從一個資料表的所有屬性當中，將其分類為不同的屬性集合，再區分出不同的相依關係，做為正規化的依據。

後續又被提出了兩種新的正規化方式，分別是依據『多值相依性』（Multi-Valued Dependency）理論的『第四正規化』（Fourth Normal, 簡稱 4NF），以及依據『合併相依性』（Join Dependency）理論的『第五正規化』（Fifth Normal Form, 簡稱 5NF）。雖然有此六種的不同正規化理論，不過在實務的設計和應用上，使用到最前面所提到的『三正規化』（1NF、2NF 和 3NF）已經相當足夠，通常不會使用到 BCNF、4NF 和 5NF。

在正規化的處理過程當中，一定會從第一正規化、第二正規化…直到第五正規化，雖然在實作上不一定要處理到第五正規化，但至少在處理的先後順序，一定會依循從小到大的規則，所以將此順序列出如下：

1NF → 2NF → 3NF → BCNF → 4NF → 5NF

可以很清楚地瞭解到，越後面的正規化，一定會包括前面正規化的結果。例如一個設計的過程，已符合正規化至第四正規化，則可以說此模型一定符合了第一正規化、第二正規化、第三正規化和 BCNF，所以將之整理成右圖。

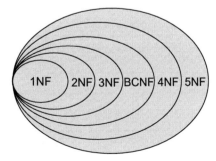

圖 7-6　正規化之間的關係

💠 第一正規化（First Normal Form，1NF）

『第一正規化』的處理重點在於，不允許資料表具有『多值屬性』（Multi-Valued Attribute）或『組合屬性』（Composite Attribute）的存在。換言之，在設計一個資料表的時候，必須考量每一個屬性皆為『單值屬性』（Single-Valued Attribute）與『單元屬性』（Atomic Attribute），只要是有『多值屬性』的情形，必須將該筆資料變成多筆記錄；而『組合屬性』，便要切割成數個不同基本的『單元屬性』。簡言之，『第一正規化』就是去除『多值屬性』（Multi-Valued Attribute）和『組合屬性』（Composite Attribute）的過程，以符合第一正規化的原則。

以下利用一個具有五筆記錄，且未經過正規化的資料庫『CH07 範例資料庫 00_未正規化』，當成一個初始範例，再逐一說明『第一正規化』、『第二正規化』與『第三正規化』的處理過程。從此範例可得知，每一個供應商可以提供多種的產品，例如『鴻山』供應商，提供三種產品，分別為黑咖啡、汽水以及奶茶；換言之，此處的『產品編號』、『產品名稱』以及『單價』三個屬性，對於供應商而言，是具有可多個值的一種屬性，此種屬性也就是前段所提到的『多值屬性』（Multi-Valued Attribute）。

供應商編號	供應商名稱	聯絡人	區域代號	區域	產品編號	產品名稱	單價
0001	鴻山	林亮光	A01	台北市	P01	黑咖啡	20
					P03	汽水	15
					P05	奶茶	15
0002	夢月	陳啾啾	B01	高雄縣	P01	黑咖啡	22
					P02	蘋果汁	12
0003	日月	劉名船	A02	台中市	P02	蘋果汁	13
					P05	奶茶	13
0004	雲淼	吳雪白	B01	高雄縣	P04	紅茶	10
0005	海疆	盧深寶	A01	台北市	P04	紅茶	10
					P05	奶茶	12

圖 7-7 【CH07 範例資料庫 00_未正規化】資料庫

根據以上的初始資料表，具有三個『多值屬性』（產品編號、產品名稱與單價），所以在第一正規化的過程，必須去除『多值屬性』。將每一個屬性值變更成一筆記錄，成為如下資料表『供應商』顯示，從原本的五筆記錄變成十筆記錄。這樣的轉變過程，即符合『第一正規化』原則。

供應商編號	供應商名稱	聯絡人	區域代號	區域	產品編號	產品名稱	單價
0001	鴻山	林亮光	A01	台北市	P01	黑咖啡	20
0001	鴻山	林亮光	A01	台北市	P03	汽水	15
0001	鴻山	林亮光	A01	台北市	P05	奶茶	15
0002	夢月	陳啾啾	B01	高雄縣	P01	黑咖啡	22
0002	夢月	陳啾啾	B01	高雄縣	P02	蘋果汁	12
0003	日月	劉名船	A02	台中市	P02	蘋果汁	13
0003	日月	劉名船	A02	台中市	P05	奶茶	13
0004	雲濰	吳雪白	B01	高雄縣	P04	紅茶	10
0005	海疆	盧深寶	A01	台北市	P04	紅茶	10
0005	海疆	盧深寶	A01	台北市	P05	奶茶	12

圖 7-8 【CH07 範例資料庫 01_ 第一正規化】資料庫

TIP 以『查詢操作』的觀點而言，圖 7-8 所展示的資料表，包括了所有需要的屬性欄位，可謂是最方便查詢的資料表。

❖ 第二正規化（Second Normal Form，2NF）

在『第二正規化』的處理過程中，必須去除『部份相依性』的存在，也就是所有的相依性，必須是皆具有『完全功能相依性』。什麼是『部份相依性』與『完全功能相依性』呢？若是將第一正規化之後的資料表，以功能相依來表示，可以繪成下圖所示，找出以下三個相依性：

- ▪ **相依性（一）**：{ 產品編號 } → { 產品名稱 }
- ▪ **相依性（二）**：{ 供應商編號，產品編號 } → { 單價 }
- ▪ **相依性（三）**：{ 供應商編號 } → { 供應商名稱，聯絡人，區域代號，區域 }

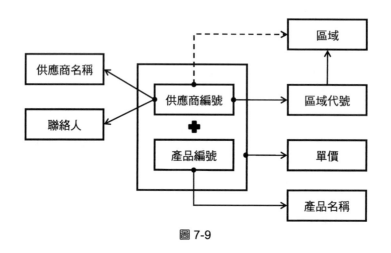

圖 7-9

這三個相依性的意義，分別說明如下：

- **相依性（一）**：給定一個『產品編號』，可以唯一找出一個『產品名稱』。
- **相依性（二）**：給定一個『供應商編號』與『產品編號』，可以唯一找出一個『單價』。
- **相依性（三）**：給定一個『供應商編號』，可以唯一找出一組『供應商名稱』、『聯絡人』、『區域代號』與『區域』。

其中相依性（二）{供應商編號，產品編號} → {單價}，倘若從 {供應商編號，產品編號} 當中去除任何一個或多個屬性，將不會存在其他相依性，則稱此為『完全功能相依性』；反之則稱為『部份相依性』。但是根據相依性（二），去除其中的『供應商編號』或『產品編號』，其結果分別說明如下：

- 從 {供應商編號，產品編號} 去除屬性『供應商編號』，卻存在一個相依性（一），就是 {產品編號} → {產品名稱}
- 從 {供應商編號，產品編號} 去除屬性『產品編號』，卻存在一個相依性（三），就是 {供應商編號} → {供應商名稱，聯絡人，區域，區域代號}

因此，相依性（二）是一種『部份相依性』。根據第二正規化，要去除『部份相依』的原則，可以將上圖的相依性，切割成三個『完全功能相依』，如下圖所示。

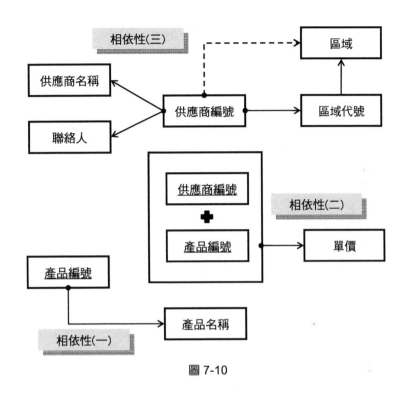

圖 7-10

或是以資料表的形式表現成三個獨立不同的資料表，如下圖所示。

供應商

供應商編號	供應商名稱	聯絡人	區域代號	區域
0001	鴻山	林亮光	A01	台北市
0002	夢月	陳啾啾	B01	高雄縣
0003	日月	劉名船	A02	台中市
0004	雲漨	吳雪白	B01	高雄縣
0005	海疆	盧深寶	A01	台北市

產品價格

供應商編號	產品編號	單價
0001	P01	20
0001	P03	15
0001	P05	15
0002	P01	22
0002	P02	12
0003	P02	13
0003	P05	13
0004	P04	10
0005	P04	10
0005	P05	12

產品資料

產品編號	產品名稱
P01	黑咖啡
P02	蘋果汁
P03	汽水
P04	紅茶
P05	奶茶

圖 7-11 【CH07 範例資料庫 02_ 第二正規化】

❖ 第三正規化（Third Normal Form，3NF）

第三正規化的原理是依據『遞移相依性』的理論而來，也就是要找出屬性集合之間的『直接相依性』，而非『間接相依性』的關係，倘若有間接相依性的存在，就必須去除掉。根據原本的相依性（三），繪成下圖的功能相依圖，又可以列出二個功能相依性，如下

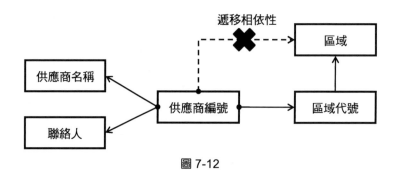

圖 7-12

📠 **相依性（三）**：{供應商編號} → {供應商名稱，聯絡人，區域代號，區域}
📠 **相依性（四）**：{區域代號} → {區域}

在此二個功能相依當中，可以很清楚地看到屬性集合 {區域} 同時被兩個屬性集合所決定，分別為 {供應商編號} 和 {區域代號} 兩個。而以下的相依關係

　　　{供應商編號} → {區域}

其實是因為

　　　{供應商編號} → {區域代號} → {區域}

所導引出來的相依性，此種關係便稱之為『遞移相依性』。也就是說，『供應商編號』與『區域』之間是一種『間接相依關係』，而非『直接相依性』。『區域代號』與『區域』之間則為『直接相依關係』。

所以根據第三正規化，要去除『遞移相依性』的原則，可以將上圖的相依性，切割成二個獨立的相依性，或稱為直接相依性，如下圖所示。

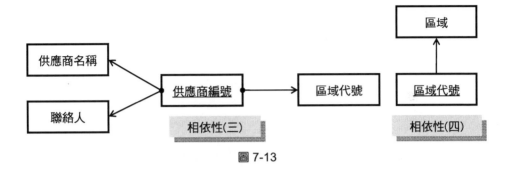

圖 7-13

或是以資料表的形式表現成二個獨立不同的資料表，如下圖所示。

供應商

供應商編號	供應商名稱	聯絡人	區域代號
0001	鴻山	林亮光	A01
0002	夢月	陳啾啾	B01
0003	日月	劉名船	A02
0004	雲滶	吳雪白	B01
0005	海疆	盧深寶	A01

區域代號	區域
A01	台北市
A02	台中市
B01	高雄縣

區域資料

圖 7-14

依據完整的相依性，可以表示成下圖的四個相依性，以及完整的四個資料表。

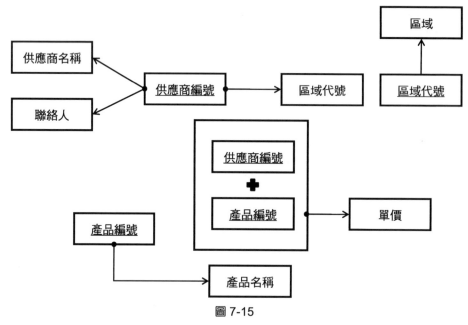

圖 7-15

供應商

供應商編號	供應商名稱	聯絡人	區域代號
0001	鴻山	林亮光	A01
0002	夢月	陳啾啾	B01
0003	日月	劉名船	A02
0004	雲湍	吳雪白	B01
0005	海疆	盧深寶	A01

區域資料

區域代號	區域
A01	台北市
A02	台中市
B01	高雄縣

產品資料

產品編號	產品名稱
P01	黑咖啡
P02	蘋果汁
P03	汽水
P04	紅茶
P05	奶茶

產品價格

供應商編號	產品編號	單價
0001	P01	20
0001	P03	15
0001	P05	15
0002	P01	22
0002	P02	12
0003	P02	13
0003	P05	13
0004	P04	10
0005	P04	10
0005	P05	12

圖 7-16 【CH07 範例資料庫 03_ 第三正規化】資料庫

其實每一個資料表，都代表著一個相依性，而具有唯一識別該資料表中每一筆記錄的屬性（一個或多個），稱之為『主要鍵』（Primary Key, 簡稱 PK），在 MS ACCESS 中，稱之為『主索引鍵』。以上所列的每一個資料表之『主索引鍵』如下；尤其要特別注意的是，『產品價格』資料表的『主索引鍵』是由兩個屬性所組成，其他皆由一個屬性組成：

『供應商』資料表：供應商編號

『區域資料』資料表：區域代號

『產品資料』資料表：產品編號

『產品價格』資料表：供應商編號＋產品編號

資料表的『主索引鍵』通常會具有以下兩個重要特性：

- 組成『主索引鍵』的任何一個屬性值，皆不得為『空值』（null value），也就是每一個屬性都必須有值。
- 一個資料表的『主索引鍵』值，不得有重複值存在。

正規化後的資料表，彼此兩兩之間必定存在著一種『關聯性』（relationship），此種關聯性代表著兩個資料表中的資料相依關係。例如『供應商』資料表的屬性『供應商編號』值為 0001，可以透過與『產品價格』的關聯性，找出相對應的『供應商編號』值也為 0001 的對應資料，也就是該供應商所提供的所有『產品編號』（{P01, P03, P05}）以及『單價』（{20, 15, 15}）。此種關聯性的圖，稱之為『實體關聯圖』（Entity Relationship Diagram, 簡稱 ERD），在 MS ACCESS 中，稱之為【資料庫關聯圖】，如下圖所示。

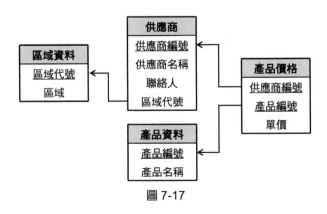

圖 7-17

【資料庫關聯圖】之每一條『關聯性』的線，必定存在於兩個資料表之間。也就是，由一個『子資料表』（child table）的屬性，參考（reference）另一個『父資料表』（parent table）的『主索引鍵』屬性。而參考父資料表『主索引鍵』的子資料表屬性，稱為『外部索引』（Foreign Key, 簡稱 FK），在 MS ACCESS 中，稱之為『外部索引鍵』。參考關係如下：

- 子資料表『供應商』的外部索引鍵『區域代號』，參考父資料表『區域資料』的主索引鍵『區域代號』。
- 子資料表『產品價格』的外部索引鍵『供應商編號』，參考父資料表『供應商』的主索引鍵『供應商編號』。
- 子資料表『產品價格』的外部索引鍵『產品編號』，參考父資料表『產品資料』的主索引鍵『產品編號』。

也就是說，凡是被參考的資料表即稱為『父資料表』，『父資料表』一定是其『主索引鍵』屬性被參考，不可能是其他『非主索引鍵』屬性被參考。參考的資料表即稱為『子資料表』，用以參考的屬性則稱之為『外部索引鍵』。通常，父資料表的資料必須先存在，子資料表的資料方能參考到父資料表的『主索引鍵』值。

三個正規化的綜合說明

雖然在『三正規化』的過程當中，每一個正規化皆有其特有的原則與目的。以實務性而言，筆者將其簡化為以下兩個過程：

1. 去除『多值屬性』（同於第一正規化）。
2. 去除所有的『相依性』（包括『部份相依性』及『遞移相依性』）。

或許會覺得奇怪，第二項不就等同於原本的第二與第三正規化？這樣的疑惑是沒錯的，而筆者為什麼要將後兩項合併成為單一項目呢？也就是說，只要能找到所有的相依性，無論是哪一種相依性，只要找出所有的直接相依性，每一個相依性就是一個獨立的資料表。依此原則,就可以不用太過於刻意去瞭解什麼是『部份相依性』或是『遞移相依性』了。

如下圖所示,只要標示出所有的『相依性』(Functional Dependency),每一個相依性其實就代表著一個獨立的資料表,如此即可輕鬆完成『三正規化』的動作。

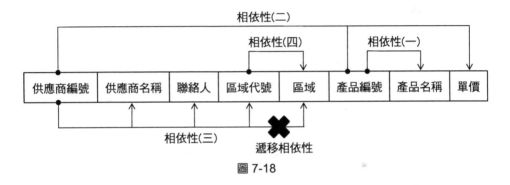

圖 7-18

7-3 資料庫的完整性

在關聯式資料庫的設計中,必須保證資料的『完整性』(Integrity),以免輸入了一堆沒有用的資料,對整個資料庫系統不但沒用處,反而會造成資訊的錯誤或誤導決策者的決策;因此在資料庫系統當中,必須有必要性的限制行為來對資料的篩選,也就是所謂的『完整性限制』(Integrity Constraint)。限制使用者所輸入的資料倘若不符合完整性,就必須將排除在外,不可寫入資料庫內,亦就是所謂的『垃圾進、垃圾出』(Garbage-In Garbage-Out)。

所以針對資料表,必須對『完整性』(Integrity)有不同的限制。依據限制的範圍大小而言,可以從小而大做不同的限制。這些限制(constraint)包括以下五項,(1)對鍵值限制的『鍵值完整性限制』(Key Integrity Constraint),(2)對一般屬性限制的『領域完整性限制』(Domain Integrity Constraint),(3)對單一關聯的『實體完整性限制』(Entity Integrity Constraint),(4)兩個關聯之間的『參考完整性限制』（Referential Integrity Constraint），以及（5）『使用者自訂的完整性限制』（User-Defined Integrity Constraint）。分別說明如下：

❖ 鍵值完整性（Key Integrity Constraint）

DBMS 的第一個完整性的限制是『鍵值完整性限制』（Key Integrity Constraint）。『鍵值』在一個資料表當中，具有不可為『空值』（Null Value）的限制。也就是說，『鍵值』屬性主要的功能在於對該資料表中每一筆記錄（record）做唯一識別的功能；倘若鍵值屬性值是『空值』，則該筆記錄會失去唯一識別的功能。

❖ 值域完整性（Domain Integrity Constraint）

資料表中除了對鍵值屬性要限制之外，每一個屬性皆被有效的限制；對於不符合人們所期待的值，也該被限制輸入，造成無用的資料儲存在資料庫內。換句話說，一個屬性其中的值必須被限制在某一範圍或某一種資料型態，此種限制稱之為『值域完整性限制』（Domain Integrity Constraint）。例如在『員工』資料表中，有一個屬性為『性別』，則此屬性的值應該被限制於值域{ '男'，'女' }當中，除此值域之外的值，皆不可接受，此即為『值域完整性限制』（Domain Integrity Constraint）。

❖ 實體完整性（Entity Integrity Constraint）

實體完整性將限制一個資料表中的每一列資料都是唯一被識別，也就是不會有重複的資料存在。可以透過 Primary Key（主索引）或 UNIQUE 條件約束來達到此完整性。

❖ 參考完整性（Referential Integrity Constraint）

除了資料表本身的內部限制之外，還有資料表與資料表之間『關聯性』（Relationship）的完整，也就是「參考完整性」。此關聯性主要是存在於兩個資料表之間，不同鍵值屬性的參考關係。參考其他資料表的資料表稱之為『子資料表』；被參考的資料表稱之為『父資料表』。兩個資料表的『關聯性』（relationship）是透過子資料表的『外部索引』（Foreign Key，簡稱 FK），參考父資料表的『主索引鍵』（Primary Key，簡稱 PK）。而此關聯性必須遵循父資料表中的主索引鍵值先存在，子資料表的外部索引值方能存在；否則外部索引值應該被設為空值（Null Value）。

以圖 7-19 中『區域資料』（父資料表）與『供應商』（子資料表）兩個資料表為例。以下列出三種情形說明：

◾ 『區域資料』的區域代號『A02』

因為此資料表為父資料表，所以沒有『供應商』的區域代號對應，但此情形是**被允許**的。

◾ 『供應商』的供應商編號『0004』

因為此資料表為子資料表，對應不到父資料表『區域資料』的主索引鍵，所以是**不被允許**的。

◾ 『供應商』的供應商編號『0005』

雖然對應不到父資料表『區域資料』的主索引鍵，但因為區域代號值為『空值』（Null Value），所以是**被允許**的。

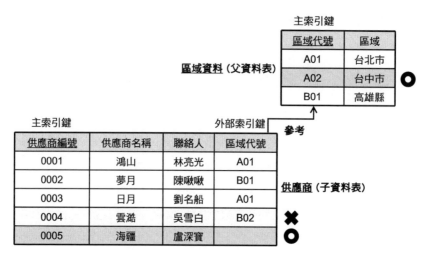

圖 7-19

當資料表之間的關聯性已維持『參考完整性』，但資料會不斷地被異動，在異動的過程當中，難免會不小心破壞『參考完整性』。主要可分為兩類：

- 父資料表的『主索引鍵值』被更改時，參考到那些『主索引鍵值』的子資料表的『外部索引鍵值』的處理，

- 父資料表的『記錄』被刪除時，參考到那些『記錄』的子資料表『記錄』的處理。

處理方式分別說明如下，實作部份請參考下一節的【資料庫關聯圖】：

(1) 串聯更新（Update Cascade）

更改父資料表的『主索引鍵值』時，參考到哪些『主索引鍵值』的子資料表的『外部索引鍵值』，也會一併被更改。

(2) 串聯刪除（Delete Cascade）

刪除父資料表的『記錄』時，參考到那些『記錄』的子資料表『記錄』，也會一併被刪除。

(3) 禁止動作（No Action）

凡是被子資料表參考到的那些父資料表記錄的『主索引鍵值』，會被限制不得更改其值，亦不可刪除那些父資料表的記錄。除非先將參考到該些記錄的子資料表記錄刪除、或是先將子資料表的外部索引鍵值設為空值、或更改其值去參考其他父資料表記錄。

(4) 設為『空值』（Set to Null）

無論是更改父資料表的『主索引鍵值』，或是刪除父資料表的記錄，對於那些參考到這些記錄的子資料表中的『外部索引鍵值』，全都會被設為『空值』。但是 MS ACCESS 並不支援此種方式。

❖ 使用者自訂完整性（User-Defined Integrity Constraint）

顧名思義，就是依據使用者的需求，額外新增資料輸入的限制，以保持資料的完整性。例如某學校的教師，必須同時具備『教師證字號』的屬性值，以及科系發聘的『聘用書字號』的屬性值，方可新增此筆教師資料，此種限制即屬於使用者自訂完整性限制的一種。

7-4 建立『資料庫關聯圖』

由於 MS ACCESS 是屬於辦公室軟體中的一個小型資料庫軟體，不像大型資料庫可以同時建立多個『資料庫關聯圖』。所以在 MS ACCESS 中，不論有多少個資料表，全部都只能建立在同一個『資料庫關聯圖』來表示資料表之間的關聯性。

在建立『資料庫關聯圖』之前，必須事先為每一個資料表建立『主索引鍵』。然後如圖 7-20，點選上方的【資料庫工具】標籤→【資料庫關聯圖】。

圖 7-20

當出現圖 7-21 時，必須將所需要的資料表加入【資料庫關聯圖】視窗內，再建立彼此的關聯性。而加入資料表的方式有兩種：

(1) 點選上方功能表的【顯示資料表】，再於【顯示資料表】的對話框中，逐一新增所需要的資料表。

(2) 直接點選左邊資料表，並拖曳至【資料庫關聯圖】。

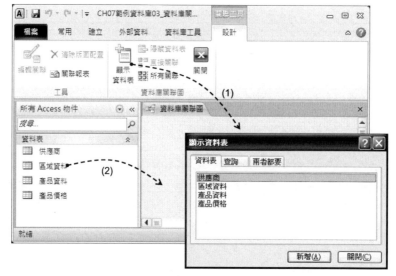

圖 7-21

完成新增資料表之後，接續的工作就是要建立資料表之間的『關聯性』。建立方式如圖 7-22，於『產品價格』資料表的外部索引鍵『產品編號』上，按下滑鼠左鍵不放，拖曳至『產品資料』資料表的主索引鍵『產品編號』上方，並放開滑鼠。只要在建立資料表之間的關聯性之前，先建立各個資料表的『主索引鍵』，則無關於要從父資料表的主索引鍵，拖拉至子資料表的外部索引鍵；亦或是從子資料表的外部索引鍵，拖拉至父資料表的主索引鍵。

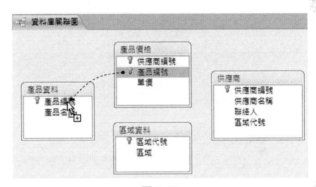

圖 7-22

在拖拉過程中會出現圖 7-23 的對話框。【資料表／查詢（T）】代表父資料表，也就是被參考的資料表；此處顯示出『產品資料』為父資料表，此資料表的『產品編號』為主索引鍵。【關聯資料表／查詢（R）】代表子資料表，也就是參考其他資料表的資料表；此處顯示出『產品價格』為子資料表，此資料表的『產品編號』為外部索引鍵。

圖 7-23

　　在圖 7-23 中的左圖，【強迫參考完整性】就是前一節提到『參考完整性』
中的『禁止動作』(No Action)。同時，【串聯更新關聯欄位（U）】與【串
聯刪除關聯記錄（D）】兩個才能被使用；此兩項的意義，就是前一節提到
『參考完整性』中的『串聯更新』(Update Cascade) 與『串聯刪除』(Delete
Cascade)。

　　倘若在建立關聯性之前，沒有建立各個資料表的『主索引鍵』，則『主索
引鍵』與『外部索引鍵』之間的拖曳方向，會影響父、子資料表的關係。原則
上，ACCESS 會以『拖』的起點視為父資料表（如圖【資料表 / 查詢（T）】），
『曳』的終點視為子資料表（如圖【關聯資料表 / 查詢（R）】）。此時，若是要
勾選【強迫參考完整性（E）】時，將會出現圖 7-24 的錯誤訊息。

圖 7-24

　　若是完成以上的所有關聯性設定，將會出現圖 7-25 所示，一個完整的
【資料庫關聯圖】。圖中父資料表會被標示為『1』，子資料表會被標示為『∞』
（代表多的意思）；也就是說『父對子』為『一對多』關係。

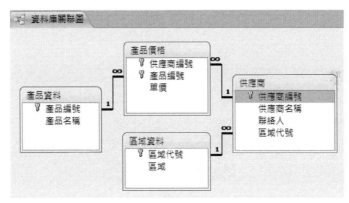

圖 7-25

本章習題

是非題

( ) 1. 資料庫正規化的目的,是在解決對資料異動的異常現象。

( ) 2. 過渡的正規化將會造成系統的效率。

( ) 3. 正規化會將一個資料表適當地切割成數個資料表。若是所有查詢的資料分佈於多個資料表時,可以利用合併來處理。

( ) 4. 通常資料表設計完成之後,都要建立『資料庫關聯圖』,目的是讓使用更方便,以及建立參考完整性,可以讓資料更為一致性。

( ) 5. 所謂的第三正規化,是指去除『部份相依性』。

( ) 6. 在一個資料表中,主索引的限制是不可為空值,也不可有重複值存在。

選擇題

( ) 1. 何者不是資料庫正規化的原因之一?
(A) 新增異常　　(B) 刪除異常　　(C) 修改異常　　(D) 查詢異常。

( ) 2. 去除『遞移相依性』是屬於
(A) 第一正規化　(B) 第二正規化　(C) 第三正規化　(D) BCNF。

簡答題

1. 若是資料庫設計不當,可能會遇到哪三種異常現象,並各別說明。

2. 依據下面的資料進行三正規化

學生學號	學生姓名	科系代號	科系名稱	位置	書籍編號	書籍名稱	出版日期
99001	陳阿山	X01	資管系	資訊大樓	B01	資料庫	99/01/15
					B03	作業系統	99/01/31
					B05	TCP/IP通訊協定	98/05/22
99002	林月里	Y01	電機系	機電大樓	B01	資料庫	99/01/15
					B02	資料探勘	98/02/11
99003	劉少齊	X01	資管系	資訊大樓	B02	資料探勘	98/02/11
					B05	TCP/IP通訊協定	98/05/22
99004	李國頂	Z01	資工系	資訊大樓	B01	資料庫	99/01/15
					B05	TCP/IP通訊協定	98/05/22
99005	梁山泊	Y01	電機系	機電大樓	B04	Java程式設計	98/12/01
					B05	TCP/IP通訊協定	98/05/22

3. 請列出資料庫的五大完整性限制

MEMO

CHAPTER 8

多個資料表的合併

前一章已很清楚地介紹資料庫設計最重要的『三正規化』；也就是將資料表適當地切割成數個不同的資料表。本章所有介紹的重點正是以『查詢資料』的觀點，如何將數個資料表再透過合併方式，成為單一個虛擬資料表（virtual table），在 ACCESS 稱之為『查詢』。

8-1 合併（join）

所謂的『合併』（join）就是將兩個資料表，合併成一個虛擬資料表的過程。如圖 8-1 所示，將『資料表 A』與『資料表 B』合成一個『虛擬資料表 C』。而『虛擬資料表 C』的所有欄位（或稱屬性）皆來自於『資料表 A』與『資料表 B』；至於所有合併出來的記錄筆數，將會因合併種類的不同，而有所不同。

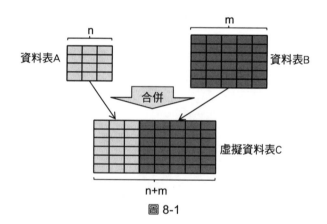

圖 8-1

雖然合併可以是將兩個以上的資料表合併成為一個虛擬資料表。但可視為是先將兩個合併，再將結果與第三個合併，再將結果與第四個合併…，依此類推。

基本的合併類型，可分為『交叉合併』（cross join）、『內部合併』（inner join）、『外部合併』（outer join）以及『自我合併』（self join）四大類。個別將於後續逐一說明與探討。

8-2 交叉合併（cross join）

在『合併』（join）原理中，首先介紹『交叉合併』（cross Join），也稱之為『交叉乘積』（cross product）或『卡氏積』（Cartesian product）。『交叉合併』原理是後續介紹『內部合併』（inner join）的基本原理。

以下直接以兩個實際的資料表，分別為『員工』與『客戶』兩個資料表，說明什麼是『交叉合併』：

員工（員工代號，姓名，部門，職稱）

客戶（負責人代號，客戶代號，地區代號）

『員工』與『客戶』兩個資料表的『交叉合併』可以表示成

員工（員工代號，姓名，部門，職稱）× 客戶（負責人代號，客戶代號，地區代號）

所產生的結果可表示成以下（4 + 3）= 7 個欄位（或稱屬性）

員工 _ 客戶關係（員工代號，姓名，部門，職稱，負責人代號，客戶代號，地區代號）

如圖 8-2，在記錄的部份，每一筆的『員工』（共四筆）均會對應到每一筆的『客戶』資料，產生（4×4）= 16 筆的記錄。在對應關係中，如圖中的員工代號『1』的陳明明，會對應到四筆不同的客戶資料（C0005，C0010，C0020，C0025），其他依此類推。

(a)『員工』資料表

員工代號	姓名	部門	職稱
1	陳明明	業務部	經理
2	林立人	研發部	主任
3	趙銘船	研發部	專案經理
4	趙子龍	業務部	專員

(b)『客戶』資料表

負責人代號	客戶代號	地區代號
2	C0005	A
2	C0010	B
3	C0020	C
5	C0025	D

圖 8-2

以下是『員工』與『客戶』兩個資料表，經過交叉合併後結果的 16 筆記錄，表示如下：

『員工』資料表的屬性				『客戶』資料表的屬性		
員工代號	姓名	部門	職稱	負責人代號	客戶代號	地區代號
1	陳明明	業務部	經理	2	C0005	A
1	陳明明	業務部	經理	2	C0010	B
1	陳明明	業務部	經理	3	C0020	C
1	陳明明	業務部	經理	5	C0025	D
2	林立人	研發部	主任	2	C0005	A
2	林立人	研發部	主任	2	C0010	B
2	林立人	研發部	主任	3	C0020	C
2	林立人	研發部	主任	5	C0025	D
3	趙銘船	研發部	專案經理	2	C0005	A
3	趙銘船	研發部	專案經理	2	C0010	B
3	趙銘船	研發部	專案經理	3	C0020	C
3	趙銘船	研發部	專案經理	5	C0025	D
4	趙子龍	業務部	專員	2	C0005	A
4	趙子龍	業務部	專員	2	C0010	B
4	趙子龍	業務部	專員	3	C0020	C
4	趙子龍	業務部	專員	5	C0025	D

（左側註記：同 1 筆『員工』對應 4 筆不同『客戶』）

圖 8-3

經過『交叉合併』產生後的新資料表當中，可能有甚多不合情理的記錄。例如第一筆記錄是員工代號『1』，卻對應到負責人代號『2』，這完全是兩個無關的記錄卻合併成一筆。但是『交叉合併』卻是合併原理中，最基本的一個觀念，只是要如何從中挑選並保留合理的記錄，去除不合理的記錄，就是在下一節即將要探討的『內部合併』（inner join）。

範例 8-1 交叉合併

開啟『CH08 範例資料庫』之後，點選【建立】頁籤→【查詢設計】，並加入『員工 A』與『客戶』兩個資料表，將兩個資料表的所有欄位拖曳至下面的欄位，如圖 8-4。由於兩個資料表之間並沒有任何的關聯性，此時所執行出來的結果，即是『交叉合併』，並將此查詢儲存為『01 交叉合併』。執行後的結果如圖 8-5 所示。

圖 8-4

圖 8-5

也就是說，當兩個資料表之間，沒有存在任何的關聯性，這樣所形成的查詢，即稱之為『交叉合併』。

8-3　內部合併（inner join）

　　『內部合併』（inner join）又稱為『條件式合併』（condition join），也就是來自於前一節所敘述的『交叉合併』（cross join），再加上兩資料表之間的『條件限制』，或稱為『對應』（Mapping）關係而成的合併。

　　條件限制與對應，所指的是對兩個資料表之間，必定存在一個或多個屬性之間的『比較關係』（Comparison Relationship），包括『相等』、『不相等』、『大於』、『大於或等於』、『小於』以及『小於或等於』（＝、<>、>、>=、<、<=）等等的比較符號。

　　例如原有的『員工』與『客戶』兩個資料表之間，是透過『員工』資料表的『員工代號』，對應到『客戶』資料表的『負責人代號』，如下圖所示。

員工代號	姓名	部門	職稱
1	陳明明	業務部	經理
2	林立人	研發部	主任
3	趙銘船	研發部	專案經理
4	趙子龍	業務部	專員

(a)『員工』資料表

負責人代號	客戶代號	地區代號
2	C0005	A
2	C0010	B
3	C0020	C
5	C0025	D

(b)『客戶』資料表

圖 8-6

　　此處的對應關係，其實就是指『員工』資料表的『員工代號』值，必須等於『客戶』資料表的『負責人代號』值。從下圖的『交叉合併』結果來觀察，其中有三筆記錄是符合『員工代號』值等於『負責人代號』值的限制條件。

| | 『員工』資料表的屬性 | | | 『客戶』資料表的屬性 | | |
員工代號	姓名	部門	職稱	負責人代號	客戶代號	地區代號
1	陳明明	業務部	經理	2	C0005	A
1	陳明明	業務部	經理	2	C0010	B
1	陳明明	業務部	經理	3	C0020	C
1	陳明明	業務部	經理	5	C0025	D
2	林立人	研發部	主任	2	C0005	A
2	林立人	研發部	主任	2	C0010	B
2	林立人	研發部	主任	3	C0020	C
2	林立人	研發部	主任	5	C0025	D
3	趙銘船	研發部	專案經理	2	C0005	A
3	趙銘船	研發部	專案經理	2	C0010	B
3	趙銘船	研發部	專案經理	3	C0020	C
3	趙銘船	研發部	專案經理	5	C0025	D
4	趙子龍	業務部	專員	2	C0005	A
4	趙子龍	業務部	專員	2	C0010	B
4	趙子龍	業務部	專員	3	C0020	C
4	趙子龍	業務部	專員	5	C0025	D

內部合併

圖 8-7

『內部合併』是兩個資料表間的屬性值之對應關係成立。以概念而言，如下圖的示意圖，表示『資料表 A』和『資料表 B』兩個資料表屬性，符合對應關係或是條件成立所形成的合併結果，也就是框線圍起來的部份。

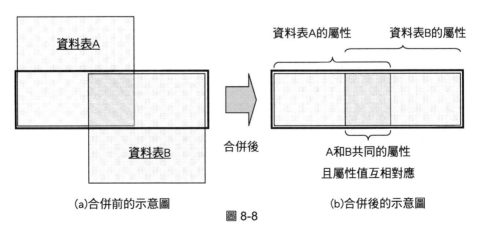

資料表A

資料表B

合併後

資料表A的屬性　　資料表B的屬性

A和B共同的屬性
且屬性值互相對應

(a)合併前的示意圖　　　　　　(b)合併後的示意圖

圖 8-8

以下圖的『員工』與『客戶』資料表之間的屬性對應，為『員工』資料表的『員工代號』與『客戶』資料表的『負責人代號』，其對應關係為『相等』關係，也就是

　　『員工』資料表的『員工代號』值 =『客戶』資料表的『負責人代號』值

為了說明方便，在說明對應關係之前，先將『員工』與『客戶』資料表做一適當的調整，如下圖所示，更改員工資料表的屬性順序，並將客戶資料表的屬性名稱置於最下方，圖中的框線內部的記錄，就是『內部合併』的結果。不過值得特別注意，在『員工』資料表中的員工代號 2，對應到『客戶』資料表會有兩筆記錄，所以在『內部合併』後的結果會變成兩筆來對應到『客戶』記錄。

姓名	部門	職稱	員工代號		
陳明明	業務部	經理	1		
趙子龍	業務部	專員	4		
林立人	研發部	主任	2	C0005	A
林立人	研發部	主任	2	C0010	B
趙銘船	研發部	專案經理	3	C0020	C
			5	C0025	D
			負責人代號	客戶代號	地區代號

(a)『員工』資料表

1 筆對應 2 筆

(b)『客戶』資料表

內部合併 (Inner Join)後

姓名	部門	職稱	員工代號	負責人代號	客戶代號	地區代號
林立人	研發部	主任	2	2	C0005	A
林立人	研發部	主任	2	2	C0010	B
趙銘船	研發部	專案經理	3	3	C0020	C

『員工』資料表的屬性　　　　　『客戶』資料表的屬性

圖 8-9

從『內部合併』與『交叉合併』的結果來做一比較，其實『內部合併』的結果只是『交叉合併』的一個『子集合』，如下圖所示。換句話說，內部合併是從『交叉合併』的結果中，挑選出符合『對應關係』的資料。

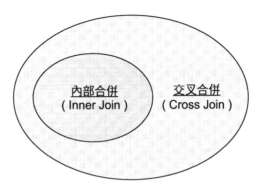

圖 8-10　內部合併與交叉合併的關係

不過在『內部合併』的過程當中，有些記錄會消失不見，例如此例中『員工』資料表的

（1, 陳明明, 業務部, 經理）

（4, 趙子龍, 業務部, 專員）

以及『客戶』資料表中的

（5, C0025, D）

由於這些記錄彼此無法符合對應關係，所以在『內部合併』之後就消失不見，這到底算不算合理呢？其實合理與否的判斷，完全視使用者的需求而定，並非全然的對與錯，以下針對其他不同合併說明之後，再來探討記錄的消失是否合理。

範例 8-2　內部合併

開啟『CH08 範例資料庫』之後，點選【建立】頁籤→【查詢設計】，並加入『員工 A』與『客戶』兩個資料表，將兩個資料表的所有欄位拖曳至下面的欄位，如圖 8-11。由於『員工 A』資料表中的『員工代號』，等同於『客戶』資料表中的『負責人代號』；所以用滑鼠在『員工代號』上按著不放，拖曳至『負責人代號』上放開滑鼠，即會產生一條關聯線。

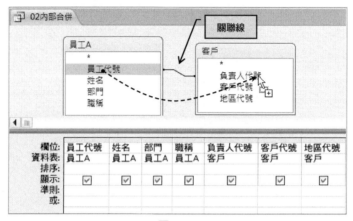

圖 8-11

執行出來的結果，即是『內部合併』，並將此查詢儲存為『02 內部合併』。執行後的結果如圖 8-12 所示。

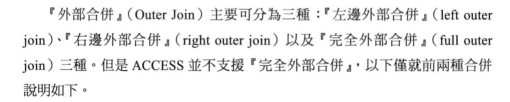

圖 8-12

8-4 外部合併（outer join）

『外部合併』（Outer Join）主要可分為三種：『左邊外部合併』（left outer join）、『右邊外部合併』（right outer join）以及『完全外部合併』（full outer join）三種。但是 ACCESS 並不支援『完全外部合併』，以下僅就前兩種合併說明如下。

❖ 左邊外部合併（left outer join）

此種外部合併，主要是以左邊的資料表為主。合併後的記錄，除了能符合兩邊資料表對應關係的記錄（也就是指『內部合併』的結果）之外，還包括左邊資料表未能對應到右邊資料表的其他記錄。合併後的資料表當中，對於那些左邊資料表的記錄對應不到右邊資料表的記錄者，會在右邊資料表的屬性內填入『空值』（Null Value），如下圖。

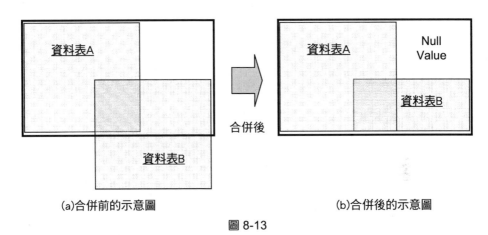

(a)合併前的示意圖　　　　　　　　　　(b)合併後的示意圖

圖 8-13

簡而言之，『左邊外部合併』是以左邊『資料表 A』為主要之合併；也就是說，包括左邊『資料表 A』的全部記錄，以及『資料表 A』對應到的右邊『資料表 B』的記錄。但特別值得注意的是，右邊『資料表 B』對應不到左邊『資料表 A』的記錄就會消失掉。

再以『員工』與『客戶』資料表為實例說明，如下圖所示，從原本的『內部合併』的三筆記錄，變成了五筆記錄，多出了兩筆在『員工』資料表內的『員工代號』為 1 與 4，卻對應不到『客戶』資料表的記錄；並於『客戶』資料表的屬性全填入『空值』（null value）。

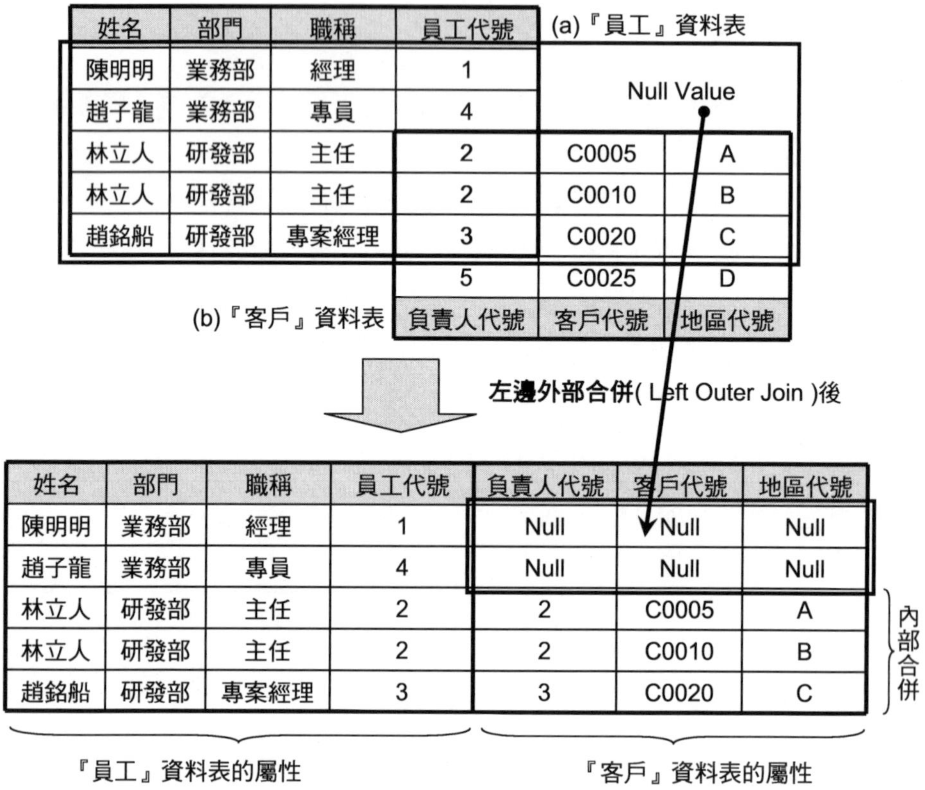

姓名	部門	職稱	員工代號		(a)『員工』資料表
陳明明	業務部	經理	1		Null Value
趙子龍	業務部	專員	4		
林立人	研發部	主任	2	C0005	A
林立人	研發部	主任	2	C0010	B
趙銘船	研發部	專案經理	3	C0020	C
			5	C0025	D

(b)『客戶』資料表　負責人代號　客戶代號　地區代號

左邊外部合併(Left Outer Join)後

姓名	部門	職稱	員工代號	負責人代號	客戶代號	地區代號
陳明明	業務部	經理	1	Null	Null	Null
趙子龍	業務部	專員	4	Null	Null	Null
林立人	研發部	主任	2	2	C0005	A
林立人	研發部	主任	2	2	C0010	B
趙銘船	研發部	專案經理	3	3	C0020	C

內部合併

『員工』資料表的屬性　　　　　　　　『客戶』資料表的屬性

圖 8-14

範例 8-3 左邊外部合併

　　操作方式的前半部份和【範例 8-2】的內部合併相同。開啟『CH08 範例資料庫』之後，點選【建立】頁籤→【查詢設計】，並加入『員工 A』與『客戶』兩個資料表，將兩個資料表的所有欄位拖曳至下面的欄位，如圖 8-15。由於『員工 A』資料表中的『員工代號』，等同於『客戶』資料表中的『負責人代號』；所以用滑鼠在『員工代號』上按著不放，拖曳至『負責人代號』上放開滑鼠，即會產生一條關聯線。

　　至此時的操作和【範例 8-2】一模一樣，預設結果為『內部合併』。若要改成外部合併，要在兩個資料表中間的關聯線上，按滑鼠右鍵，如圖 8-15 所示，然後點選【連結屬性（J）】。

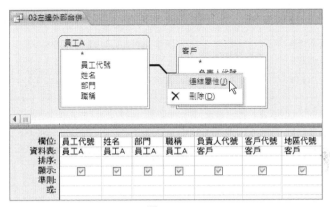

圖 8-15

　　當出現【連接屬性】對話框時，如圖 8-16 所示，會出現【左資料表名稱（L）】為『員工 A』與【右資料表名稱（R）】為『客戶』。並於下方點選【2. 包括所有來自‘員工 A’的記錄和只包括那些連接欄位相等的‘客戶’欄位】，並按下確定後，兩個資料表的關聯線將會出現一個箭頭，由『員工 A』指向『客戶』，表示以『員工 A』的資料表為主，去參考『客戶』資料表。

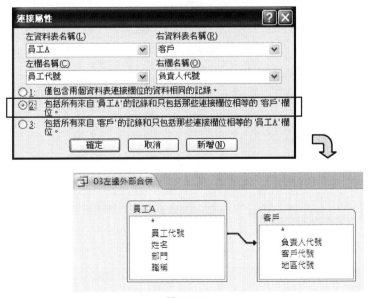

圖 8-16

執行出來的結果，即是『左邊外部合併』，並將此查詢儲存為『03 左邊外部合併』。執行後的結果如圖 8-17 所示。

員工代號	姓名	部門	職稱	負責人代號	客戶代號	地區代號
1	陳明明	業務部	經理			
2	林立人	研發部	主任	2	C0010	B
2	林立人	研發部	主任	2	C0005	A
3	趙銘船	研發部	專案經理	3	C0020	C
4	趙子龍	業務部	專員			

圖 8-17

TIP『內部合併』對於兩個資料表之間所建立的關聯線，拖曳的方向並不影響其結果；也就是『員工 A → 客戶』或『客戶 → 員工 A』。但對於『左、右邊外部合併』就會有影響，ACCESS 的預設會以滑鼠『拖曳』的起始方當成『左資料表』，放開滑鼠的終點方當成『右資料表』。

右邊外部合併（right outer join）

此種外部合併，主要是以右邊的資料表為主。合併後的記錄，除了能符合兩邊資料表對應關係的記錄（也就是指『內部合併』的結果）之外，還包括右邊資料表未能對應到左邊資料表的其他記錄者。合併後的資料表當中，對於那些右邊資料表的記錄對應不到左邊資料表的記錄者，會在左邊資料表的屬性內填入『空值』（Null Value），如下圖。

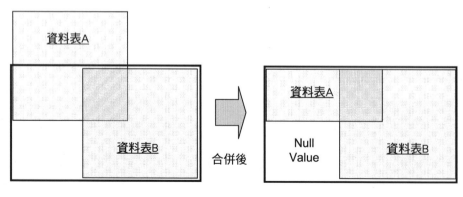

(a)合併前的示意圖　　　　　　(b)合併後的示意圖

圖 8-18

簡而言之,『右邊外部合併』是以右邊『資料表 B』為主要之合併;也就是說,包括右邊『資料表 B』的全部記錄,以及『資料表 B』對應到的左邊『資料表 A』的記錄。但特別值得注意的是,左邊『資料表 A』對應不到右邊『資料表 B』的記錄就會消失掉。

再以『員工』與『客戶』資料表為實例說明,如下圖所示,從原本『內部合併』的三筆記錄,變成了四筆記錄,多出了一筆在『客戶』資料表內的『負責人代號』為 5,卻對應不到『員工』資料表的記錄;並於『員工』資料表的屬性全填入『空值』(null value)。

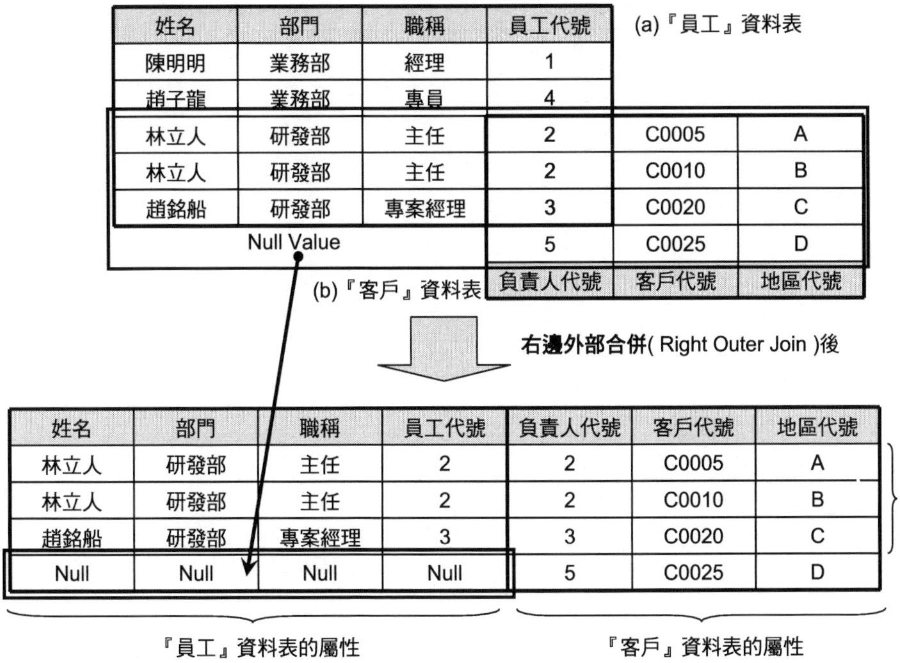

圖 8-19

範例 8-4 右邊外部合併

操作方式和【範例 8-3】的左邊外部合併幾乎完全相同。唯有不同之處,在兩個資料表中間的【連結屬性(J)】對話框設定不相同。如圖 8-20,於下方點選【3. 包括所有來自‘客戶’的記錄和只包括那些連接欄位相等的‘員工A’欄位】，並按下確定後，兩個資料表的關聯線將會出現一個箭頭，由『客戶』指向『員工A』，表示以『客戶』的資料表為主，去參考『員工A』資料表。

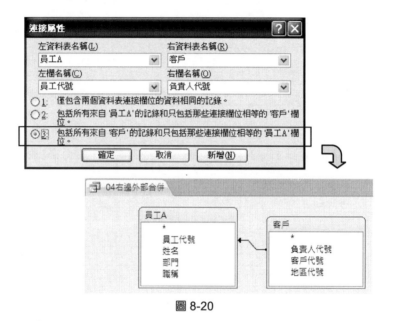

圖 8-20

執行出來的結果，即是『右邊外部合併』，並將此查詢儲存為『04右邊外部合併』。執行後的結果如圖 8-21 所示。

圖 8-21

內、外部合併的意義綜合說明

在以上的範例說明中，除了瞭解到左、右邊外部合併的運作原理與操作之外。更要瞭解到此種合併的實質意義與應用為何，為什麼會與內部合併的結果不同？

▚ 以【範例 8-2】的『內部合併』而言，結果可說明如下：

　　『僅列出有負責客戶的員工，及已有被分配負責人的客戶資料』

▚ 以【範例 8-3】的『左邊外部合併』而言，是以『員工 A』為主的合併，可以說明成：

　　『列出所有員工，不論有沒有負責客戶皆要列出，及所負責的客戶資料』

　　也就是說，包括有負責客戶的員工，以及沒有負責的員工，全部要列出來。

▚ 以【範例 8-4】的『右邊外部合併』而言，是以『客戶』為主的合併，可以說明成：

　　『列出所有客戶，不論是否已被分配負責人，以及所負責的員工資料』

　　也就是說，包括全部的客戶資料，縱使尚未被分配負責人的客戶都要列出。

　　所以針對不同的需求，必須使用不同的合併方式，處理多個資料表之間的合併關係。不過，必須深思的一點，因為在『CH08 範例資料庫』中的所有資料表，不但沒有設定『主索引』，更沒有設定『強迫參考完整性』的限制。所以在『客戶』資料表中，『負責人代號』為『5』的那一筆資料才可以被加入，但也違反了『參考完整性』的限制。

　　若是當初在設計資料庫時，事先設定『強迫參考完整性』的限制，『左、右邊外部合併』只會有其中一邊的外部合併是有用的，另一邊的外部合併產生出來的結果，將會和『內部合併』的結果相同。也就是說，以『父資料表』為主的外部合併會有意義；而以『子資料表』為主的外部合併結果只會和『內部合併』的結果相同。

🔸 完全外部合併（full outer join）

此種外部合併，可說是『左邊外部合併』與『右邊外部合併』的聯集。也就是包括了：左邊資料表對應到右邊資料表的記錄；和左邊資料表對應不到右邊資料表之記錄，而在右邊資料表之屬性填入空值者；以及右邊資料表對應不到左邊資料表之記錄，而在左邊資料表之屬性填入空值者，如圖 8-22 所示。簡而言之，『完全外部合併』就是以兩邊資料表 A 和 B 皆為主之合併，或是包括左、右邊資料表 A、B 的全部以及左、右兩邊資料表皆有的記錄。但特別值得注意的是，在左、右邊資料表 A、B 彼此對應不到的記錄皆會出現。

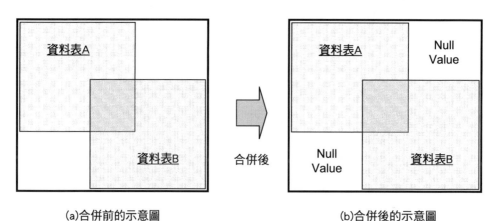

(a)合併前的示意圖　　　　　　　　　(b)合併後的示意圖

圖 8-22

再以『員工』與『客戶』資料表為實例說明，如圖 8-23 所示，從原本的『內部合併』的三筆記錄，變成了六筆記錄。多出的兩筆是在『員工』資料表內的『員工代號』為 1 與 4，其對應不到『客戶』資料表的記錄，並於『客戶』資料表的屬性全填入『空值』（null value）；另外多出的一筆是在『客戶』資料表內的『負責人代號』為 5，其對應不到『員工』資料表的記錄，並於『員工』資料表的屬性全填入『空值』（null value）。如此就等同於『左邊外部合併』與『右邊外部合併』的聯集了。

(a)『員工』資料表

姓名	部門	職稱	員工代號	Null Value	
陳明明	業務部	經理	1		
趙子龍	業務部	專員	4		
林立人	研發部	主任	2	C0005	A
林立人	研發部	主任	2	C0010	B
趙銘船	研發部	專案經理	3	C0020	C
Null Value			5	C0025	D
(b)『客戶』資料表			負責人代號	客戶代號	地區代號

完全外部合併(Full Outer Join)後

姓名	部門	職稱	員工代號	負責人代號	客戶代號	地區代號
陳明明	業務部	經理	1	Null	Null	Null
趙子龍	業務部	專員	4	Null	Null	Null
林立人	研發部	主任	2	2	C0005	A
林立人	研發部	主任	2	2	C0010	B
趙銘船	研發部	專案經理	3	3	C0020	C
Null	Null	Null	Null	5	C0025	D

『員工』資料表的屬性　　　　『客戶』資料表的屬性

左邊外部合併　內部合併　右邊外部合併

圖 8-23

前面提到過，由於 ACCESS 並不支援『完全外部合併』，所以此處並不以範例說明。不過，大型資料庫管理系統，像是 MS SQL SERVER，都會支援此種合併。

在此節所提到的三種外部合併與內部合併之間的關係很明顯，不論是那一種的外部合併皆會包括內部合併，在此三種外部合併之間的包含關係整理如下圖所示，以『完全外部合併』為最大，包括『左邊外部合併』、『右邊外部合併』以及『內部合併』，而左邊、右邊外部合併的交集部份，也就是『內部合併』。

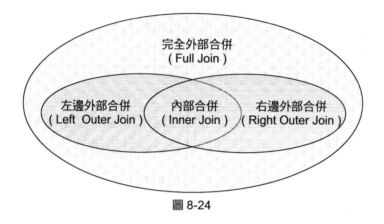

圖 8-24

8-5 各種合併的比較

上節提到『內部合併』與所有『外部合併』之間的包含關係圖，或許會覺得奇怪，為何沒有獨缺『交叉合併』呢？以下再將所有的合併說明如下圖做一全面的比較，在圖中共分為（a）、（b）、（c）與（d）四個不同的區塊，並一一說明如下：

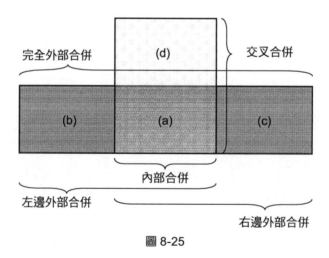

圖 8-25

（a）表示『內部合併』（Inner Join），也就是在每兩個資料表之間，具有某些屬性（一個或多個）值符合『對應』（Mapping）關係，所合併出的結果。

（b）表示左邊資料表中的某些屬性（一個或多個）值，無法對應到右邊資料表的屬性值的記錄，所合併出的結果在右邊的屬性值將會是空值（Null Value）。也就是『左邊外部合併』去除『內部合併』，所剩餘的部份。

（c）表示右邊資料表中的某些屬性（一個或多個）值，無法對應到左邊資料表的屬性值的記錄，所合併出的結果在左邊的屬性值將會是空值（Null Value）。也就是『右邊外部合併』去除『內部合併』，所剩餘的部份。

（d）表示左、右兩邊資料表的某些對應的屬性（一個或多個）值，彼此無法符合『對應』（Mapping）條件的部份，但是在合併後的左、右兩邊屬性皆會有值存在。也就是『交叉合併』扣除『內部合併』，所剩餘的部份。

（a）＋（b）表示『左邊外部合併』（Left Outer Join）。

（a）＋（c）表示『右邊外部合併』（Right Outer Join）。

（a）＋（b）＋（c）表示『完全外部合併』（Full Outer Join）

（a）＋（d）表示『交叉合併』（Cross Join）。

8-6 不同對應關係的合併

前面已提過『對應關係』並非只有一種『等於』的條件關係，尚有其他『比較運算子』（大於、小於、大於或等於、小於或等於、不等於）的『對應關係』；每一種對應關係都有其使用時機和必要性。以下利用一個實例來說明，包括『訂單』與『產品』兩個資料表；在『訂單』資料表中，每一筆訂單僅會有一筆產品資料，對應到另一『產品』資料表，如下圖所示。

訂單編號	經手人	產品編號	單價
00001	陳明明	P001	30,000
00002	劉銘銘	P001	24,000
00003	林森木	P002	12,000
00004	蔡元圓	P002	15,000
00005	何璧珠	P003	18,000

『訂單』資料表

『產品』資料表

產品編號	訂價	產品名稱
P001	30,000	冷氣
P002	15,000	冰箱
P003	20,000	洗衣機
P004	9,000	微波爐
P005	850	電風扇

圖 8-26

在此範例中，倘若要在『訂單』資料表中，找出哪些訂單的產品銷售『單價』小於『產品』資料表中的『訂價』。此時，這種對應關係將會如下兩個條件所述：

1. 『訂單』資料表的『產品編號』等於『產品』資料表的『產品編號』；此條件的意義是指『相同產品』。

2. 『訂單』資料表的『單價』小於『產品』資料表的『訂價』；上一個條件，再加上此條件的意義是指『相同產品，不同價格』。

可以將以上『對應關係』表示成圖 8-27 的示意圖。此範例的『對應關係』是由兩個資料表，個別使用『兩個屬性』所形成的『對應關係』。所以如圖中的合併結果，每一筆『訂單』資料表的『產品編號』，都相等於『產品』資料表的『產品編號』；而且每一筆『訂單』資料表的『單價』，都小於『產品』資料表的『訂價』，完成符合『對應關係』。

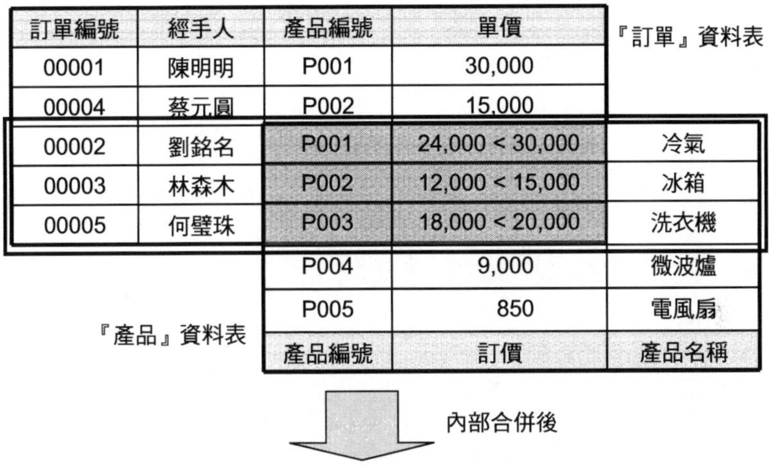

訂單編號	經手人	產品編號	單價	『訂單』資料表
00001	陳明明	P001	30,000	
00004	蔡元圓	P002	15,000	
00002	劉銘名	P001	24,000 < 30,000	冷氣
00003	林森木	P002	12,000 < 15,000	冰箱
00005	何璧珠	P003	18,000 < 20,000	洗衣機

		P004	9,000	微波爐
		P005	850	電風扇
『產品』資料表		產品編號	訂價	產品名稱

內部合併後

訂單編號	經手人	產品編號	單價	產品編號	訂價	產品名稱
00002	劉銘名	P001	24,000	P001	30,000	冷氣
00003	林森木	P002	12,000	P002	15,000	冰箱
00005	何璧珠	P003	18,000	P003	20,000	洗衣機

『訂單』資料表　　　　　　　『產品』資料表

圖 8-27

範例 8-5 不相等的合併

開啟『CH08 範例資料庫』之後，點選【建立】頁籤→【查詢設計】，並加入『訂單』與『產品』兩個資料表，並將兩個資料表的所有欄位拖曳至下面的欄位，如圖 8-28。在此範例中，應該會有兩條的關聯線，但由於 ACCESS 在利用『拖曳』方式所建立的關聯性，只能使用相等（＝）的比較關係。所以此處，不再使用前面範例的方式，而是直接使用【準則】來建立以下兩條關聯線，設定方式如圖 8-28。

1. [訂單].[產品編號] = [產品].[產品編號]

2. [訂單].[單價] < [產品].[訂價]

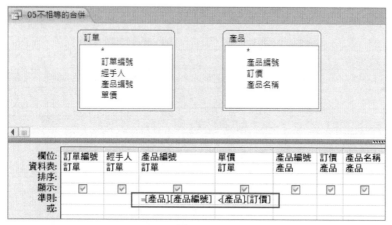

圖 8-28

> **TIP** 若是資料表或是欄位名稱有使用一些特殊符號,或是字與字之間有空白,必
> 須使用中括弧([ ])將前後括起來。
>
> 在多個資料表當中,倘若欄位名稱有相同時,在欄位名稱之前,必須再加上資料
> 表的名稱,中間用點(.)連接。例如圖 8-28 中的 [產品編號] 必須使用 [產品].[
> 產品編號];而 [單價] 與 [訂價] 的欄位名稱不相同,所以可以不用加上資料表
> 名稱。

執行出來的結果,即是『不相等的合併』,並將此查詢儲存為『05 不相等
的合併』。執行後的結果如圖 8-29 所示。

訂單編號 ▾	經手人 ▾	訂單.產品編號 ▾	單價 ▾	產品.產品編號 ▾	訂價 ▾	產品名稱 ▾
00002	劉銘名	P001	24000	P001	30000	冷氣
00003	林森木	P002	12000	P002	15000	冰箱
00005	何璧珠	P003	18000	P003	20000	洗衣機

圖 8-29

8-7 自我合併（self join）

前面介紹的所有不同合併方式，都是針對兩個不同的實體資料表進行合併，包括『內部合併』及三種不同的『外部合併』。

『自我合併』（Self-Join）是一種比較特殊的合併，就是在設計時，實際上只有『一個資料表』。但是在合併時卻會將此一資料表，當成兩個（或多個）不同的資料表來看待，也就是資料表的『別名』來充當不同的角色，再進行不同的『內部合併』或『外部合併』。例如有一個『員工』資料表如下：

　　員工（員工編號, 姓名, 職稱, 主管）

其中『主管』屬性是指該名員工之直屬上司的員工編號，內容如下圖所示。若是要查詢出『陳臆如』的上司姓名，以直覺的反應，將會分為以下三個步驟：

STEP1　從員工姓名找到『陳臆如』，並取得其主管的編號為『1』

STEP2　再尋找員工編號為『1』的記錄

STEP3　透過員工編號為『1』，並取得主管姓名為『陳祥輝』

員工編號	姓名	職稱	主管
1	陳祥輝	總經理	Null
2	黃謙仁	工程師	4
3	林其達	工程助理	2
4	陳森耀	工程協理	1
5	徐沛汶	業務助理	12
6	劉逸萍	業務	10
7	陳臆如	業務協理	1
8	胡琪偉	業務	10
9	吳志梁	業務	10
10	林美滿	業務經理	7
11	劉嘉雯	業務	10
12	張懷甫	業務經理	7

圖 8-30

透過單一資料表自我查詢的方式即為『自我合併』的基礎。也就是將一個資料表利用兩個不同的『別名』來進行合併,其一命名為『部屬』,其一命名為『上司』。概念上如下圖所示,彷彿有『部屬』與『主管』兩個資料表,再以『部屬』資料表的『主管』屬性,與『上司』資料表的『員工編號』屬性,進行『內部合併』或不同的『外部合併』。

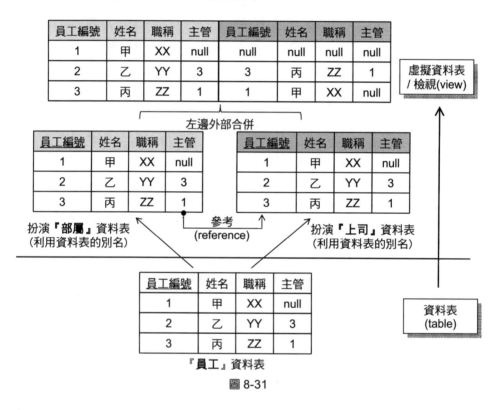

圖 8-31

下圖是使用『自我合併』+『內部合併』的結果。

員工編號	姓名	職稱	主管	員工編號	姓名	職稱	主管
2	黃謙仁	工程師	4	4	陳森耀	工程協理	1
3	林其達	工程助理	2	2	黃謙仁	工程師	4
4	陳森耀	工程協理	1	1	陳祥輝	總經理	Null
5	徐沛汶	業務助理	12	12	張懷甫	業務經理	7
6	劉逸萍	業務	10	10	林美滿	業務經理	7
7	陳臆如	業務協理	1	1	陳祥輝	總經理	Null
8	胡琪偉	業務	10	10	林美滿	業務經理	7
9	吳志梁	業務	10	10	林美滿	業務經理	7
10	林美滿	業務經理	7	7	陳臆如	業務協理	1
11	劉嘉雯	業務	10	10	林美滿	業務經理	7
12	張懷甫	業務經理	7	7	陳臆如	業務協理	1

部屬　　　　　　　　　　　　　　　上司

圖 8-32

下圖則是使用『自我合併』+『左邊外部合併』的結果，所以比起『自我合併』+『內部合併』多了一筆記錄。

員工編號	姓名	職稱	主管	員工編號	姓名	職稱	主管
1	陳祥輝	總經理	Null	Null	Null	Null	Null
2	黃謙仁	工程師	4	4	陳森耀	工程協理	1
3	林其達	工程助理	2	2	黃謙仁	工程師	4
4	陳森耀	工程協理	1	1	陳祥輝	總經理	Null
5	徐沛汶	業務助理	12	12	張懷甫	業務經理	7
6	劉逸萍	業務	10	10	林美滿	業務經理	7
7	陳臆如	業務協理	1	1	陳祥輝	總經理	Null
8	胡琪偉	業務	10	10	林美滿	業務經理	7
9	吳志梁	業務	10	10	林美滿	業務經理	7
10	林美滿	業務經理	7	7	陳臆如	業務協理	1
11	劉嘉雯	業務	10	10	林美滿	業務經理	7
12	張懷甫	業務經理	7	7	陳臆如	業務協理	1

部屬　　　　　　　　　　　　　　　上司

圖 8-33

範例 8-6 自我合併 + 內部合併

開啟『CH08 範例資料庫』之後，點選【建立】頁籤→【查詢設計】，並連加『員工 B』資料表兩次，在查詢中將會出現『員工 B』與『員工 B_1』兩個資料表。並將兩個資料表的所有欄位拖曳至下面的欄位，並建立好之間的關聯線，如圖 8-34。為了讓兩個資料表名稱更具親和性，可以分別在資料表上按滑鼠右鍵，並點選【屬性（P）】。

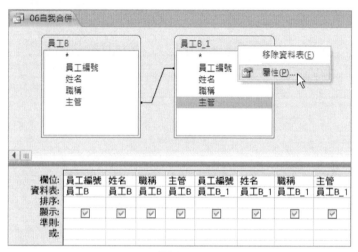

圖 8-34

此時，分別會出現【屬性表】於查詢的右邊處，分別於【別名】處輸入『部屬』與『上司』，如圖 8-35。

『員工 B』的【屬性表】　　　　　　『員工 B_1』的【屬性表】

圖 8-35

　　更改兩個資料表的別名之後，在查詢視窗，將會出現圖 8-36，兩個資料表的名稱皆已改變。為了讓輸出的資料有順序性，請於『部屬』資料表的『員工編號』欄位下方【排序】處，利用下拉式選單，選擇『遞增』。

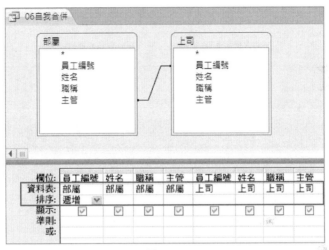

圖 8-36

　　執行出來的結果，即是『自我合併＋內部合併』，並將此查詢儲存為『06自我合併』。執行後的結果如圖 8-37 所示。

部屬.員工編號	部屬.姓名	部屬.職稱	部屬.主管	上司.員工編號	上司.姓名	上司.職稱	上司.主管
2	黃謙仁	工程師	4	4	陳森耀	工程協理	1
3	林其達	工程助理	2	2	黃謙仁	工程師	4
4	陳森耀	工程協理	1	1	陳祥輝	總經理	
5	徐沛汶	業務助理	12	12	張懷甫	業務經理	7
6	劉逸萍	業務	10	10	林美滿	業務經理	7
7	陳臆如	業務協理	1	1	陳祥輝	總經理	
8	胡琪偉	業務	10	10	林美滿	業務經理	7
9	吳志梁	業務	10	10	林美滿	業務經理	7
10	林美滿	業務經理	7	7	陳臆如	業務協理	1
11	劉嘉雯	業務	10	10	林美滿	業務經理	7
12	張懷甫	業務經理	7	7	陳臆如	業務協理	1

圖 8-37

從圖 8-37 的結果不難發現，部屬的員工編號『1』已消失不見，是因為使用了『自我合併』+『內部合併』。倘若將『部屬』與『上司』之間的【連結屬性】更改成以『部屬』為主的外部合併，結果將呈現出圖 8-38 的情形。

07自我合併+外部合併

部屬.員工編號	部屬.姓名	部屬.職稱	部屬.主管	上司.員工編號	上司.姓名	上司.職稱	上司.主管
1	陳祥輝	總經理					
2	黃謙仁	工程師	4	4	陳森耀	工程協理	1
3	林其達	工程助理	2	2	黃謙仁	工程師	4
4	陳森耀	工程協理	1	1	陳祥輝	總經理	
5	徐沛汶	業務助理	12	12	張懷甫	業務經理	7
6	劉逸萍	業務	10	10	林美滿	業務經理	7
7	陳臆如	業務協理	1	1	陳祥輝	總經理	
8	胡琪偉	業務	10	10	林美滿	業務經理	7
9	吳志梁	業務	10	10	林美滿	業務經理	7
10	林美滿	業務經理	7	7	陳臆如	業務協理	1
11	劉嘉雯	業務	10	10	林美滿	業務經理	7
12	張懷甫	業務經理	7	7	陳臆如	業務協理	1

圖 8-38

本章習題

是非題

( ) 1. 若是有三個資料表分別有 2、3、4 筆記錄，進行交叉合併之後共有 9 筆記錄。

( ) 2. 若是有三個資料表分別有 2、3、4 個欄位，進行交叉合併之後共有 9 個欄位。

( ) 3. 『內部合併』（inner join）的結果，會是『交叉合併』（cross join）結果的子集合。

( ) 4. 『外部合併』（outer join）的結果，會是『交叉合併』（cross join）結果的子集合。

( ) 5. 『內部合併』（inner join）的結果，會是所有合併結果的子集合。

( ) 6. 『內部合併』是指兩個資料表之間，兩邊所對應的欄位值比較條件符合，可以是相等、不相等、大於、大於等於、小於以及小於等於。

簡答題

1. 請依據下方的兩個資料表進行 (a)INNER JOIN 與 (b)OUTER JOIN

學生資料

學生學號	學生姓名
99001	陳阿山
99002	林月里
99003	劉少齊
99004	李國頂
99005	梁山泊

書籍借閱資料

學生學號	課程編號	分數
99002	B01	80
99002	B02	95
99003	B02	65
99005	B01	90
99005	B02	75

2. 根據下方資料表進行『自我合併＋外部合併』（self-join ＋ outer join），條件
   是列出每一位學生的每一門課程，分數比自己高的其他學生資料.

   [提示] 若將自己當成 A 資料表, 其他人當成 B 資料表, 條件會是

   A. 課程編號 =B. 課程編號 且 A. 分數 < B. 分數

學生學號	學生姓名	課程編號	分數
99002	林月里	B01	80
99002	林月里	B02	95
99003	劉少齊	B02	65
99005	梁山泊	B01	90
99005	梁山泊	B02	75

CHAPTER 9

設計實用的查詢

　　資料庫管理系統，除了真正儲存資料的『資料表』之外，另一個很重要的物件就是『查詢』。『查詢』的外觀看起來與『資料表』相同，但內部並不真正儲存資料，所有的資料皆來自於最下層的『資料表』，所以也稱之為『虛擬資料表』。

　　本章主要介紹的重點在於，首先介紹『查詢』的概念，以及其主要的功能。並透過 ACCESS 的圖型介面，基於不同需求的情形下，如何能快速的建立一個『查詢』物件，讓使用者從大量的資料中，查詢出自己或企業所需的資料。

9-1 『查詢』概念與功能

　　前面章節曾介紹過資料庫的『三正規化』，就是將不當設計的資料表，切割成數個不同的資料表，以避免異動資料時產生異常現象。相對的，若要進行查詢就會使用到合併數個資料表的情形。『查詢』就是一種查詢的設計，它本身並不儲存任何的資料，全部資料都是來自於最底層的『資料表』，所以『查詢』也可稱之為『虛擬資料表』。

　　如下圖所示，最底層是 A、B、C、D 與 E 五個實體的『資料表』；W、X、Y 與 Z 則是基於底層建立的『查詢』，各別說明如下：

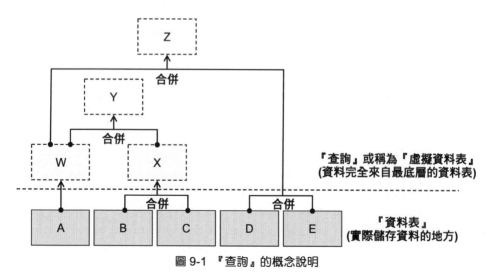

圖 9-1 『查詢』的概念說明

『**W**』**查詢**，是基於單一資料表『A』產生

『**X**』**查詢**，是基於兩個資料表『B』與『C』產生

『**Y**』**查詢**，是基於兩個查詢『W』與『X』產生

『**Z**』**查詢**，是基於兩個資料表『D』、『E』以及一個查詢『W』產生

　　由於『查詢』是一個『虛擬資料表』，看起來像是一個資料表的樣子，但本身並不儲存任何的資料，所以不論下一層是『資料表』或『查詢』，所有的資料來源皆是來自於 A、B、C、D 與 E 五個實體『資料表』。

　　例如以下的圖示，『員工』資料表可以透過條件式篩選後產生『男業務』與『女業務』兩個不同的『查詢』。若是要查詢男業務所承接訂單情形，可以使用『男業務』查詢與『訂單』、『客戶』兩個資料表，透過合併方式來產生所要查詢的資料。當然也可以直接使用『員工』、『訂單』與『客戶』三個資料表，透過合併與條件篩選，查詢出所要的資料。以上的實作部份將與本章後面逐一介紹。

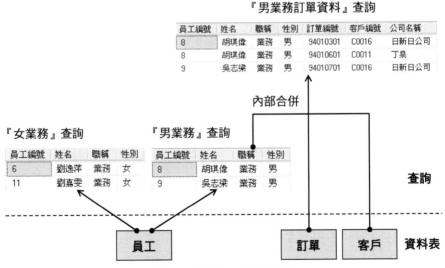

圖 9-2 『查詢』的具體說明

9-2 基於『單一資料表』的查詢

本節先從最單純的單一資料表來建立所有的『查詢』。除了可以縱向先選取所要的欄位之外，亦可利用條件來篩選出不同的橫向資料。

❖ 縱向選取欄位

範例 9-1 『01 客戶聯絡人』

當一個資料表中含有很多的欄位，並且使用者不需要看所有欄位時，即可以使用本範例的方式，僅挑選資料表的部份欄位查詢。本範例是以『客戶』資料表為單一基底資料來源，並僅選取部份欄位來顯示資料。

查詢設計如圖 9-3，利用『拖曳』方式或是用滑鼠直接在欄位上連點兩下；選取客戶編號、公司名稱、聯絡人、聯絡人職稱以及電話等五個欄位，並將此查詢儲存為『01 客戶聯絡人』。

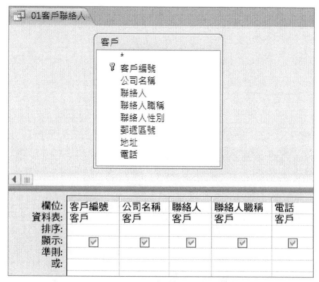

圖 9-3 『01 客戶聯絡人』查詢

❖ 單一條件篩選（橫向挑選記錄）

範例 9-2 『02 男員工』

　　除了像上一個範例，可以縱向選取所要的欄位之外，亦可根據自己想要查到的資料，對資料表設置條件（或稱【準則】）來篩選出所要的記錄。所以此範例將透過 ACCESS 的【準則】篩選，從所有『員工』資料表中，挑選出『男員工』的相關資料。

　　查詢設計如圖 9-4，使用『員工』資料表為基底資料表，再選取員工編號、姓名、職稱以及性別等四個欄位。並於『性別』欄位下方的【準則】處，填入『男』或『"男"』；若是僅填入一個『男』字，當游標離開該欄位後，系統會自動在該字串的前後補上雙引號（"　"），成為『"男"』。最後，將此查詢儲存為『02 男員工』。

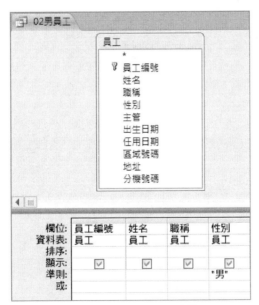

圖 9-4　『02 男員工』查詢

❖ 多個條件篩選

範例 9-3 『03 男業務』

以下仍以『員工』資料表為例，若要從員工資料表內挑選出『男業務』，表示要設定以下條件：

性別 = "男" 且 職稱 = "業務"

此條件表示兩者必須同時符合。換句話說，如圖 9-5 所示，找出『性別』是『男』的員工以及『職稱』是『業務』的員工。取這兩者的交集，也就是，既是男生也是業務的員工資料。

設定方式如圖 9-5，並且必須將條件篩選置於同一列的【準則】欄位內，因為同一列【準則】代表『且』或『AND』的意思，也就是各自挑選出結果後，再進行『交集』。

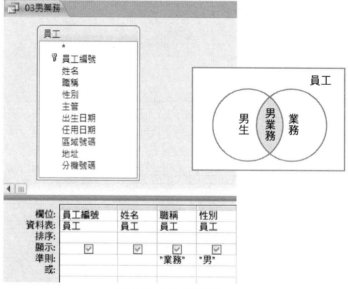

圖 9-5 『03 男業務』

範例 9-4 『04 所有男員工及業務』

　　若是將『性別』與『職稱』的篩選條件置於不同一列，將會成為挑選出所有男性員工，以及職稱為業務的所有員工，這兩者的『聯集』，結果與上一個範例截然不同。

　　設定方式如圖 9-6，並且必須將條件篩選置於不同一列的【準則】欄位內，代表的意思是『或』的意思，也就是各自挑選出結果後，再進行『聯集』。

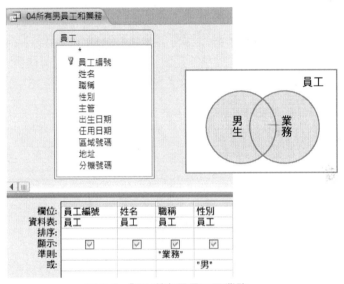

圖 9-6　『04 所有男員工及業務』

　　不過要特別注意，在邏輯運算中，AND 運算會先於 OR 的運算。也就是說，在【準則】窗格內的條件篩選，會先將每一列的『AND』條件先進行運算，再將不同列之間的結果，進行『OR』運算。以下再看一個例子。

範例 9-5 『05 男工程師及女業務』

　　如果要挑選的條件是『男工程師』與『女業務』，所代表的條件篩選如下：

職稱＝"工程師"AND 性別＝"男"OR 職稱＝"業務"AND 性別＝"女"

等同於，用小括弧將 AND 運算前後括起來，表示先運算

（職稱＝"工程師"AND 性別＝"男"）OR（職稱＝"業務"AND 性別＝"女"）

若將以上條件以口語話來表示為，各別挑選出『工程師』和『男員工』，取這兩者的交集；再各別挑選出『業務』和『女員工』，取這兩者的交集。最後，再將這兩者進行『聯集』，即為所要的資料。

實際操作方式如圖 9-7，先將『"工程師"』與『"男"』的條件篩選設於【準則】的第一列；『"業務"』與『"女"』的條件篩選設於第二列的【或：】。

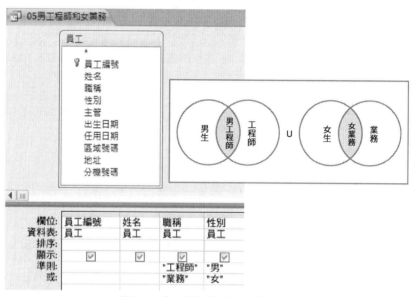

圖 9-7 『05 男工程師及女業務』

❖ 基於『單一查詢』的『查詢』

範例 9-6 『06 男業務』

挑選『員工』資料表內的男業務，除了像【範例 9-3】是由『員工』資料表直接挑查詢之外。亦可透過已經建立完成的『查詢』來建立新的『查詢』。

以此範例而言,因為前面已經建立『02 男員工』查詢,此查詢內的所有員工資料皆為男性員工。因此,可以在建立查詢時,如圖 9-8,直接選取『02 男員工』查詢當基底資料來源,並於『職稱』的【準則】設定為 "業務" 即可。

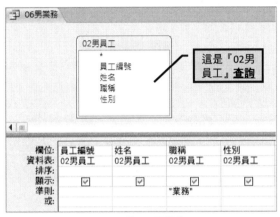

圖 9-8 『06 男業務』

綜合【範例 9-3】與【範例 9-6】兩個查詢的建立方式。【範例 9-3】是直接基於『員工』資料表來建立查詢。【範例 9-6】是基於『02 男員工』的查詢所建立,但是最底層的資料來源仍為『員工』資料表,如圖 9-9 所示。

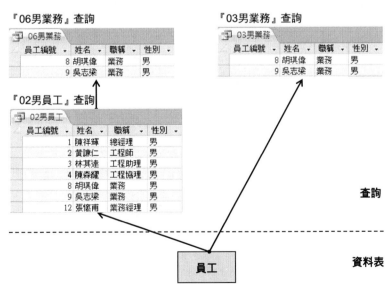

圖 9-9 【範例 9-3】與【範例 9-6】之概念圖

❖ 衍生欄位與別名

『衍生欄位』是什麼呢？就是不存在於資料表內的資料行，它是經由既有的欄位計算出來，或是透過不同的運算式計算而衍生出來的欄位，即稱為『衍生欄位』。以下利用幾個例子來進行說明。

(1) 日期函數與『衍生欄位』

首先先針對以下幾個常用的日期函數做一說明：

- ▉ YEAR（date），取得傳入 date 參數之『年』的部份
- ▉ MONTH（date），取得傳入 date 參數之『月』的部份
- ▉ WEEKDAY（date），取得傳入 date 參數之『星期』的部份，但回傳的是數字，其數字與星期之間的對照表如表 9-1：
- ▉ DAY（date），取得傳入 date 參數之『日』的部份
- ▉ DATE()，取得 ACCESS 所在電腦的系統日期，不用傳入任何參數

表 9-1

WEEKDAY（date）回傳數值	星期
1	日
2	一
3	二
4	三
5	四
6	五
7	六

範例 9-7 『07 員工的出生年次』

基於『員工』資料表中的『出生日期』，查詢每位員工的員工編號、姓名、職稱、性別，和二個『衍生欄位』，包括『出生民國年』和『年齡』。後面二個『衍生欄位』的產生方式如下：

■ 出生民國年

『出生西元年』- 1911。也就是：YEAR（[出生日期]）– 1911

■ 年齡

查詢當天的『西元年』-『出生西元年』。也就是：YEAR（DATE()）- YEAR（[出生日期]）

實際操作方式如圖 9-10。除了前面四個欄位，直接從『員工』資料表拖曳至下方【欄位】外，其他二個欄位分別填入如下：

■ 【欄位】填入『出生民國年 : YEAR（[出生日期]）– 1911』

■ 【欄位】填入『年齡 : YEAR（DATE()）- YEAR（[出生日期]）』

由於新增的『衍生欄位』並沒有欄位名稱，所以每一個最好給予一個有意義的『別名』。給予『別名』的方式，是於欄位最前方填入『別名』，再加上一個冒號（:）。『出生日期』因為是欄位名稱，而不是一般的字串，所以前後要使用中括弧（[ ]）括起來。

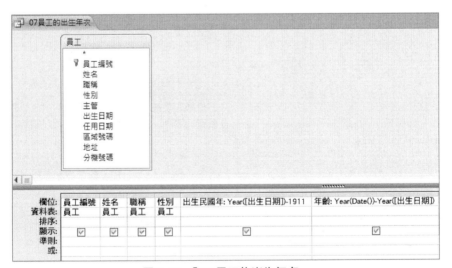

圖 9-10 『07 員工的出生年次』

範例 9-8 『08 當月壽星』

　　透過以上的日期函數，亦可新增一個基於『員工』資料表，查詢當月所有壽星的員工資料。主要條件除了輸出壽星的年齡之外，更重要的是如何比對符合壽星的條件，說明如下。

■ 取得員工『出生日期』中的『月』，再與系統日期的『月』來比較。

　　也就是『MONTH（[出生日期]）= MONTH（DATE()）』

　　實際操作方式如圖 9-11，除了前面五個欄位，直接從『員工』資料表拖曳至下方【欄位】外，其他二個欄位分別填入如下：

■ 【欄位】填入『年齡：YEAR（DATE()）– YEAR（[出生日期]）』

■ 【欄位】填入『MONTH（[出生日期]）』，【輸出】空白處不勾選，【準則】欄位填入『MONTH（DATE()）』

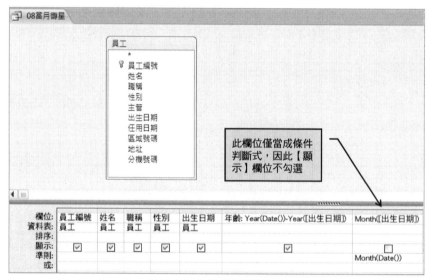

圖 9-11 『08 當月壽星』

(2) 利用原有『欄位』計算，產生『衍生欄位』

範例 9-9 『09 單品庫存成本』

本例將新增一個基於『產品資料』資料表，欲查詢出每一樣產品的『庫存成本』為多少。可以透過原有『平均成本』與『庫存量』資料行的乘積計算而得。『庫存成本』即為衍生欄位，假設計算公式如下：

庫存成本 ＝ 平均成本 × 庫存量

實際操作方式如圖 9-12，除了類別編號、產品編號、產品名稱、平均成本及庫存量，直接從『產品資料』資料表拖曳至下方【欄位】外，最後一個欄位以及其他設定如下：

- 『類別編號』的【排序】設為『遞增』
- 『產品編號』的【排序】設為『遞增』
- 【欄位】填入『單品庫存成本:[平均成本] * [庫存量]』

TIP 『加』、『減』、『乘』和『除』是使用『+』、『-』、『*』和『/』

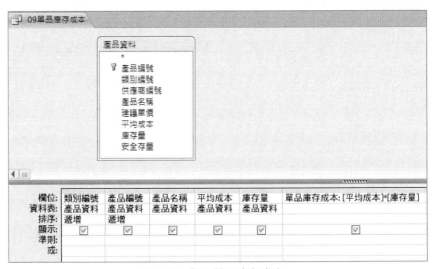

圖 9-12 『09 單品庫存成本』

❖ 利用字串比對進行資料篩選

(1) 使用 LIKE 來比對資料

前面利用【準則】的篩選方式，全是透過整個欄位的值來比較是否完全相等。倘若要比較的值，只是一個字串中的『部份字串』（稱之為『子字串』），就不可以透過『=』來比較。部份字串的比較方式，其中一種是透過『LIKE』來比較，其中常用到的有以下兩個萬用字元。

- 『*』，可以代表任何字元，且字元長度可從 0 到任意長
- 『?』，可以代表任何字元，但字元長度固定為 1

範例 9-10 『10 住某地區員工』

基於『員工』資料表來查詢，住於『台 X 市』的員工資料。將此一需求解讀成以下語意，並將『地址』的【準則】欄位表示成『LIKE "台?市*"』

- 第一個字必為『台』。
- 第二個字可為任意字，但僅能有一個字，所以使用 ? 來表示。
- 第三個字必為『市』。
- 後續可為任何字元且任何長度的字串，沒有字也可以，所以用 * 來表示。

實際操作方式如圖 9-13，只要在『地址』欄位的下方【準則】處，填入『LIKE "台?市*"』即可。

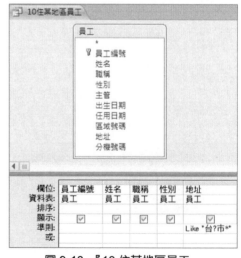

圖 9-13 『10 住某地區員工』

(2) 字串函數

常用的字串函數的目的是從一個字串當中，取出部份的字串，稱為『子字串』（sub-string）。常用的字串函數說明如下：

- LEFT（字串，字元個數），在一字串中，自左邊取數個字元。

  例如：LEFT（"ABCD 我是隻小小鳥"，3）= "ABC"

- RIGHT（字串，字元個數），在一字串中，自右邊取數個字元。

  例如：RIGHT（"ABCD 我是隻小小鳥"，3）= "小小鳥"

- MID（字串，起始位置，字元個數），在一字串中，從字串中間某一個起始位置連續取數個字元。

  例如：LEFT（"ABCD 我是隻小小鳥"，3,4）= "CD 我是"

- LEN（字串），傳回該字串的長度（就是字元數）。

  例如：LEN（"ABCD 我是隻小小鳥"）=10

範例 9-11 『11 男員工稱謂』

由於在『員工』資料表中有『姓名』與『性別』，所以可以新增一個新的『衍生欄位』為『稱謂』。例如男員工『陳祥輝』稱之為『陳先生』，女員工『陳臆如』稱之為『陳小姐』。

本範例僅先針對男員工的部份，新增一個『衍生欄位』為『稱謂』。為求方便可以透過前面已建立的『02 男員工』查詢，再新增一個稱謂即可，不必再判斷男或女。實際操作方式如圖 9-14，除了前面幾個欄位之外，再新增一個欄位如下：

- 【欄位】填入『稱謂：LEFT（[姓名],1）+ "先生"』

  此欄位可解讀為，先從該記錄中的 [姓名] 欄位，從最左邊開始，取一個字，再用『+』的符號與 "先生" 串接成一個字串。

  或是

▓ 【欄位】填入『稱謂：MID（ [姓名],1,1 ）+ "先生"』

此欄位可解讀為，先從該記錄中的 [姓名] 欄位，從中間的第一個字開始，取一個字，再用『+』的符號與 "先生" 串接成一個字串。

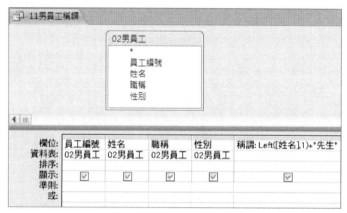

圖 9-14 『11 男員工稱謂』

(3) 條件判斷函數 IIF()

IIF（條件式，當條件式為 true 時的值，當條件式為 false 時的值），此函數共傳入三個參數。第 1 個參數，是一個『條件式』，用來做條件判斷。若是此條件判斷為 true 時，回傳第 2 個參數值。否則，就回傳第 3 個參數值。

範例 9-12 『12 員工稱謂』

本範例與前一個範例相同，是要多一個欄位來稱呼每位員工的『稱謂』，只是希望能直接從『員工』資料表來建立查詢。重點在於如何去判斷男、女員工，再加上『先生』或『小姐』的稱呼。

實際操作方式如圖 9-15，除了前面幾個欄位之外，再新增一個欄位如下：

▓ 【欄位】填入『稱謂：LEFT（ [姓名],1 ）+ IIF（ [性別]= "男"， "先生"，"小姐"）』。

此欄位的 IIF() 函數可解讀為，若是該記錄中 [性別] 欄位的值等於 "男"，就回傳 "先生"，否則就回傳 "小姐"。

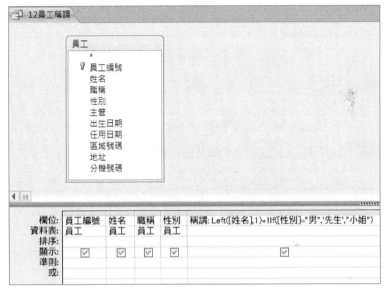

圖 9-15 『12 員工稱謂』

9-3　基於『多個資料表』的查詢

基於一個『資料表』或『查詢』的『查詢』，相較起來是單純很多，大部份只在於條件的邏輯篩選，和函數的使用。以下將針對多個資料表所建立的『查詢』做一介紹，並將建立的基本過程整理如下：

1. 參考『資料庫關聯圖』，加入所需的『資料表』

一般資料庫經過前面章節所介紹的『三正規化』之後，應該也會建立『資料庫關聯圖，從【資料庫工具】頁籤→【資料庫關聯圖】進入。根據已經設計好的【資料庫關聯圖】，找出所需要的『欄位』，分佈於哪些『資料表』內，再將那些『資料表』加入新增的『查詢』內。

2. 調整（或建立）『資料表』之間的『連結』關係

若是【資料庫關聯圖】內已正確建立『資料表』之間的『連結』關係（或稱關聯性），當資料表被加入『查詢』時，資料表之間的『連結』將會依據【資料庫關聯圖】所建的關聯性。

但因為臨時需要有不同的需求，將有可能違反原先的『連結』。此時，就必須調整或是重新建立新的『連結』。『資料表』之間的『連結』關係，包括是『內部合併』或『外部合併』的連結關係，以及欄位之間的對應關係，包括『等於』、『大於』、『大於或等於』、『不等於』、『小於』和『小於或等於』（=, >, >=, <>, <, <=）其中的一種。

3. 在【欄位】窗格內，加入所要輸出的『欄位』

從不同的『資料表』中，選出要輸出或當成條件篩選的『欄位』，並依序放置於【欄位】內。再根據是否顯示來勾選【顯示】欄位。

4. 在【準則】窗格內，設定篩選的條件限制。

5. 在【準則】窗格內，加入其他設定，例如新增衍生資料行、別名、設定群組及彙總函數計算、排序設定、…等等。

在前面的操作步驟，應該不難發現 1-3 步驟，就是前面章節所介紹的『合併原理』（包括內部合併、外部合併以及自我合併）。其實可以將 1-3 步驟後的結果，視為已經將數個資料表合併成為單一個『虛擬資料表』。再針對此單一『虛擬資料表』進行後續 4-5 步驟的條件篩選和其他處理。此時，就如同前一節『建立單一資料表的查詢』方式一模一樣，只是在處理的前置過程，多了一個『合併』的動作。

以下的所有範例皆來自圖 9-16 的【資料庫關聯圖】，其中包括七個不同的『資料表』，以及其中基本的『連結』關係。也就是說，後續說明範例時，依據不同的需求，所要輸出的『資料行』分佈於哪些『資料表』，可以參考完整的【資料庫關聯圖】。

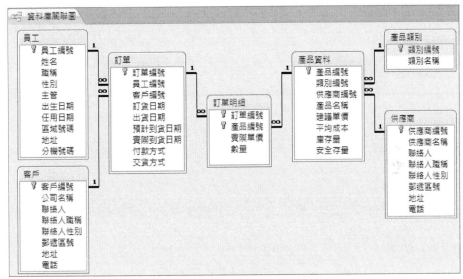

圖 9-16 【資料庫關聯圖】

基本的內部合併

根據圖 9-16 的【資料關聯圖】來觀察，倘若有以下兩個不同的需求，該如何來處理。由於本章的『CH09 範例資料庫』已先將建立【資料庫關聯圖】，所以在以下說明中，當加入資料表到『查詢』時，資料表之間的連結線就會自動建立。

範例 9-13 『13 員工承接的訂單』

查詢員工承接訂單的情形，輸出『欄位』為（員工編號，姓名，職稱，訂單編號，訂貨日期）。本查詢較為單純，透過圖 9-16【資料庫關聯圖】，可以看出需要的資料表為『員工』及『訂單』兩個資料表。

實際操作方式如圖 9-17。首先，加入『員工』與『訂單』兩個資料表，並將所要輸出的欄位逐一加入下方的【欄位】即可。因為『員工』與『訂單』兩個資料表之間的『連結』關係，在【實體關聯圖】已有建立，因此這邊不需要再做任何的更改。

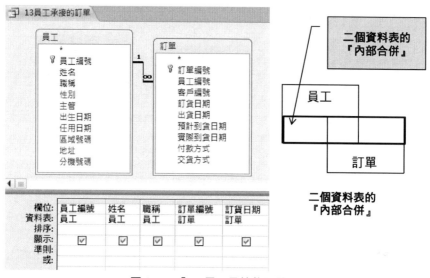

圖 9-17 『13 員工承接的訂單』

範例 9-14 『14 員工承接訂單之客戶』

查詢員工承接訂單之客戶情形，輸出『資料行』為（員工編號，姓名，職稱，公司名稱，聯絡人）。本範例透過圖 9-16【資料庫關聯圖】，可以看出需要的資料表本僅分佈於『員工』及『客戶』兩個資料表。但是，資料表的連結關係卻是『員工』連結『訂單』，『訂單』再連結至『客戶』資料表；因此，本查詢應該要使用到『員工』、『訂單』及『客戶』三個資料表；而不能僅使用『員工』與『客戶』兩個資料表，否則將會造成錯誤。

實際操作方式如圖 9-18，先加入『員工』、『訂單』與『客戶』三個資料表，再加入需求的欄位。為了讓執行的結果更容易看，在『員工編號』下方的【排序】處，利用下拉式選單選擇『遞增』；再於『公司名稱』下方的【排序】處，選擇『遞增』。排序的目的是讓『員工編號』先從小至大排序，若是相同的員工編號，再以『公司名稱』遞增排序。

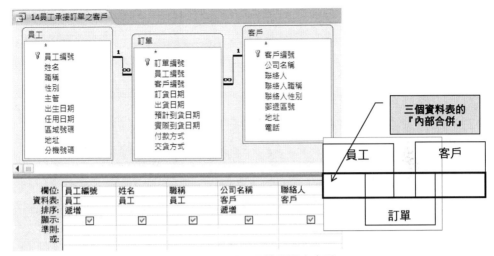

圖 9-18 『14 員工承接訂單之客戶』

特別看一下本範例設計後執行的結果，如圖 9-19。必然會發現：

員工編號	姓名	職稱	公司名稱	聯絡人
6	劉逸萍	業務	丁泉	周俊安
6	劉逸萍	業務	丁泉	周俊安
6	劉逸萍	業務	五金行	莊海川
6	劉逸萍	業務	悅式海鮮店	王中志
7	陳臆如	業務協理	日新日公司	李豫恩
7	陳臆如	業務協理	宏詮工業	朱晉陞
7	陳臆如	業務協理	科瑞榜藝品	黃婧賀
7	陳臆如	業務協理	科瑞榜藝品	黃婧賀
7	陳臆如	業務協理	業永房屋	蔡爵如
8	胡琪偉	業務	丁泉	周俊安
8	胡琪偉	業務	日新日公司	李豫恩
9	吳志梁	業務	日新日公司	李豫恩
10	林美滿	業務經理	日盛金樓	吳中平
10	林美滿	業務經理	林木材料	吳嘉修
10	林美滿	業務經理	信義建設	林美孜
10	林美滿	業務經理	科瑞榜藝品	黃婧賀
10	林美滿	業務經理	富同公司	邵雲龍
10	林美滿	業務經理	權勝	李姿玲

圖 9-19 『14 員工承接訂單之客戶』結果

（1）為什麼一位員工，會有多筆記錄？（2）甚至完全相同的記錄有些會出現多次呢？原因很簡單，說明如下：

(1) 一位『員工』會對應至多筆的『訂單』，而每一筆『訂單』會對應至一筆『客戶』，所以一位『員工』會對應至多筆的『客戶』。

(2) 只要相同的『客戶』向同一位員工訂過多次訂單，就會出現完全相同的
記錄。

或許會認為設計出這樣的查詢好像不夠人性化，通常查詢的結果會希望，
列出每一位員工承接過訂單的客戶資料，但是重複的資料應該也之出現一筆。
此問題將留至後面的『群組』範例時再來探討。

❖ 內部合併＋條件篩選＋排序 (遞增、遞減)

本議題主要是說明整個建立【查詢】的過程，只要是基於多個資料表的任
何【查詢】，建立的基本過程就是先進行前述的 1-3 步驟，也就是『合併』關
係，再針對合併後的結果進行條件篩選或其他操作。

範例 9-15 『15 篩選員工承接的訂單』

以下再針對上述的兩個範例修改，新增一個篩選條件，挑出 2006/1/1
(含) 之後的訂單資料；以及依據『員工編號』遞增排序，『訂單編號』遞減
排序。

▪ 【欄位】『員工編號』的【排序】點選填入『遞增』
▪ 【欄位】『訂單編號』的【排序】點選填入『遞減』
▪ 【欄位】『訂貨日期』的【準則】欄位填入『>=#2006/1/1#』

[注意] 在 ACCESS 中，凡是使用日期型態的比較，必須於日期的前後加
上『井字號』(# 日期 #) 例如本例的 #2006/1/1#。而其比較運算子的符號，請
參考表 9-2

表 9-2　比較運算子的符號

比較運算子	符號
大於	>
小於	<
等於	=

比較運算子	符號
不等於	<>
大於或等於	>=
小於或等於	<=

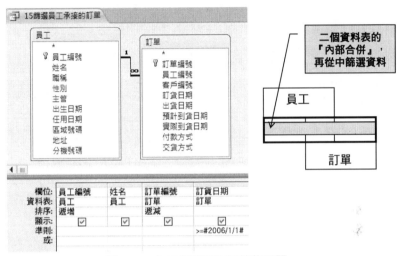

圖 9-20 『15 篩選員工承接的訂單』

【範例 9-16】『16 篩選員工承接訂單之客戶』

類似【範例 9-14】，查詢員工承接訂單之客戶情形，輸出『資料行』為（員工編號，姓名，職稱，公司名稱，聯絡人，訂貨日期）。本範例主要是要查詢每位員工與客戶往來情形，所以透過多一個『訂單日期』來得知與客戶往來的日期。

實際操作方式如圖 9-21，先加入『員工』、『訂單』與『客戶』三個資料表，再加入需求的欄位。為了讓執行的結果更容易看，於以下三個欄位做不同的設定。如此可以很清楚看出，自 2006/1/1 之後，每一位員工與客戶往來的情形。特別於『訂貨日期』以『遞減』排序，是希望最近一次的訂單排列於較上方。

■ 【欄位】『員工編號』的【排序】點選填入『遞增』

■ 【欄位】『公司名稱』的【排序】點選填入『遞增』

■ 【欄位】『訂貨日期』的【排序】點選填入『遞減』，並於【準則】欄位填入『>=#2006/1/1#』

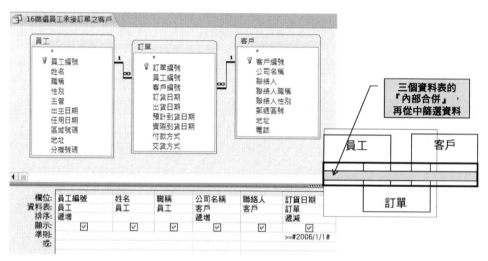

圖 9-21 『16 篩選員工承接訂單之客戶』

❖ 基本的外部合併

範例 9-17 『17 所有員工承接的訂單』

若是要查核所有員工承接訂單的情形，縱使沒有承接任何訂單的員工，也必須出現在『查詢』。此類的查詢就必須採用『外部合併』。以此範例而言，『員工』與『訂單』之間的連結，將會是以『員工』資料表為主，也就是要選取『員工』中所有的資料列。

實際操作方式如圖 9-22，先加入『員工』與『訂單』二個資料表，再加入需求的欄位。當兩者之間自動產生『連結』時，於兩者之間的『連結線』上按滑鼠右鍵，並選擇【連接屬性（J）】。在彈出【連接屬性】對話框時，點選【2. 包括所有來自 '員工' 的記錄和只包括那些連結欄位相等的 '訂單'

欄位】。完成【連接屬性】的對話框之後，連結線將會變成圖 9-22 所示，具有箭頭的連結線。於線上也將會呈現出『1 與 ∞』關係，表示一個『員工』對應到多筆的『訂單』。箭頭的出現表示此連結為『外部合併』；箭頭的起始端資料表，表示是以那一個資料表為主的『外部合併』。

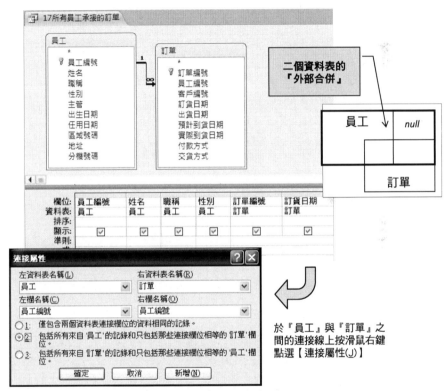

圖 9-22　『17 所有員工承接的訂單』

從此查詢的結果如圖 9-23，『訂單』資料表的『訂單編號』和『訂貨日期』欄位都出現空值的那些記錄（員工編號為 1 至 5, 11,12），表示這些員工並沒有承接任何的訂單。因為這些『員工』記錄對應不到『訂單』記錄。

員工編號	姓名	職稱	性別	訂單編號	訂貨日期
1	陳祥輝	總經理	男		
2	黃謙仁	工程師	男		
3	林其達	工程助理	男		
4	陳森耀	工程協理	男		
5	徐沛汶	業務助理	女		
6	劉逸萍	業務	女	94010202	2005/5/12
6	劉逸萍	業務	女	94010705	2006/2/27
6	劉逸萍	業務	女	94010801	2006/4/18
6	劉逸萍	業務	女	94010806	2006/11/8
7	陳臆如	業務協理	女	94010104	2005/1/10
7	陳臆如	業務協理	女	94010401	2005/11/4
7	陳臆如	業務協理	女	94010501	2005/12/15
7	陳臆如	業務協理	女	94010804	2006/6/20
7	陳臆如	業務協理	女	94010805	2006/9/20
8	胡琪偉	業務	男	94010301	2005/7/3
8	胡琪偉	業務	男	94010601	2005/12/16
9	吳志梁	業務	男	94010701	2006/1/27
10	林美滿	業務經理	女	94010105	2005/1/11
10	林美滿	業務經理	女	94010201	2005/3/12
10	林美滿	業務經理	女	94010302	2005/8/3
10	林美滿	業務經理	女	94010303	2005/9/3
10	林美滿	業務經理	女	94010702	2006/2/27
10	林美滿	業務經理	女	94010803	2006/5/20
11	劉嘉雯	業務	女		
12	張懷甫	業務經理	男		

圖 9-23 『17 所有員工承接的訂單』結果

自我合併＋內部合併

範例 9-18『18 部屬與上司 InnerJoin』

『自我合併』就是透過單一資料表，同時扮演多個資料表，再進行合併。例如要查詢每位員工的上司資料，可以透過『員工』資料表，同時扮演兩個資料表『部屬』與『上司』，再進行合併。

實際操作如圖 9-24，將『員工』資料表連續加入『查詢』兩次，將會出現以下畫面，在此畫面有兩個問題存在

(1) 一個資料表的名稱為『員工』，另一個則為『員工_1』。如此的名稱比較不能望文生義，如何正確彼此的關係。

解決方式 給予每個資料表一個『別名』。個別在資料表上按滑鼠右鍵，當【屬性表】出現後，於【一般】頁籤的【別名】，分別將『員工』資料表的別名填入『部屬』;『員工_1』資料表的別名填入『上司』。

(2) 兩個資料表的『連結』關係並未出現於【資料庫關聯圖】，所以造成系統無法自動將這兩個資料表建立『連結線』。

解決方式 自行重立連結線即可，從『部屬』的『主管』欄位，拖曳至『上司』的『員工編號』欄位。

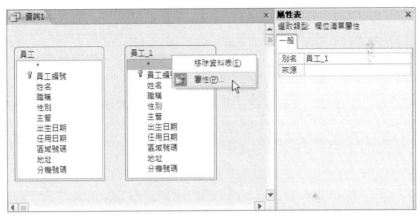

圖 9-24　初始『18 部屬與上司 InnerJoin』

完成以上操作之後，再將所需要的欄位加入下方的【欄位】，並將『部屬』的『員工編號』欄位之【排序】設為『遞增』，如圖 9-25 所示。

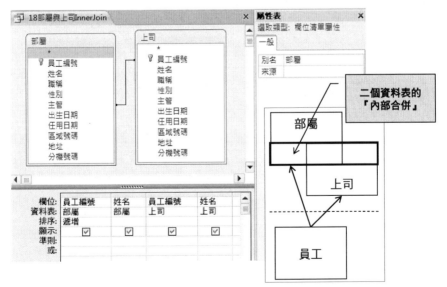

圖 9-25　『18 部屬與上司 InnerJoin』

自我合併＋外部合併

範例 9-19 『19 部屬與上司 OuterJoin』

在上一個範例中，應該可以發現，沒有主管的員工資料，將不會出現。若是要將所有員工，不論是否有上司的資料皆輸出，就必須採用『外部合併』。在連結線上方按滑鼠右鍵，再點選『2. 包括所有來自 '部屬' 的記錄和只包括那些連接欄位相等的 '上司' 欄位』。

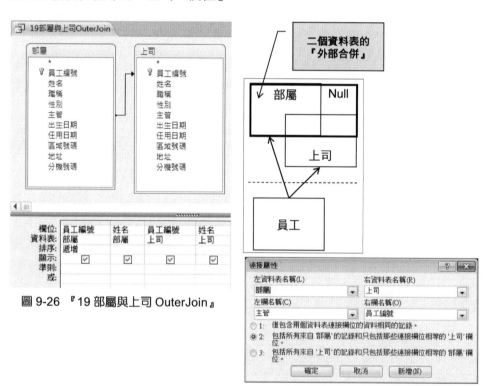

圖 9-26 『19 部屬與上司 OuterJoin』

其他特殊需求的合併

範例 9-20 『20 實際單價小於建議單價』

以上的合併條件，大部份皆是基於『相等』的連結關係。以下將針對『不相等』的連結關係進行說明。例如要查詢出每張訂單中的每項產品，業務人員未依據『建議單價』銷售產品，也就是：

[訂單明細].[產品編號]=[產品資料].[產品編號]

且

[實際單價]<[建議單價]

實際操作方式,可分為兩種方式:

(1) 直接利用『連結線』來建立兩個資料表之間的關聯。但此方式,ACCESS 預設只支援『等於』(=)的比較運算子,其他的比較運算子都不支援。前面的範例皆採用此種方式。

(2) 透過【準則】的條件來達到『連結』關係。此方式可以解決 ACCESS 不支援其他比較運算子的窘境。

第一種方式是直接使用『連結』線來達到第 1 個連結條件,如圖 9-27。再透過『實際單價』的【準則】欄位,輸入『<[建議單價]』來完成第 2 個連結條件。也就是在加兩個資料表『訂單明細』與『產品資料』時,預設的第 1 個連結條件就已經存在,只要再輸入第 2 個連結條件即可。

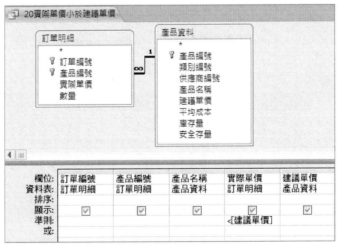

圖 9-27 『20 實際單價小於建議單價』方式一

第二種方式，是完全使用【準則】來達到兩個資料表的關聯性。所以，必須先將預設的『連結線』按滑鼠右鍵選【刪除（D）】。再於『產品編號』與『實際單價』下方的【準則】分別填入條件：

■ 在『產品編號』欄位下方的【準則】填入『=[產品資料].[產品編號]』或是填入『[產品資料].[產品編號]』。

　説明　1. 因為兩邊的欄位名稱相同，所以必須在欄位前加上資料表名稱，中間用『點』(.) 隔開。

　　　　2. 若是比較運算子是『等於』(＝)，可以選擇省略不寫，ACCESS 亦能接受。

■ 在『實際單價』欄位下方的【準則】填入『<[建議單價]』。

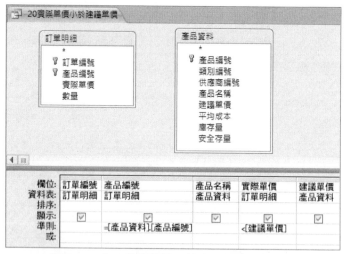

圖 9-28　『20 實際單價小於建議單價』方式二

範例 9-21　『21 實際單價小於建議單價的九折』

　　兩個資料表之間的欄位比較運算，不是只能透過單純的比較，亦可透過運算式的比較。例如本例要查詢的記錄，是實際單價小於建議單價的九折。運算式如下：

　　實際單價 < 建議單價 × 90%

也就是說要挑選出，有哪些訂單中的產品銷售『實際單價』是低於『建議單價』的九折。操作方式只能使用以上的第二種方式，如圖 9-29，利用『實際單價』的【準則】欄位內填入『＜建議單價 * 0.9』。

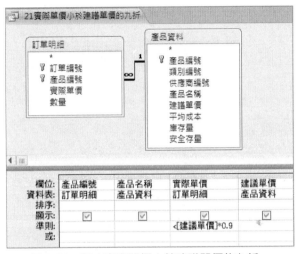

圖 9-29　『21 實際單價小於建議單價的九折』

另一種特殊的合併方式，或許沒出現在【資料庫關聯圖】，而是臨時的一種查詢，只要雙方資料表所要進行連結的欄位之資料型態及長度都相同，即可進行合併查詢。

範例 9-22　『**22 既是供應商也是客戶**』

『供應商』資料表的『供應商名稱』與『客戶』資料表的『公司名稱』之資料型態與長度都相同，也都代表該公司的名稱，就可進行比較與連結。重點在於連結後有何意義呢？若是使用『內部合併』且『相等』的比較運算子，代表參與連結的左、右兩邊資料表的欄位值相同。相同的記錄出現在兩邊資料表，可以解釋成『既是供應商又是客戶』的資料；也就是該公司既是本公司的上游『供應商』，又是本公司的下游『客戶』，具有雙重關係。

執行方式如圖 9-30，只要將所要的欄位置於下方，再建立兩者資料表之間的『連結線』即可。

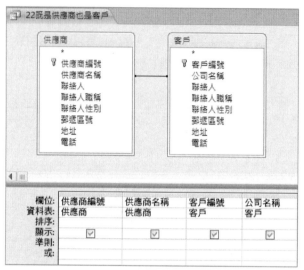

圖 9-30 『22 既是供應商也是客戶』

9-4 基於『集合清單』的查詢

一般在查詢時,有可能要篩選的條件很多,例如要從『產品資料』與『供應商』查到哪些供應商有提供『咖啡』、『啤酒』、『汽水』以及『紅茶』,可以使用以下的【範例 9-23】、【範例 9-24】以及【範例 9-25】來達成,說明如後。

範例 9-23 『23 查詢產品的供應商』

本範例的執行方式,如圖 9-31 所示,將設定『產品名稱』的條件『咖啡』、『啤酒』、『汽水』以及『紅茶』,置於【準則】處,並分別置於不同列,形同『或』的邏輯運算。

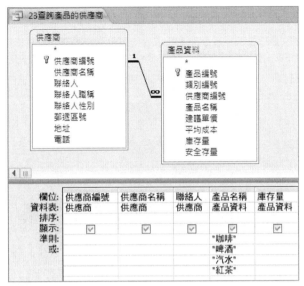

圖 9-31 『23 查詢產品的供應商』

範例 9-24 『**24 查詢產品的供應商 _OR**』

本範例的執行方式，如圖 9-32 所示，將設定『產品名稱』的條件『咖啡』、『啤酒』、『汽水』以及『紅茶』，置於【準則】處。但此處是直接於一個【準則】欄位內填入『"咖啡" Or "啤酒" Or "汽水" Or "紅茶"』。

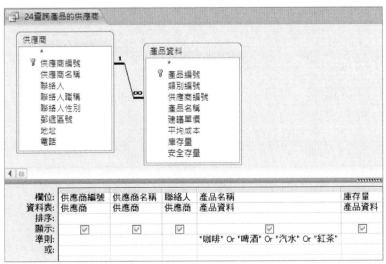

圖 9-32 『24 查詢產品的供應商 _OR』

查詢集合清單內的資料

所謂的『清單』，是指很多的篩選資料，以集合的方式來呈現。例如前面所要查詢的『咖啡』、『啤酒』、『汽水』以及『紅茶』；可以置於『小括弧』內，每個資料項目之間用『逗號』(,) 隔開。表示成『In（"咖啡"，"啤酒"，"汽水"，"紅茶"）』。

範例 9-25 『25 查詢產品的供應商 _IN』

本範例的執行方式，如圖 9-33 所示，將設定『產品名稱』的條件『咖啡』、『啤酒』、『汽水』以及『紅茶』，置於【準則】處。但此處是直接於一個【準則】欄位內填入『In（"咖啡"，"啤酒"，"汽水"，"紅茶"）』。並且要注意在小括弧前要加『In』，表示所要挑選的資料是『屬於』後面集合內的資料項目。

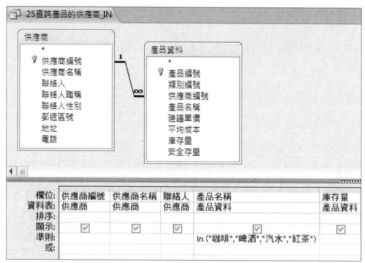

圖 9-33 『25 查詢產品的供應商 _IN』

查詢不在集合清單內的資料

使用集合清單的比較方式，除了在撰寫時比較方便和精簡之外；尚可以很方便的改成『否定條件』。例如：『Not In（"咖啡"，"啤酒"，"汽水"，"紅茶"）』，可以解讀成，『挑選不在清單內的其他所有產品資料』。

範例 9-26 『26 查詢產品的供應商 _NOT_IN』

本範例的執行方式，如圖 9-34 所示，將設定『產品名稱』的條件『咖啡』、『啤酒』、『汽水』以及『紅茶』，置於【準則】處。但此處是直接於一個【準則】欄位內填入『Not In（"咖啡"，"啤酒"，"汽水"，"紅茶"）』。並且要注意在小括弧前要加『Not In』，表示所要挑選的資料是『不屬於』後面集合內的資料項目。

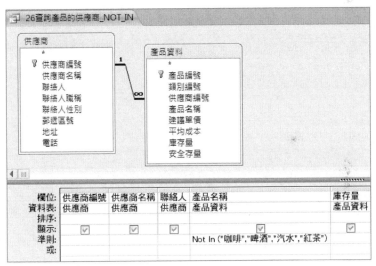

圖 9-34　『26 查詢產品的供應商 _NOT_IN』

9-5　基於『群組』與『彙總函數』的查詢

『彙總函數』（aggregate function）是將資料，依據某一種特定分類方式，再依據分類後的『群組』計算的一種函數。倘若，在沒有分群組的情況下，彙總函數就會將全部資料當成一個大群組來計算。以下先來說明什麼叫『群組』，依據圖 9-35 的資料而言，可以依據『訂單編號』來當群組的依據，再將同一群的『單價 * 數量』進行『加總』（SUM）計算，所得結果就是每一筆訂單的總金額。例如

- 訂單編號 94010104，總金額：$(18 \times 12) + (20 \times 20) = 616$
- 訂單編號 94010105，總金額：$(15 \times 10) + (25 \times 20) = 650$
- 訂單編號 94010201，總金額：$(18 \times 10) + (25 \times 20) + (35 \times 15) = 1205 \cdots$

訂單編號	員工編號	客戶編號	訂貨日期	產品編號	產品名稱	實際單價	數量
94010104	7	C0007	2005/1/10	1	蘋果汁	18	12
94010104	7	C0007	2005/1/10	3	汽水	20	20
94010105	10	C0008	2005/1/11	4	蘆筍汁	15	10
94010105	10	C0008	2005/1/11	6	烏龍茶	25	20
94010201	10	C0003	2005/3/12	1	蘋果汁	18	10
94010201	10	C0003	2005/3/12	6	烏龍茶	25	20
94010201	10	C0003	2005/3/12	10	咖啡	35	15
94010202	6	C0005	2005/5/12	7	紅茶	15	30
94010301	8	C0016	2005/7/3	12	啤酒	7	22
94010301	8	C0016	2005/7/3	6	烏龍茶	25	20
94010302	10	C0012	2005/8/3	3	汽水	20	10
94010303	10	C0014	2005/9/3	10	咖啡	35	17
94010401	7	C0014	2005/11/4	5	運動飲料	15	6
94010401	7	C0014	2005/11/4	3	汽水	20	9
94010501	7	C0014	2005/12/15	3	汽水	20	9
94010601	8	C0011	2005/12/16	1	蘋果汁	16	50
94010601	8	C0011	2005/12/16	2	蔬果汁	20	10
94010701	9	C0016	2006/1/27	10	咖啡	35	13
94010702	10	C0009	2006/2/27	4	蘆筍汁	11	88
94010702	10	C0009	2006/2/27	6	烏龍茶	25	20
94010705	6	C0011	2006/2/27	2	蔬果汁	20	20
94010801	6	C0010	2006/4/18	1	蘋果汁	16	55
94010803	10	C0013	2006/5/20	10	咖啡	35	35
94010806	6	C0011	2006/11/8	3	汽水	18	55
94010806	6	C0011	2006/11/8	1	蘋果汁	18	20

圖 9-35　彙總函數的說明

若是將分群的依據增加以下幾種情形，所得的總金額將會都一樣，所以在分群組時，可以依據需求來選擇所要輸出的資料行：

- 訂單編號
- 訂單編號 + 員工編號
- 訂單編號 + 員工編號 + 客戶編號
- 訂單編號 + 員工編號 + 客戶編號 + 訂貨日期

以上所有依據分組模式，是因為一張訂單的訂單編號只會有一個『員工編號』承接此訂單，也只會有一個『客戶編號』，也只會有一個『訂貨日期』，所以這樣分群依據所計算出來的總金額結果都會一樣。反之，若是分群的依據改成

- 訂單編號 + 產品編號

此時的結果將會不一樣，因為一張『訂單編號』將會有多個不相同的『產品編號』，所以一旦使用『訂單編號 + 產品編號』為分群的依據，將會產生不同的結果。以訂單編號 94010201 為例，將由原本的一筆總金額，變成以下三筆：

- 訂單編號 94010201，產品編號 1，總金額：$(18 \times 10) = 180$
- 訂單編號 94010201，產品編號 6，總金額：$(25 \times 20) = 500$
- 訂單編號 94010201，產品編號 10，總金額：$(35 \times 15) = 525$

以下列舉出五個較常被使用的『彙總函數』（aggregate function）：

- AVG()：『平均』，計算所有資料項目的平均值
- COUNT()：『筆數』，計算資料項目的筆數
- MAX()：『最大值』，找出最大值
- MIN()：『最小值』，找出最小值
- SUM()：『總計』，計算加總

範例 9-27 『27 計算每張訂單總金額』

倘若要計算出每一張『訂單』的總金額，必須先依據『訂單編號』進行群組後，再加總『訂單明細』中的『實際單價 × 數量』。實際操作方式，與前面的方式大致相同。只是在加入屬性之後，必須將【合計】欄位顯示出來。操作方式如圖 9-36，如下圖所示。【設計】頁籤，點選【Σ 合計】。

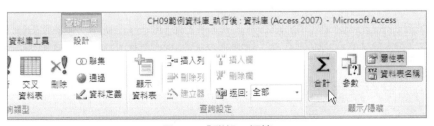

圖 9-36『群組』標籤

完成『訂單編號＋訂貨日期』的群組依據之後，便是要置入『彙總函數』，此處的目的是在加總每張訂單的金額，計算公式，及操作方式如下：

總金額＝SUM（實際單價 × 數量）

■ 【欄位】填入『訂單編號』、【合計】設為『群組』。

■ 【欄位】填入『訂貨日期』、【合計】設為『群組』。

彙整函數的操作有以下兩種方式：

■ 【欄位】填入『總金額：[實際單價]*[數量]』、【合計】設為『總計』。

■ 【欄位】填入『總金額：Sum（[實際單價]*[數量]）』、【合計】設為『運算式』。

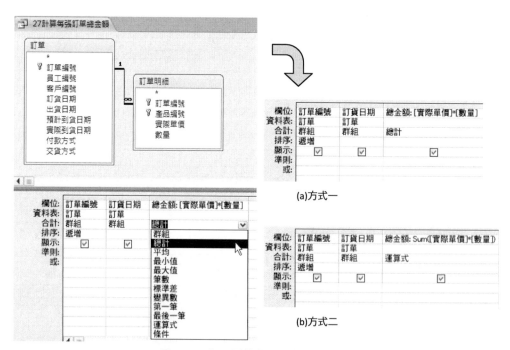

(a)方式一

(b)方式二

圖 9-37 『27 計算每張訂單總金額』

❖ 條件篩選

對於群組與彙整函數而言,資料的篩選可分為兩個階段,第一階段是針對『原始資料』(raw data)的篩選,再進行彙總函數的計算,第二階段是針對『彙總函數』計算後的資料篩選。

(1) 針對『原始資料』(raw data)的篩選,此篩選是針對資料來源進行條件篩選。

(2) 針對『彙總函數』計算後的資料篩選,彙整函數的群組計算,僅會針對(1)所篩選出來的資料,進行分群計算;再經過彙整函數計算後的結果,進行條件篩選。

範例 9-28 『28 計算 2006 年上半年的毛利大於 300 的訂單資料』

查詢 2006 年上半年的訂單,並且毛利金額大於 300 的資料。將此需求整理成以下兩個階段的篩選。

(1) 第一階段的篩選,挑選 2006/1/1(含)至 2006/6/30(含)之間的訂單資料

(2) 第二階段的篩選,計算毛利 =(實際單價 – 平均毛利)× 數量;再挑選毛利 > 300 的資料

實際操作方式如下

(1) 第一階段篩選,在『訂貨日期』的【準則】欄位填入『>=#2006/1/1# And <=#2006/6/30#』

(2) 第二階段篩選,【欄位】填入『毛利:([實際單價] – [平均成本])*[數量]』,並於【準則】填入『> 300』

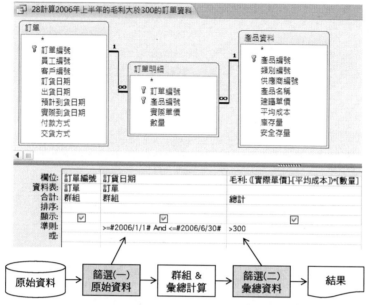

圖 9-38 『28 計算 2006 年上半年的毛利大於 300 的訂單資料』

9-6 基於『多個查詢』建立的查詢

透過圖形介面設計『查詢』，會受到很多的限制；除了可以直接使用 SQL 語法之外，也可以先建立數個『查詢』來共同完成另一個『查詢』。

範例 9-29 『29 業績表』&『29 業績比較表』

本範例是希望將每一位員工的業績，與其他員工的業績進行比較。並列出每一位員工的業績，以及業績比他高的其他員工。

要比較每位員工的業績，就必須先計算出每位員工的業績。所以如圖 9-39，先建立『29 業績表』。

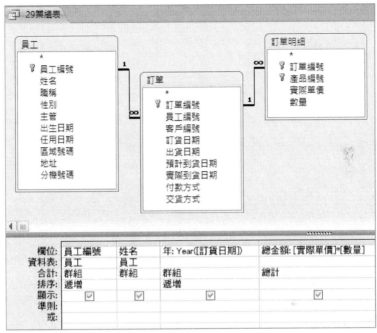

圖 9-39 『29 業績表』

依據『29 業績表』的查詢，利用『自我合併』的方式，再另外建立一個『29 業績比較表』。操作如圖 9-40，另一個取別名為『29 對照組』，兩個之間的關係可分為三個如下：

- 自己不與自己比較，所以條件為：
  [29 業績表].[員工編號] <> [29 對照組].[員工編號]

- 同一年才能比較，所以條件為：
  [29 業績表].[年] = [29 對照組].[年]

- 自己的業績小於其他人業績，所以條件為：
  [29 業績表].[總金額] < [29 對照組].[總金額]

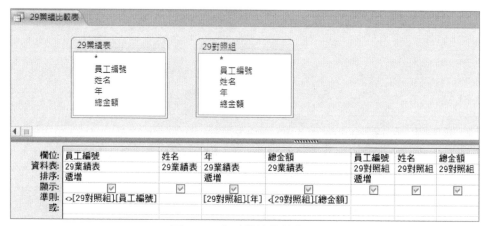

圖 9-40 『29 業績比較表』

最後，執行的結果如圖 9-41 所示，例如員工編號為『6』的『劉逸萍』，在 2005 年有三位員工（陳臆如、胡琪偉、林美滿）業績比他好，2006 年有一位員工（林美滿）業績比他好。

29業績 ▾	29業績 ▾	年 ▾	29業績表 ▾	29對照 ▾	29對照 ▾	29對照 ▾
6	劉逸萍	2005	450	7	陳臆如	1066
6	劉逸萍	2005	450	8	胡琪偉	1654
6	劉逸萍	2005	450	10	林美滿	2650
6	劉逸萍	2006	2630	10	林美滿	2693
7	陳臆如	2005	1066	8	胡琪偉	1654
7	陳臆如	2005	1066	10	林美滿	2650
8	胡琪偉	2005	1654	10	林美滿	2650
9	吳志梁	2006	455	6	劉逸萍	2630
9	吳志梁	2006	455	10	林美滿	2693

圖 9-41 『29 業績比較表』結果

9-7 兼具內、外部合併的查詢

在前面的【範例 9-29】尚不是一個很完整的查詢，因為所採用的是『內部合併』，員工若是沒有接到任何一筆訂單時，將不會被呈現出來。以下範例將說明在一個查詢當中，同時使用到『內部合併』與『外部合併』查詢易犯的錯誤，以及正確操作方式。

範例 9-30 『30 所有員工業績 OuterJoin』

若是要計算出每一位員工的業績資料，包括沒有承接任何一筆訂單的員工都要呈現出來。直覺上，實際操作可能會設計成圖 9-42 所示，『員工』與『訂單』之間會以『員工』為主的『外部合併』；『訂單』與『訂單明細』之間會以『內部合併』。

此時，系統會出現一個錯誤訊息視窗，顯示【SQL 陳述式無法執行，因為它包含模稜兩可的外部結合。若要迫使其中一個結合先執行，請建立一個執行第一個結合的查詢，然後將該查詢包含在您的 SQL 陳述式中】。錯誤的原因，是因為系統不知道應該是先進行『內部合併』，亦或是先進行『外部合併』。先後的差異將會造成結果的不同，說明如後。

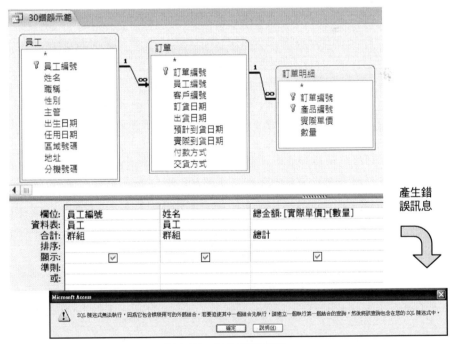

圖 9-42 『30 錯誤示範』

■ 先進行『員工』與『訂單』的『外部合併』，後進行『訂單』與『訂單明
細』的『內部合併』。

以圖 9-43 而言，先進行『員工』與『訂單』的『外部合併』；目前的資料
是符合我們所需要的，不論是否有承接訂單的員工都會出現。合併後的結
果，再與『訂單明細』進行『內部合併』；此時，沒有承接訂單的員工資
料，將會被排除掉，也就失去原有的需求。

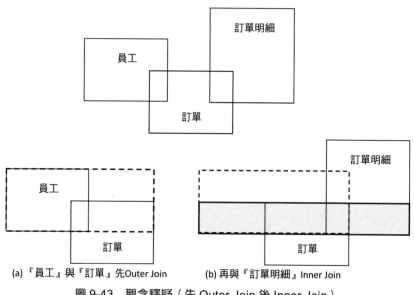

圖 9-43　觀念釋疑（先 Outer Join 後 Inner Join）

■ 先進行『訂單』與『訂單明細』的『內部合併』，後進行『員工』與『訂
單』的『外部合併』。

以圖 9-44 而言，先進行『訂單』與『訂單明細』的『內部合併』；目前的
資料是符合我們所需要的。合併後的結果，再與『員工』進行『外部合
法』，並且以『員工』為主；此時，不論有沒有承接訂單的員工資料，都
會被挑選出來，也就是符合需求的要求。

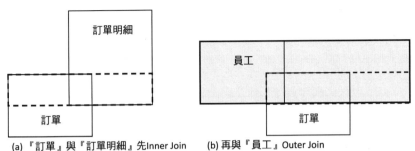

(a)『訂單』與『訂單明細』先 Inner Join   (b) 再與『員工』Outer Join

圖 9-44　觀念釋疑（先 Inner Join 後 Outer Join）

總之，若是先進行『外部合併』，資料會變多；再進行『內部合併』，資料又會變『少』。仿佛是先進行『聯集』後再進行『交集』，資料會變少。若是先進行『內部合併』，資料會變少；再進行『外部合併』，資料又會變『多』。仿佛是先進行『交集』後再進行『聯集』，資料會變多。

快速記憶法：『多少看最後，內就少，外就多』。

因此，本範例應該先建立一個以『訂單』與『訂單明細』為主的『內部合併』，並計算出總金額的查詢『30 訂單金額計算 InnerJoin』。如圖 9-45 所示，『員工編號』的【合計】設為『群組』。再加一個欄位『總金額：[實際單價] * [數量]』；【合計】欄位則選擇『總計』的彙總函數。

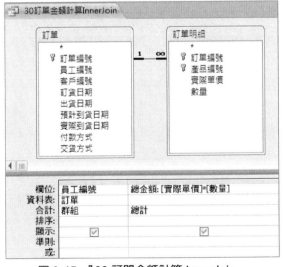

圖 9-45　『30 訂單金額計算 InnerJoin』

最後，新建立一個查詢，使用『員工』資料表與『30 訂單金額計算 InnerJoin』查詢當基底的資料來源，如圖 9-46。再建立以『員工』為主的『外部合併』，即可得出所要需要的資料。

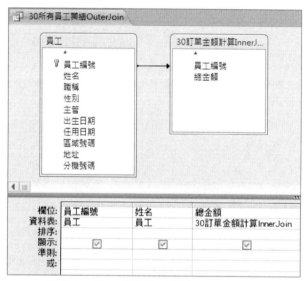

圖 9-46 『30 所有員工業績 OuterJoin』

最後執行的結果，如圖 9-47 所示，不論有沒有承接訂單的員工，全部都會呈現在此『查詢』中。

30所有員工業績OuterJoin

員工編號	姓名	總金額
1	陳祥輝	
2	黃謙仁	
3	林其達	
4	陳森耀	
5	徐沛汶	
6	劉逸萍	3080
7	陳臆如	1066
8	胡琪偉	1654
9	吳志梁	455
10	林美滿	5343
11	劉嘉雯	
12	張懷甫	

圖 9-47 『30 所有員工業績 OuterJoin』結果

本章習題

請利用書附光碟中的『CH09 範例資料庫』來建立以下不同需求的檢視表。

1. 查詢『客戶』資料表中,職稱為『董事長』的資料。

   輸出(客戶編號,公司名稱,聯絡人,聯絡人職稱)

2. 查詢『客戶』資料表中,『男業務』與『女會計人員』。

   輸出(客戶編號,公司名稱,聯絡人,聯絡人職稱,聯絡人性別)

3. 查詢『員工』資料表中,當月壽星資料,並依據年資給予獎金,計算公式如下。

   獎金 = 年資 * 1000,(年資 = 今年 – 任用之年)

   輸出(員工編號,姓名,年齡,年資,獎金)

4. 查詢『員工』資料表中,地址位於台北縣和台中市的員工資料。

   輸出(員工編號,姓名,縣市,地址)

   [提示]『縣市』可從『地址』的前三位取得

5. 請列出每位員工所承接的訂單資料。(Inner Join)

   輸出(員工編號,姓名,訂單編號,訂貨日期)

6. 請列出每位員工所承接的訂單資料。(Outer Join)

   輸出(員工編號,姓名,訂單編號,訂貨日期)

7. 請列出每位員工所承接的訂單資料中,已出貨但未到貨的訂單資料,並依據訂單編號遞增排序。

   輸出(員工編號,姓名,訂單編號,訂貨日期,出貨日期,實際到貨日期)

   [提示] 判斷方式如下:

   出貨日期 is not null and 實際到貨日期 is null

8. 查詢出員工當中沒有承接過任何訂單的資料,並依據員工編號遞增排序。

   輸出(員工編號,姓名,主管姓名)

   [提示] 可以透過『員工』與『訂單』資料表的外部合併後,判斷『訂單編號 is null』

9. 請計算出每張訂單每項產品的毛利資料。

輸出（訂單編號，客戶的公司名稱，產品編號，產品名稱，實際單價，平均成本，數量，毛利）

[提示] 毛利計算公式如下：

毛利＝（實際單價 − 平均成本）* 數量

10.請計算出每張訂單的毛利資料。

輸出（訂單編號，客戶的公司名稱，毛利）

[提示] 先建立和上題一樣的資料後，再利用群組方式計算

毛利計算公式如下：

毛利＝ sum（（實際單價 − 平均成本）* 數量）

CHAPTER 10

Word『合併列印』與 ACCESS 的整合

一個企業的所有商業行為紀錄皆會儲存於『資料庫管理系統』（Database Management System, 簡稱 DBMS），一般辦公室人員又要如何將資料庫內的資料與一般的辦公室軟體結合，避免既有的資料還要重複輸入。

本章將介紹『中介軟體』（Middleware）ODBC（Open Database Connectivity）的功能，可以把它當成一個辦公室軟體與各種不同資料庫管理系統連結的一個共同橋樑，並以 MS SQL Server 當成後端的一個共同資料來源，讓 MS WORD 與其連結來達到『合併列印』功能；MS EXCEL 與其連結來達到『樞紐分析表』和『樞紐分析圖』的分析。藉此兩種軟體與 MS SQL Server 整合使用來展現資料的重複使用性，並有效地將資料轉換成企業決策的資訊。

10-1　簡介 Word 的『合併列印』

什麼是 Word 的『合併列印』呢？以下圖來做一簡單說明。若是公司想要寄發一份相同的信件給所有的客戶，而文件內容除了收件者姓名不相同之外，其他的本文部份皆相同。此時可以透過公司內部資料庫取得客戶的姓名，透過 MS WORD 的『合併列印』功能，將資料庫內的資料套至 MS WORD 檔案，再合併出所需要的文件資料。

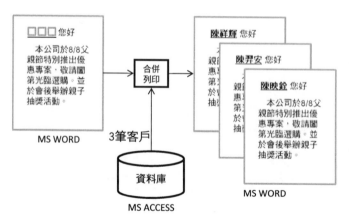

圖 10-1　WORD『合併列印』與 ACCESS 整合的概念圖

以下略將 WORD 合併列印信件的步驟先說明如下，下一節再實際進行操作：

1.【啟動合併列印】，設定文件類型

在 MS WORD 新增一份共同的文件，將此檔案稱為『樣板檔』，再於功能表上點選【郵件】頁籤→【啟動合併列印】→【信件（L）】。

2.【選取收件者】，設定收件者來源及樣板

點選【選取收件者】→【使用現有清單（E）】→再連至不同的資料庫，選取所要存取的『資料表』或『查詢』，並設計『樣板檔』。至於外部資料庫，本書僅介紹以下兩種方式，如圖 10-2：

(1) 使用 ACCESS 資料庫，將本書所附光碟內的『CH10 範例資料庫』。

(2) 使用 MS SQL SERVER 資料庫，新增一個 ODBC，將『資料來源名稱』設為『dsnMSSQL2008』，並連線到 MS SQL Server 2008，選擇所要的資料庫（操作方式，將於本書的後面章節介紹）。

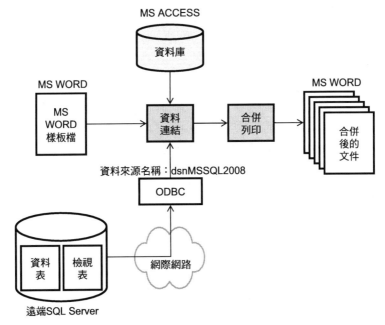

圖 10-2　WORD『合併列印』與不同資料庫的整合

3.【編輯收件者清單】，設定資料的篩選條件與列印的排序方式

　　點選【編輯收件者清單】

4.【完成與合併】，進行合併列印

　　點選【完成與合併】→【編輯個別文件（E）】

10-2 『合併列印』的基本操作

　　首先，啟動 MS WORD 軟體後，於功能表上選擇【郵件】頁籤，並點選【啟動合併列印】選擇所要的類型，以下直接設定成【信件（L）】類型來實作此範例。當所要合併的類型設定完成後，並不會出現任何的訊息或對話框。

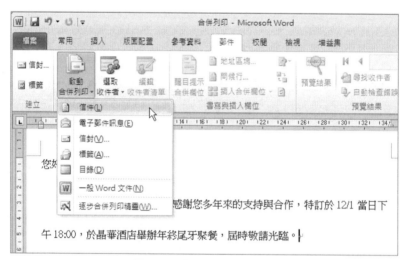

圖 10-3 【啟動合併列印】

　　設定合併文件類型之後，必須先編輯所要的文件內容，然後再將收件者資料套入。若要套入收件者資料，可以點選【選取收件者】→【使用現有清單（E）】。

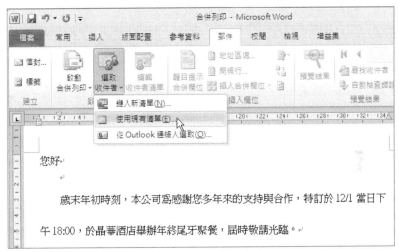

圖 10-4 【選取收件者】

當選擇【使用現有清單（E）】後，便會進入一系列的對話框。首先出現的是【選取資料來源】，並選擇 ACCESS 資料庫『CH10 範例資料庫』所放位置，按下【開啟（O）】按鈕。

圖 10-5 【選取資料來源】

成功開啟『CH10 範例資料庫』之後，將會出現【選取表格】的對話框。此處可以選擇所要的『資料表』（在類型欄位顯示『TABLE』）或是『查詢』（在類型欄位顯示『VIEW』）。以下範例選擇『客戶』資料表。

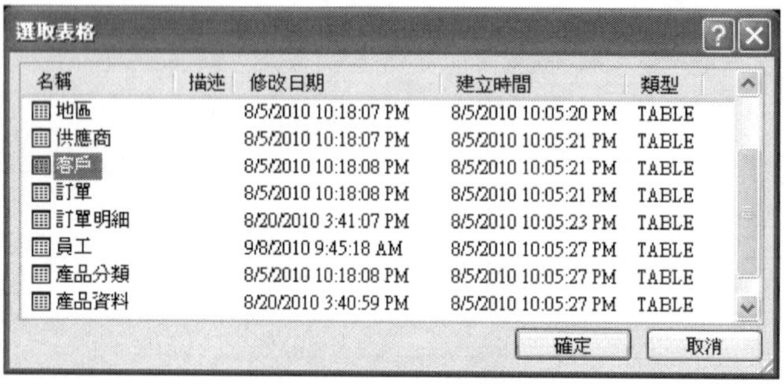

圖 10-6 【選取表格】

　　操作至此，MS WORD 與 MS ACCESS 資料連結動作已順利成功，接下來就是說明如何將資料表內的資料行嵌入 MS WORD 文件內。先在欲插入的位置點選後，再於【郵件】頁籤→【插入合併欄位】，會出現『CH10 範例資料庫』的『客戶』資料表內的所有欄位名稱。滑鼠在『您好』前面點一下，再於【插入合併欄位】內點選『聯絡人』欄位。

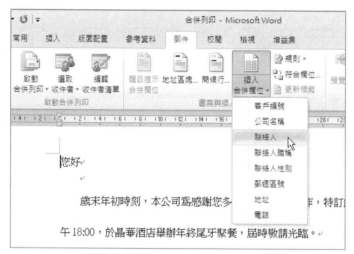

圖 10-7 【插入合併欄位】

　　完成欄位的插入之後，會在『您好』的前面出現 << 聯絡人 >> 的字樣，這就是來自於『客戶』資料內的『聯絡人』資料行。

倘若要在每位收件人後面加上『先生』或『小姐』的稱呼，可以透過資料表內的『聯絡人性別』欄位值來做條件式判斷。在【郵件】頁面下的【規則】選擇【IF...Then...Else...（以條件評估引數）（I）】，依據以下填入資料後，就按下【確定】按鈕：

- 【功能變數名稱（F）】，在下拉式選單中選擇『聯絡人性別』之資料行
- 【比較（C）】，在下拉式選單中選擇『等於』
- 【比較值（T）】，填入『男』
- 【插入此一文字（I）】，填入『先生』
- 【否則插入此一文字（O）】，填入『小姐』

可以將以上的『規則』轉換成語意解說成，如果『聯絡人性別』等於『男』，符合此條件就輸出『先生』，不符合此條件就輸出『小姐』。

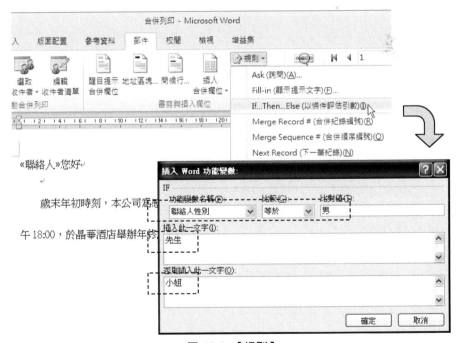

圖 10-8 【規則】

以上所完成的一份文件資料，可以稱之為『樣板』文件，也就是尚未真正將所有資料合併在一起，所以若是要異動文件內容，可以先於『樣板』文件內更改後，再重新進行合併的動作。進行資料合併只要點選【郵件】頁面下的【完成與合併】，此選項下有三種合法模式：

- ▣ 【編輯個別文件（E）】，將樣板與資料合併後，輸出至另一份新文件檔案。
- ▣ 【列印文件（P）】，將樣板與資料合併後，將結果直接輸出至印表機列印。
- ▣ 【傳送電子郵件訊息（S）】，將樣板與資料合併後，透過電子郵件寄送出去。

以下採用【編輯個別文件（E）】方式將合併後的結果輸出至另一個新文件檔案，並出現【合併到新文件】的對話框，直接選擇【全部（A）】選項，按下【確定】，即會產生合併後的結果。

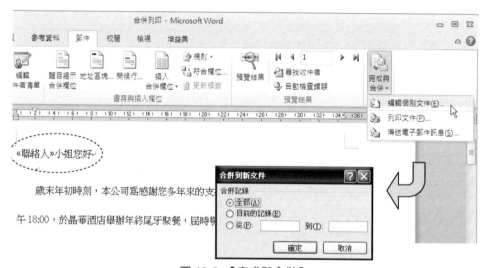

圖 10-9 【完成與合併】

當所有紀錄合併之後，將會產生以下數份的文件資料，每份文件除了在頭銜的聯絡人姓名，以及利用『聯絡人性別』決定輸出稱謂是『先生』或『小姐』的不同之外，其餘內容都是相同。

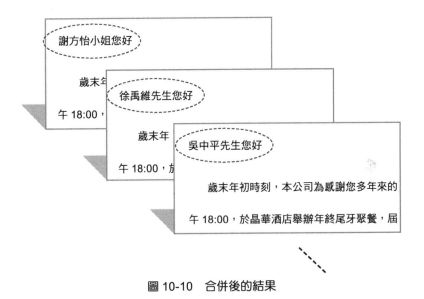

圖 10-10　合併後的結果

　　此節說明的重點在於,如何利用既有的公司資料,也就是資料庫內的既有資料,重複使用於不同的文件或報表,避免每次都要透過人工重新輸入相同的資料,藉此可以有效提升辦公室人員的工作效率。

❖ 資料篩選

　　WORD 與資料庫(ACCESS/SQL SERVER)的合併列印,通常不會將資料庫內的資料全數列印出來,只會挑選所要的某些資料。資料的篩選,可以透過兩種方式:一種是由後端資料庫的『查詢』直接篩選;一種是由前端 WORD 的【郵件】→【編輯收件者清單】,再執行【完成與合併】,就可以僅挑選出所要的資料列印。點選【編輯收件者清單】之後,將出現下圖。

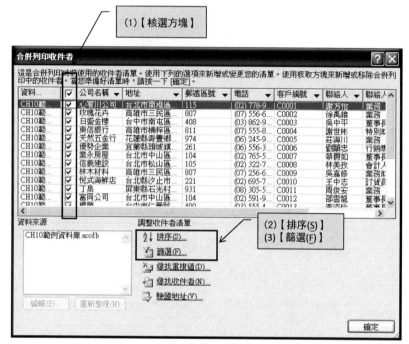

圖 10-11 【編輯收件者清單】主要功能

【編輯收件者清單】主要功能說明如下：

(1)【核選方塊】(checkbox)

可以透過第一個核選方塊來全部選取，或是全部不選取資料。亦可以個別點選來選擇所要的資料。

(2)【排序】

可以透過【排序（S）】來安排輸出文件的資料順序，當點選【排序（S）】之後，將會出現【篩選與排序】的對話視窗中的【排序記錄（O）】頁籤。其中，最多可以選擇三個欄位來排序，以及排序方式是【遞增（A）】或【遞減（D）】。當第一個欄位的值相同時，會再依第二個欄位排序；當第二個欄位也相同時，會再依照第三欄位排序。

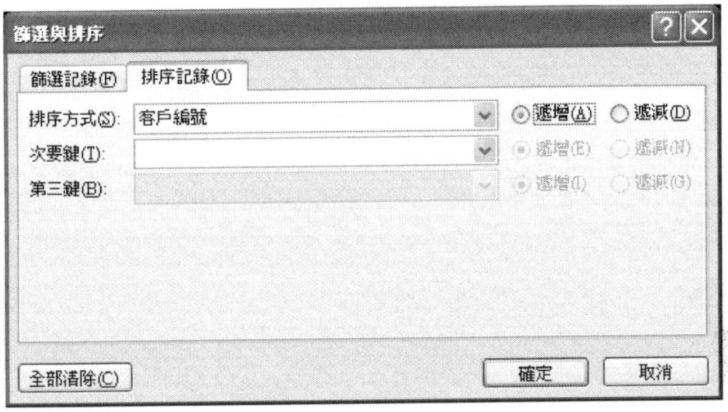

図 10-12 【排序】

(3)【篩選】

可以透過【篩選（F）】來設定篩選條件，選出符合的資料輸出。點選【篩選（F）】之後會出現【篩選與排序】的【篩選記錄】頁籤。例如，僅針對『客戶編號』大於『C0005』以及『聯絡人職稱』中含有『業務』的資料。如圖，在第一列的【欄位】選擇『客戶編號』，【邏輯比對】選擇『大於』，【比對值】填入『C0005』；在第二列的最前方要選擇『且』，【欄位】選擇『聯絡人職稱』，【邏輯比對】選擇『包含』，【比對值】選擇『業務』。

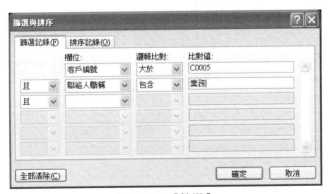

図 10-13 【篩選】

10-3 『一式多份』與『一頁多筆』的合併列印

 一式多份

有時候，在一張 A4 的紙張中，必須相同的資料要印多次。例如，一般常見的收據，可能要一式三份之類的情形下，可以將已經設計好的樣板，直接複製即可，如圖是相同的資料會列印三次。

«聯絡人»小姐您好↵

歲末年初時刻，本公司為感謝您多年來的支持與合作，特訂於 12/1 當日下午 18:00，於晶華酒店舉辦年終尾牙聚餐，屆時敬請光臨。↵

«聯絡人»小姐您好↵

歲末年初時刻，本公司為感謝您多年來的支持與合作，特訂於 12/1 當日下午 18:00，於晶華酒店舉辦年終尾牙聚餐，屆時敬請光臨。↵

«聯絡人»小姐您好↵

歲末年初時刻，本公司為感謝您多年來的支持與合作，特訂於 12/1 當日下午 18:00，於晶華酒店舉辦年終尾牙聚餐，屆時敬請光臨。↵

圖 10-14 『一式多份』

從合併後的結果可以看出，『謝方怡小姐』同時出現三次，下一頁就會出現下一筆其他客戶的資料。

謝方怡小姐您好

　　歲末年初時刻，本公司為感謝您多年來的支持與合作，特訂於 12/1 當日下午 18:00，於晶華酒店舉辦年終尾牙聚餐，屆時敬請光臨。

謝方怡小姐您好

　　歲末年初時刻，本公司為感謝您多年來的支持與合作，特訂於 12/1 當日下午 18:00，於晶華酒店舉辦年終尾牙聚餐，屆時敬請光臨。

謝方怡小姐您好

　　歲末年初時刻，本公司為感謝您多年來的支持與合作，特訂於 12/1 當日下午 18:00，於晶華酒店舉辦年終尾牙聚餐，屆時敬請光臨。

圖 10-15 『一式多份』的結果

❖ 一頁多筆

　　但是，有時候使用 WORD 的『合併列印』時，會覺得一張 A4 的紙張只列印一點點資料很浪費，希望在一張紙張中列印多筆不同的資料時。可以仿造上個範例方式，先將已經設計好的樣板複製；然後於每一筆資料的最後面加上【郵件】→【規則】→【Next Record（下一筆記錄）（N）】。當插入『Next Record（下一筆記錄）（N）』時，在資料庫的部份將會自動往下移動一筆記錄，所以在同一張信件中將會出現不同的資料。但是要特別注意的是，因為 WORD『合併列印』在跳頁時，會自動將資料庫的資料往下移動一筆，所以在設計『一頁多筆』時，最後一筆千萬不要再加【Next Record（下一筆記錄）（N）】，以免會漏掉資料。

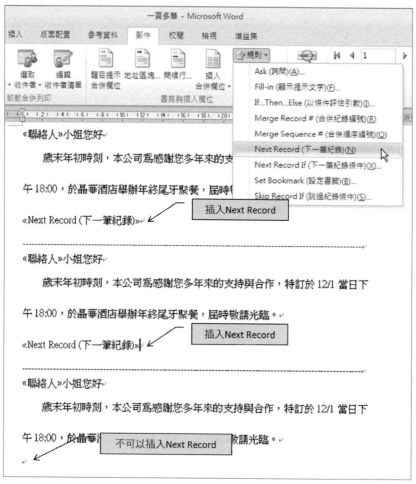

圖 10-16 『一頁多筆』

從合併後的結果可以看出，相同一頁中會出現不同的資料。例如：『謝方怡小姐』、『徐禹維先生』及『吳中平先生』三筆不同的資料。

謝方怡小姐您好

　　歲末年初時刻，本公司爲感謝您多年來的支持與合作，特訂於 12/1 當日下

午 18:00，於晶華酒店舉辦年終尾牙聚餐，屆時敬請光臨。

───

徐禹維先生您好

　　歲末年初時刻，本公司爲感謝您多年來的支持與合作，特訂於 12/1 當日下

午 18:00，於晶華酒店舉辦年終尾牙聚餐，屆時敬請光臨。

───

吳中平先生您好

　　歲末年初時刻，本公司爲感謝您多年來的支持與合作，特訂於 12/1 當日下

午 18:00，於晶華酒店舉辦年終尾牙聚餐，屆時敬請光臨。

圖 10-17 『一頁多筆』的結果

10-4　產品庫存量列表備註説明

　　本節將說明，如何利用前端 WORD 適當的排版，並配合後端資料庫『查詢』的設計，來達成『產品庫存量列表的備註說明』，如圖 10-18。『備註說明』是來自『庫存量』與『安全存量』之間的比較關係，自動產生的敘述說明，而非資料庫內既有的欄位。

產品庫存量列表的備註說明

類別 編號	類別	產品 編號	產品 名稱	供應商名稱	庫存量 安全存量	備註 說明
1	果汁類	1	柳橙汁	乘風	1000 250	備貨過剩
1	果汁類	2	檸檬汁	烏山	250 100	
1	果汁類	6	蘋果汁	大海	788 350	
1	果汁類	13	芒果汁	魄浪	852 500	
2	蘇打類	3	可樂	魄浪	652 100	備貨過剩
2	蘇打類	4	雪碧	濤濤	985 120	備貨過剩
2	蘇打類	5	沙士	乘風	654 40	備貨過剩
2	蘇打類	7	蘋果西打	大海	521 500	
3	茶類	8	綠茶	烏山	111 300	嚴重缺貨
3	茶類	9	紅茶	魄浪	56 100	存貨不足

圖 10-18 『產品庫存量列表的備註說明』

若是想從資料庫中查得所有產品『庫存量』與『安全存量』之間的比較關係，例如條件如表 10-1。輸出的項目包括（類別編號，類別，產品編號，產品名稱，供應商名稱，庫存量，安全存量，備註說明）。所以可以很清楚的看出，要列出下表的『備註說明』，必須使用『衍生欄位』以及配合 Switch() 函數來完成。本範例主要是說明以下兩個重點：

■. 『表格式』的合併列印

■. 查詢中使用『Switch()』函數，判斷庫存量情形

表 10-1 『庫存量』與『安全存量』的比較關係

條件	備註說明
庫存量 < 安全存量 *0.5	嚴重缺貨
庫存量 < 安全存量	存貨不足
庫存量 > 安全存量 *3	備貨過剩

使用函數：Switch（expression1, value1, expression2, value2, ... expression_N, value_N）

函數說明：若是符合 expression1 就回傳 value1

若是符合 expression2 就回傳 value2

…

若是符合 expressionN 就回傳 valueN

實際建立『查詢』，除了將所需要的欄位置於輸出欄位之外，其他設定如下所述，尤其是『備註說明』欄位的 Switch() 函數，如圖 10-19。

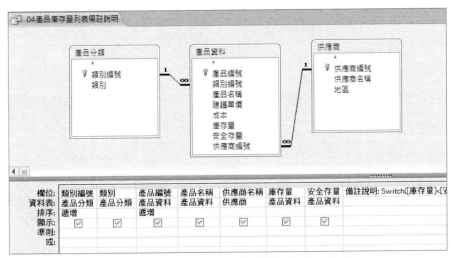

圖 10-19 『04 產品庫存量列表備註說明』查詢

【欄位】類別編號，【排序】設為『遞增』

- ■ 【欄位】產品編號，【排序】設為『遞增』
- ■ 【欄位】新增『備註說明：Switch（[庫存量]<[安全存量]*0.5," 嚴重缺貨 ",[庫存量]<[安全存量]," 存貨不足 ",[庫存量]>[安全存量]*3," 備貨過剩 "）』

以上第三項的 Switch() 函數的說明如下：

- ■ 若是『[庫存量]<[安全存量]*0.5』條件成立時，回傳 " 嚴重缺貨 " 字串
- ■ 若是『[庫存量]<[安全存量]』條件成立時，回傳 " 存貨不足 " 字串
- ■ 若是『[庫存量]>[安全存量]*3』條件成立時，回傳 " 備貨過剩 " 字串

設計樣板時，先設計好表格，並使用以上所設計的『04 產品庫存量列表備註說明』查詢當成【郵件】→【選取收件者】的來源。並在表格內依據【郵件】→【插入合併欄位】填入適當的欄位名稱，如圖 10-20。此處特別要注意，在每一筆的最後面，或是下一筆的最前面要再插入【郵件】→【規則】→【<<Next Record（下一筆紀錄）>>】；但是最後一筆，因為跳頁會自動下一筆，所以在最後一筆不能加上【<<Next Record（下一筆紀錄）>>】。

<u>產品庫存量列表的備註說明</u>

類別編號	類別	產品編號	產品名稱	供應商名稱	庫存量 安全存量	備註說明
《類別編號》	《類別》	《產品編號》	《產品名稱》	《供應商名稱》	《庫存量》 《安全存量》	《備註說明》
《Next Record (下一筆紀錄)》《類別編號》	《類別》	《產品編號》	《產品名稱》	《供應商名稱》	《庫存量》 《安全存量》	《備註說明》
《Next Record (下一筆紀錄)》《類別編號》	《類別》	《產品編號》	《產品名稱》	《供應商名稱》	《庫存量》 《安全存量》	《備註說明》

圖 10-20　樣板設計

10-5 含總金額計算的訂單

由於在資料庫的設計上，有很多的資料表之間是屬於『一對多』的情形。例如一張訂單的基本資料，將會對應到好幾種的產品資料，這就是屬於『一對多』的情形。一般在設計訂單的表格時，也都會類似下圖，上半部屬於『一』的部份，下半部屬於『多』的部份。因為一張訂單會有一個訂單編號、訂單日期、客戶名稱、…；但是會有多個產品資料的『產品編號』、『產品名稱』、…。

博頁文化產品行銷訂單

訂單編號	030022	訂單日期	1/18/2009
客戶名稱	玫瑰花卉	聯絡人	徐禹維
客戶地址	高雄市三民區克武路 4 巷		
客戶電話	(07)556-6665		
承辦人員	陳阿如	總金額	2996

訂單明細資料

序號	產品編號	產品名稱	數量	單價	備註
1	4	雪碧	16	18	
2	5	沙士	80	16	
3	6	蘋果汁	14	20	
4	7	蘋果西打	8	21	
5	8	綠茶	4	14	
6	13	芒果汁	15	32	
7	14	拿鐵咖啡	12	37	

圖 10-21　訂單表格

要設計出圖 10-21 的一份文件，必須先設計好 ACCESS 的『查詢』。從輸出的欄位當中，不難從『資料庫關聯圖』中發現需要『客戶』、『員工』『訂單』、『訂單明細』以及『產品資料』；唯獨『總金額』無法從這五個資料表中得到。

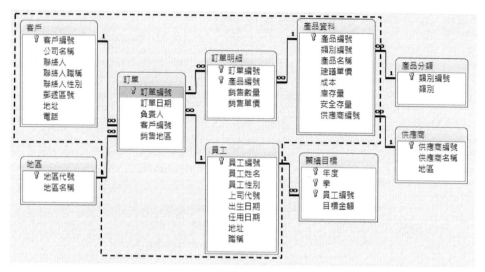

圖 10-22

為了要產生每一張訂單的『訂單編號』，對應一個『總金額』，必須先產生一個查詢『0501 訂單總金額』。如圖 10-23，使用『訂單明細』，並以『訂單編號』為群組依據，再新增一個欄位『總金額：Sum（[銷售數量]*[銷售單價]）』，在【合計】的欄位點選『運算式』。

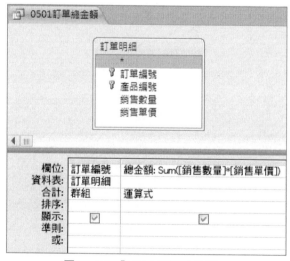

圖 10-23　『0501 訂單總金額』

另外再新增一個查詢『0502 含總金額計算的訂單』，除了使用前述的五個資料表之外（參考圖 10-22 虛線內），還要再將前一個查詢『0501 訂單總金額』加入其中，並加入需求的欄位，如圖 10-24。如此，所有的欄位（包括『總金額』）都具備。

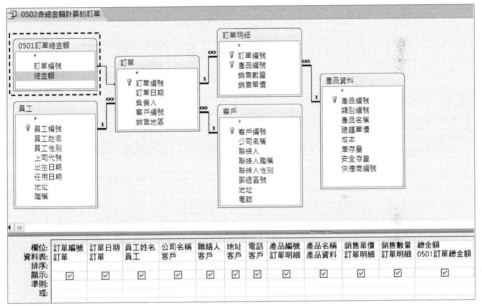

圖 10-24 『0502 含總金額計算的訂單』

樣板設計如圖 10-25，由於同一筆訂單的相同資料位於報表上半部，下半部則是同一筆訂單不同種類的產品。所以在下半部的表格內，每一筆的最後面要加入【<<Next Record（下一筆紀錄）>>】，最後一筆則不能加入。

博頁文化產品行銷訂單

訂單編號	《訂單編號》		訂單日期	《訂單日期》
客戶名稱	《公司名稱》		聯絡人	《聯絡人》
客戶地址	《地址》			
客戶電話	《電話》			
承辦人員	《員工姓名》		總金額	《編金額》

訂單明細資料

序號	產品編號	產品名稱	數量	單價	備註
《Merge Record# (合併紀錄編號)》	《產品編號》	《產品名稱》	《銷售數量》	《銷售單價》	《Next Record (下一筆紀錄)》
《Merge Record# (合併紀錄編號)》	《產品編號》	《產品名稱》	《銷售數量》	《銷售單價》	《Next Record (下一筆紀錄)》
《Merge Record# (合併紀錄編號)》	《產品編號》	《產品名稱》	《銷售數量》	《銷售單價》	《Next Record (下一筆紀錄)》
《Merge Record# (合併紀錄編號)》	《產品編號》	《產品名稱》	《銷售數量》	《銷售單價》	《Next Record (下一筆紀錄)》
《Merge Record# (合併紀錄編號)》	《產品編號》	《產品名稱》	《銷售數量》	《銷售單價》	《Next Record (下一筆紀錄)》
《Merge Record# (合併紀錄編號)》	《產品編號》	《產品名稱》	《銷售數量》	《銷售單價》	《Next Record (下一筆紀錄)》
《Merge Record# (合併紀錄編號)》	《產品編號》	《產品名稱》	《銷售數量》	《銷售單價》	《Next Record (下一筆紀錄)》
《Merge Record# (合併紀錄編號)》	《產品編號》	《產品名稱》	《銷售數量》	《銷售單價》	《Next Record (下一筆紀錄)》
《Merge Record# (合併紀錄編號)》	《產品編號》	《產品名稱》	《銷售數量》	《銷售單價》	《Next Record (下一筆紀錄)》
《Merge Record# (合併紀錄編號)》	《產品編號》	《產品名稱》	《銷售數量》	《銷售單價》	

圖 10-25　訂單樣板設計

　　如此的設計是針對單一筆訂單輸出，不適合同時列印多筆訂單，因此在
【郵件】→【編輯收件者清單】→【篩選（F）】，僅能依據『訂單編號』挑選
一筆訂單資料。例如，篩選訂單編號為『030022』，並且依據『產品編號』遞
增排序，如圖 10-26。當【完成與合併】之後，結果將會和圖 10-21 一樣。

圖 10-26 【編輯收件者清單】

本章習題

是非題

( ) 1. 利用 WORD 來取得 ACCESS 的資料，僅可以將某一個資料表的資料全部列印出來。

( ) 2. 利用 WORD 來取得 ACCESS 的資料，僅可以針對單一資料表。

( ) 3. 利用 WORD 來取得 ACCESS 的資料，可以使用資料表或建立查詢來取得資料。

( ) 4. 利用 WORD 來取得資料合併列印，除了 ACCESS 資料庫之外，只有該主機有安裝 ODBC 的相關資料庫驅動程式，亦可結合不同資料庫來使用。

( ) 5. 若是透過 WORD 的『編輯收件者清單』來篩選資料，所有篩選的條件只能單一條件，不可以使用較為複雜的條件。

簡答題

1. 利用 WORD 與 ACCESS 的合併列印，對於列印的條件篩選方式，可分為哪兩種？

2. 請比較 WORD 的資料篩選使用本身的『編輯收件者清單』與『查詢』篩選有何差異性。

實作題

1. 請利用 MS WORD，並自行撰寫一篇客戶邀請函，並透過 WORD 的內建功能【郵件】標籤 \ 【規則】 \ 【Skip Record If（篩選紀錄郵件）(S)】（如下圖所示），篩選『CH10 範例資料庫』之『客戶』資料表內的女性客戶資料。

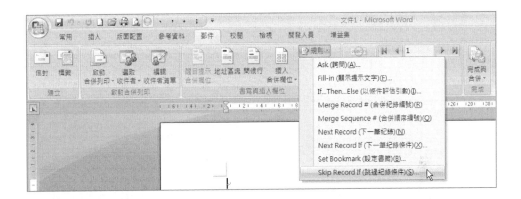

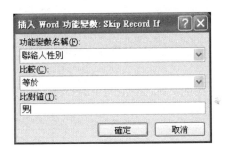

MEMO

CHAPTER 11

Excel『樞紐分析』與 ACCESS 的整合應用

企業的商業行為通常都會被紀錄在『資料庫管理系統』（Database Management System, 簡稱 DBMS）。只是儲存在資料庫內的資料，一般都是瑣碎且龐大的原始資料（raw data）。要如何從這些既有的資料中整理出對企業有用的資訊，是本章的主要重點。

透過 EXCEL 當前端的分析工具，連結後端 ACCESS 資料庫的『查詢』，建立多維度分析的『樞紐分析表』，以及較為人性化且視覺效果的『樞紐分析圖』來挖掘出資料庫內有效的資訊。

11-1　簡介 Excel 的『樞紐分析』

『樞紐分析』是一種利用『多維度資料庫』（Multi-Dimension Database）特性的一種分析方法。也就是說，利用不同『維度』（Multi-dimensionality）解析不同資料成為重要的資訊，也就是所謂的『觀點』（View Point）。最主要的兩個重要的名詞，說明如下：

- 『維度』（Dimension），係指某一些『質的資料』（qualitative data）或稱為『類別資料』（categorical data），也就是不可量化的資料，例如地區、業務員、時間（包括年、季、月、週、日、…）、產品、性別、教育程度、…等等，凡是不可計算或不可量化的變數皆有可能屬於『維度』。
- 『事實』（Fact），係指一些『數量資料』（quantitative data），也就是可量化的資料且可以用來計算的資料，例如產品銷售量、銷售毛利、營業額、…等等，凡是可計算或可量化的變數皆有可能屬於『事實』。

使用兩個簡單範例說明如下：

(一) 每一個『地區』對『產品』的『銷售量』分析

其中的『地區』與『產品』皆屬於『維度』、產品的『銷售量』則為『事實』。如圖 11-1 展示『地區』對『產品』之『銷售量』的一種分析情形。

銷售量	C1型筆電	C2型筆電	C3型筆電	C4型筆電
台北地區	5,680	10,569	12,350	2,056
台中地區	3,759	9,600	5,341	15,984
台南地區	4,509	7,050	8,030	5,678

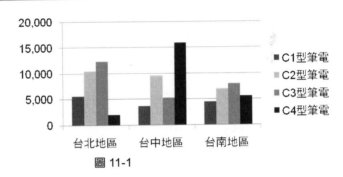

圖 11-1

(二)『產品』的『毛利』成長情形

其中『產品』屬於『維度』、『毛利』屬於『事實』。在此例子中,千萬別忽略掉另一個非常重要的『時間』維度。如下表與圖所展示即是『時間』對『產品』之『毛利』的一種成長趨勢分析。

毛利	C1型筆電	C2型筆電	C3型筆電	C4型筆電
2007年	95,680	23,759	24,509	78,330
2008年	110,569	99,600	17,050	68,606
2009年	112,350	95,341	38,030	71,300
2010年	122,056	115,984	75,678	40,998

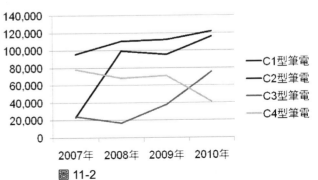

圖 11-2

EXCEL 若是要取得外部資料庫進行樞紐分析，大致可分為以下兩種方式：一種是直接透過資料庫來取得資料；另一種則是間接透過 MS SQL Server 的另一個服務，稱之為『Analysis Services』，或稱為『OLAP』（On-Line Analytical Processing），分別說明如下：

(1) 直接透過 MS SQL Server 或 MS ACCESS 來匯入資料至 MS EXCEL，此種方式只適合於資料量不會太過於龐大時適用。倘若資料量過於龐大時，每一次在 MS EXCEL 中要更新資料，必定會處理非常久的時間，並不符合經濟效益。

(2) 間接透過 MS SQL Server 的另一個服務『Analysis Services』，也稱之為『線上分析處理』（On-Line Analytical Processing, 簡稱 OLAP）。此種方式必須對企業有可能使用的『維度』與『事實』作事前規劃與設計，設計出來的稱之為『Cube』。並且會經過預先計算，所以 MS EXCEL 透過『Analysis Services』取得相關資料會更快速。至於此部份並非本書所要探討的重點，所以將不再進一步的介紹與實作。

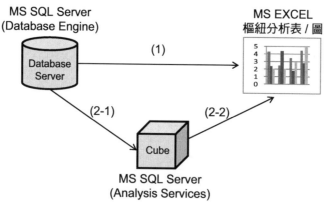

圖 11-3　樞紐分析資料來源示意

❖ 建立『樞紐分析』的基本步驟

要建立 EXCEL 的樞紐分析表／圖之前，必須先思考『資料來源』的型態，主要可分為兩種：一種為 EXCEL 的內部資料，另一種為外部的資料庫。以下將以 ACCESS 資料庫為主要的資料來源進行說明；對於 EXCEL 而言，就是『外部資料來源』。將整體的操作流程大致歸納如下的四大步驟。

步驟 1：設計『資料來源』

這是建立 EXCEL 樞紐分析表／圖的前置作業，必須先思考如何建立一個適合的『資料來源』；也就是說，將數個相關的『資料表』，事先進行合併處理成單一個『查詢』，此『查詢』就是樞紐分析的『資料來源』。而此『查詢』的主要思考屬性如下兩種屬性：

■ 可思維的『維度』屬性

■ 可計算的『事實』屬性

步驟 2：取得資料來源

EXCEL 的樞紐分析基本上提供以下兩種的資料來源，而本章主要是使用第二種的『外部資料來源』中的 ACCESS 資料庫。

■ 使用 EXCEL 的內部資料

■ 使用外部資料來源

■ 開啟 ACCESS 資料庫

■ 使用 ODBC 連線

步驟 3：建立『樞紐分析表』

■ 拖拉『維度』至樞紐分析表中適當位置

■ 拖拉『事實』至樞紐分析表中適當位置，並調整輸出格式

步驟 4：建立『樞紐分析圖』

■ 插入所要的統計圖

11-2 產品銷售分析

以下針對於產品的銷售情形,利用幾個範例來說明。如何從 ACCESS 資料庫內的『原始資料』(raw data),也就是儲存於『資料表』內的資料,產生 EXCEL 樞紐分析所需要的『查詢』(也就是『虛擬資料表』);再透過 EXCEL 樞紐分析的功能,產生不同的『樞紐分析表 / 圖』。

範例 11-1 圓形圖

分析每一項『產品類別』的『總毛利佔比』情形;也就是每種類別毛利佔總毛利的百分比。最後結果應該如圖 11-4 所示。

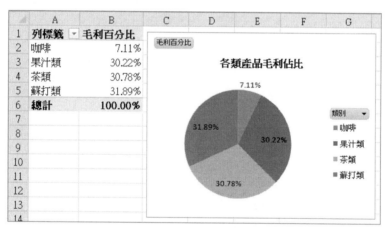

圖 11-4 圓形圖範例

步驟 1:設計『資料來源』

根據以上的需求,開啟本書光碟所附的『CH11 範例資料庫』ACCESS 資料庫,建立一個『查詢』,並命名為『01 產品銷售分析』。為了後續範例可以共同使用本查詢,本查詢可以建立較多的屬性,分別如下四個『儲存型屬性』(包括訂單日期、類別、產品名稱以及公司名稱)、以及兩個『衍生型屬性』(包括銷售金額及毛利小計)。

- [訂單].[訂單日期]
- [產品分類].[類別]
- [產品資料].[產品名稱]
- [客戶].[公司名稱]
- 銷售金額 : [銷售數量]*[銷售單價]
- 毛利小計 : ([銷售單價] – [成本])* [銷售數量]

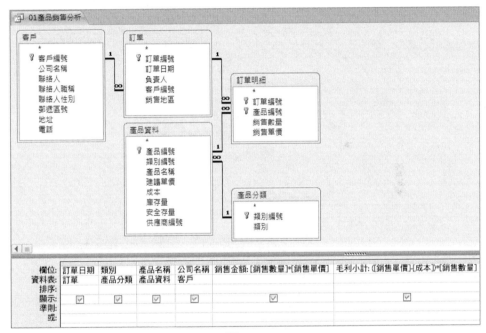

圖 11-5

步驟 2：EXCEL 內開啟『外部資料來源』

開啟 EXCEL 後，依據圖 11-6 所示的步驟進行以下操作：

(1) 先點選定位點 A1，後續『樞紐分析』的位置。

(2) 點選【插入】標籤。

(3)【樞紐分析表】的圖示可分為上下兩個部份，上面通常是較常被使用的功能，此處就是【樞紐分析表】。點選下面的部份，將會顯示出所有可以使用的功能。此處若是點選上方功能，則會直接跳出【建立樞紐分析表】的對話框。

(4) 若是在（3）點選下方功能時，會出現兩個選項，分別為【樞紐分析表（T）】與【樞紐分析圖（C）】，此處仍要點選【樞紐分析表（T）】。

(5) 出現【建立樞紐分析表】的對話框時，直接選擇【使用外部資料來源（U）】下方的【選擇連線（C)】。

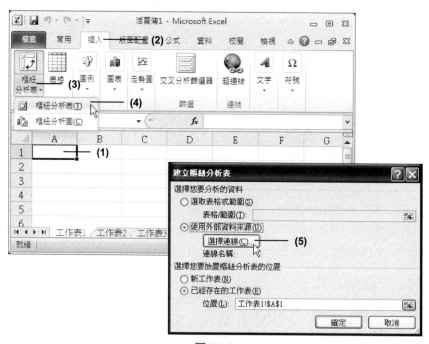

圖 11-6

(6) 在【現有連線】對話框中，因為是第一次使用，不會有現有的連線，所以直接選擇【瀏覽更多（B）...】來選擇 ACCESS 的資料庫。

(7) 出現【選取資料來源】時，選擇 [CH11 範例資料庫] 所在位置，並按下【開啟（O）】。

圖 11-7

(8) 出現【選取表格】對話框時，在【名稱】欄位中，將會同時顯示『資料表』與『查詢』兩種。可以透過每一個名稱前面的小圖示來判斷，有兩個小視窗重疊的圖示表示『查詢』；只有單一個小視窗的圖示表示『資料表』。亦可以透過『類型』欄位是 TABLE（資料表）或是 VIEW（查詢）來判斷。完成選取後按下【確定】。

(9) 最後會再回到【建立樞紐分析表】的對話框，並且在【連線名稱】中會顯示出 [CH11 範例資料庫]，表示整個操作是正確無誤。

圖 11-8

步驟 3：EXCEL 中建立『樞紐分析表』

完成以上兩個步驟之後，將會產生圖 11-9。主要分為以下三個區域，分別說明如下：

(1)『樞紐分析表』，此處將會呈現『資料來源』彙總之後的結果。

(2)『樞紐分析表欄位清單』，此處所呈現的資料是來自於『資料來源』的所有屬性，也就是在第一步驟建立『01 產品銷售分析』查詢中的所有屬性。

(3)『在以下區域之間拖曳欄位』，此區域主要是放置『屬性』（維度與事實）。共區分四個小視窗，每個小視窗都與『樞紐分析表』區域彼此對應。

　　■『報表篩選』，此視窗可以擺放『維度』屬性，並且可以針對此屬性的值，進行整體資料的條件篩選。

　　■『列標籤』與『欄標籤』，此視窗亦是擺放『維度』屬性，亦可透過篩選來達到哪些值是要顯示出來。

■『Σ值』，此區域主要是擺放『事實』屬性，也就是可以經過計算的屬性。

在此範例，可以使用滑鼠直接將『類別』屬性拖曳至『列標籤』視窗、『毛利小計』屬性拖曳至『Σ值』視窗。

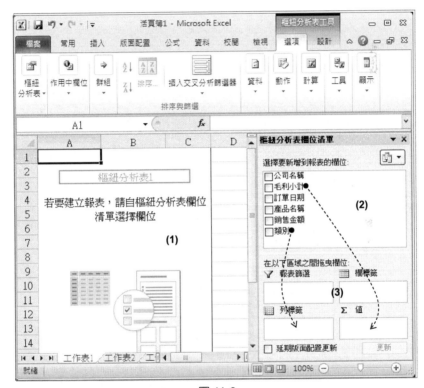

圖 11-9

屬性拖曳完成之後，會呈現圖 11-10 的畫面。在『樞紐分析表』的第二欄『加總－毛利小計』已呈現出每項類別的總毛利，以下將更改欄位名稱以及數值為毛利百分比。利用滑鼠左鍵點選右下角『Σ值』視窗內的『加總-毛利小計』，顯示選單時，點選【值欄位設定（N）】。

圖 11-10

當出現【值欄位設定...】對話框時,先設定【自訂名稱(C)】為『毛利百分比』。再點選【值的顯示方式】頁籤,並在【值的顯示方式(A)】的下拉式選單中選擇【欄總和百分比】;也就是將該欄中所有的數值加總後,個別計算所佔百分比,完成設定後,按下【確定】。

圖 11-11

以上的所有操作完成之後，等於是完成『樞紐分析表』的需求，如圖 11-12 所示，在『樞紐分析表』中的欄位名稱已改成『毛利百分比』，『數值』的部份也改成百分比的呈現方式。

圖 11-12

步驟 4：EXCEL 中建立『樞紐分析圖』

完成以上的『樞紐分析表』之後，查看所須要的資料無誤，即可參考圖 11-13，操作以下動作。

(1) 先確定滑鼠是點選在『樞紐分析表』內部。

(2) 點選【插入】標籤。

(3) 點選【圖表】。

(4) 選擇所要展現的圖表，此處點選【圓形圖】。

(5) 點選第一個【圓形圖】。

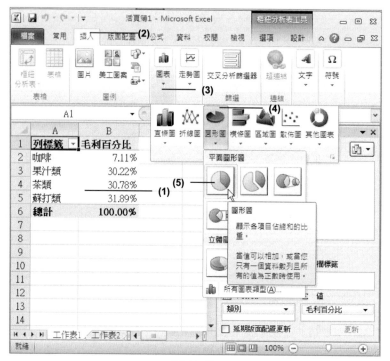

圖 11-13

插入【圓形圖】之後會出現圖 11-14 的畫面。再調整細部的資訊如下:

(1) 在圖表的抬頭【合計】上,按滑鼠右鍵並點選【編輯文字】,改成『各類產品毛利佔比』。

(2) 在【圓形圖】上,按滑鼠右鍵並點選【新增資料標籤 (B)】。

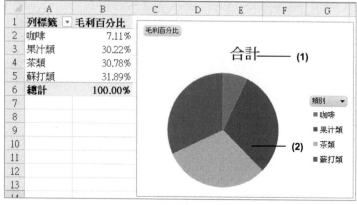

圖 11-14

完成以上所有操作之後，就會呈現圖 11-15 的畫面。與前面的需求圖 11-4 一樣。

圖 11-15

範例 11-2 群組直條圖

欲統計歷年每年每季的銷售總金額，呈現方式如圖 11-16 所示。

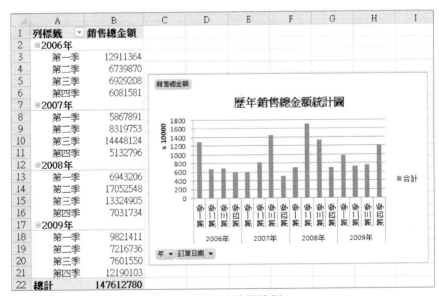

圖 11-16　直條圖範例

Access 2010

步驟 1：設計『資料來源』

此範例所需所有相關的屬性，在『範例 11-1』中建立的『01 產品銷售分析』查詢中都已具備，因此只要使用相同一個『查詢』當外部資料庫的『資料來源』即可。

步驟 2：EXCEL 內開啟『外部資料來源』

此步驟與『範例 11-1』的步驟 2 完全相同，所以請參考前面的操作方式。

步驟 3：EXCEL 中建立『樞紐分析表』

當 EXCEL 與『01 產品銷售分析』查詢的『資料來源』連線後，如圖 11-17 所示，並依據以下操作步驟。

(1) 將『訂單日期』拖曳至【列標籤】，『銷售金額』拖曳至【Σ 值】。

(2) 點選【Σ 值】視窗中的『加總 - 銷售金額』，選擇【值欄位設定（N）...】，並於【自訂名稱（C）：】的欄位內，更名為『銷售總金額』。

(3) 在左邊【樞紐分析表】區域內的『訂單日期』區域，按滑鼠右鍵。

(4) 在快顯視窗中點選【群組（G）...】。

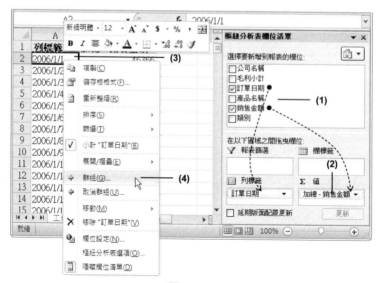

圖 11-17

出現【數列群組】對話框時，先在『月』的部份點選一次，表示『不選取』，再於『年』和『月』的部份點選一次，表示『選取』。也就是說，滑鼠點選一次表示『選取』，再點一次就『不選取』該項屬性，依此類推。

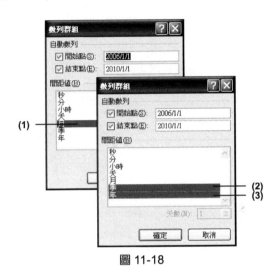

圖 11-18

完成群組之後，EXCEL 就會依據『年＋季』為群組依據加總，如圖 11-19。

圖 11-19

步驟 4：EXCEL 中建立『樞紐分析圖』

如同『範例 11-1』的步驟 4 一樣，根據以下幾個相同的操作說明和圖 11-20 的標示，完成【群組直條圖】。

(1) 先確定滑鼠是點選在『樞紐分析表』內部。

(2) 點選【插入】標籤。

(3) 點選【圖表】。

(4) 選擇所要展現的圖表，此處點選【直條圖】。

(5) 點選第一個【群組直條圖】。

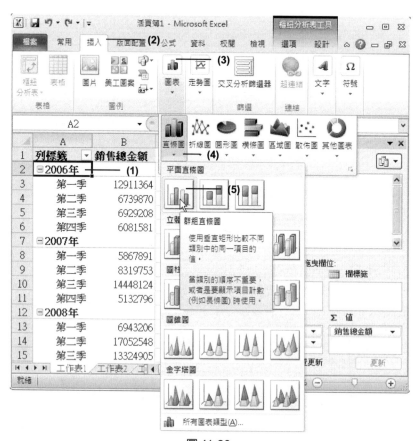

圖 11-20

插入【群組直條圖】之後會出現圖 11-21 的畫面。再調整細部的資訊
如下：

(1) 在圖表的抬頭【合計】上，按滑鼠右鍵並點選【編輯文字】，改成
『歷年銷售總金額統計圖』。

(2) 因為左邊座標軸的單位數字太大，可以在上按滑鼠右鍵，並點選
【座標軸格式（F）】來改變顯示的單位。

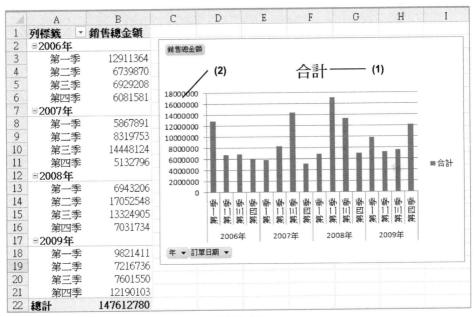

圖 11-21

出現圖 11-22 的【座標軸格式】對話框時，先在左邊選項中選擇【座標軸
選項】。再於右邊的【顯示單位（U）】點選下拉式選單，選擇適當的單位，此
處選擇『10000』後關閉此對話框；也就是以 10000 為基本單位。

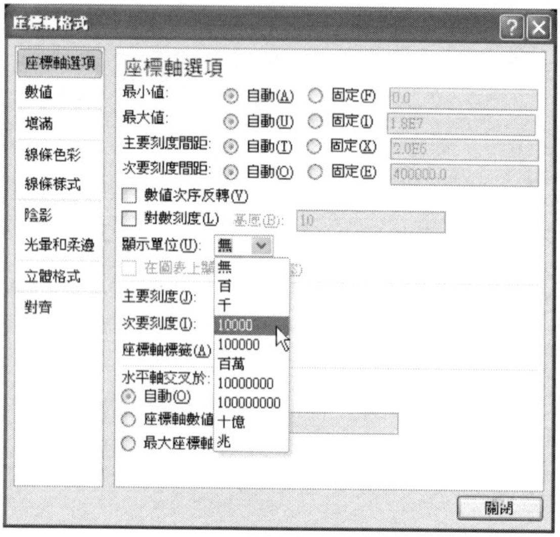

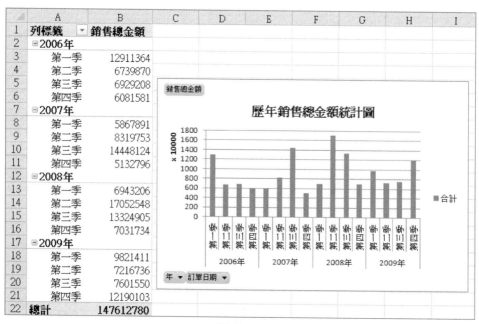

圖 11-22

完成以上所有操作之後，就會呈現圖 11-23 的畫面。與前面的需求圖 11-16 一樣。

圖 11-23

範例 11-3 折線圖

在前一個【範例 11-2】的統計圖示，橫軸是以時間的先後順序來表示每一季的銷售情形。本範例將根據上一個範例將『群組直條圖』改為『折線圖』，如圖 11-24 所示；並且橫軸先以『同季』為單位，再比較『歷年』的消、長情形。

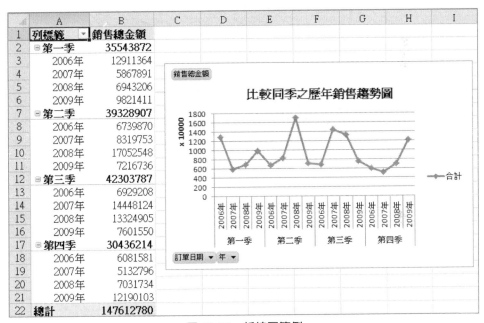

圖 11-24　折線圖範例

■ 改變時間維度的順序『季』+『年』

本範例只要根據已完成的【範例 11-2】，再繼續改變即可。首先要改變時間維度的順序，所以將『訂單日期』（因為前面範例已經將訂單日期，群組成『年』+『季』，所以此處的訂單日期代表的是『季』）用滑鼠直接拖曳到『年』的前面即可，如圖 11-25。

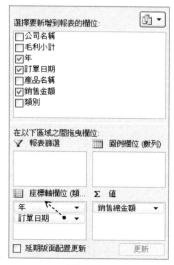

圖 11-25

▓ 改變圖表類型

先在原本已完成的圖表上用滑鼠點選，並點選上方功能表的【設計】，再點選【圖表類型】，會出現如圖 11-26。於圖的左方點選【折線圖】，再於右方選擇【含有資料標記的折線圖】，此時的圖表就會呈現折線圖。

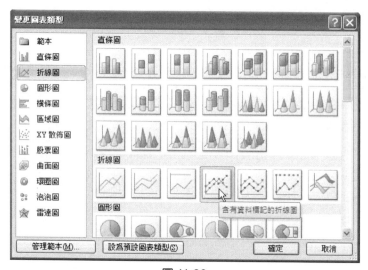

圖 11-26

⬛ 更改圖表的抬頭為『比較同季之歷年銷售趨勢圖』

在圖表區內的抬頭處用滑鼠右鍵點選，選擇【編輯文字】，即可將文字變更成『比較同季之歷年銷售趨勢圖』，如圖 11-27。

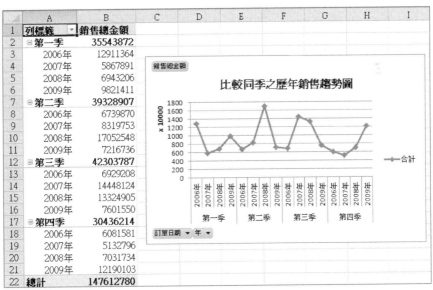

圖 11-27

11-3　每季營業額累積分析

本節所要探討的議題，將著重於 ACCESS『查詢』如何設計。就是利用非對稱的關聯來達到每年每季的銷售金額累計。因此，在以下的範例中，對於 ACCESS 的『查詢』一定要多加琢磨。

範例 11-4

本範例是要統計出每年每季營業額的累計，也就是每年的第一季營業額等於該年第一季的營業額、第二季營業額等於該年的第一、二季的總合、第三季營業額等於該年的第一、二、三季的總合、第四季營業額等於該年的第一、二、三、四季的總合；隔年必須重新計算。輸出情形如圖 11-28 所示。

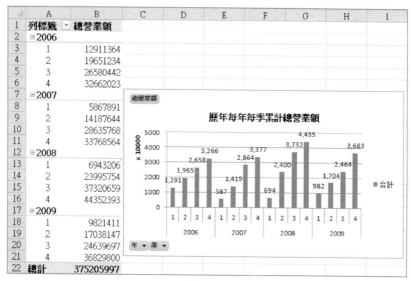

圖 11-28

步驟 1：設計『資料來源』

本範例所使用的『資料來源』必須建立三個『查詢』，先建立『02 基底年季』與『02 對應營業額』兩個查詢，再依據這兩個查詢建立出另一個查詢『02 基底年季累進計算』。結果如圖 11-29，左邊相同的『年＋季』對應到右邊 1 至多筆的『年＋季』的營業額。其實最右邊的『對應年』與『對應季』是不需要顯示出來的，只是為了彼此對應，方便比較而已。

年	季	營業額	對應年	對應季
2006	1	12911364	2006	1
2006	2	12911364	2006	1
2006	2	6739870	2006	2
2006	3	12911364	2006	1
2006	3	6739870	2006	2
2006	3	6929208	2006	3
2006	4	12911364	2006	1
2006	4	6739870	2006	2
2006	4	6929208	2006	3
2006	4	6081581	2006	4
2007	1	5867891	2007	1
2007	2	5867891	2007	1
2007	2	8319753	2007	2
2007	3	5867891	2007	1

圖 11-29

使用『訂單』為基本資料表，建立圖 11-30 的『02 基底年季』查詢。因為在『訂單』資料表中，相同的『年 + 季』會出現很多筆資料，為了讓相同的年季只出現一筆資料，不要重複出現，所以將『年』與『季』同時設為『群組』。設定項目如下：

- 年：DatePart（"yyyy"，[訂單日期]）→ 群組
- 季：DatePart（"q"，[訂單日期]）→ 群組

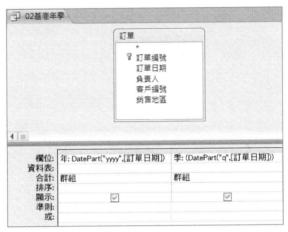

圖 11-30

使用『訂單』與『訂單明細』為基本資料表，建立圖 11-31 的『02 對應營業額』查詢。因為必須將同年同季的『訂單』總金額進行加總，所以將『年』與『季』同時設為『群組』，並新增一個欄位『營業額』，加總該季的總金額。設定項目如下：

- 年：DatePart（"yyyy"，[訂單日期]）→ 群組
- 季：DatePart（"q"，[訂單日期]）→ 群組
- 營業額：Sum（[銷售數量] * [銷售單價]）→ 運算式

圖 11-31

根據以上兩個查詢，建立『02 基底年季累進計算』，如圖 11-32。因為 ACCESS 的圖型介面並不支援不相等的關聯性，所以以下直接使用【準則】方式來進行這兩個查詢之間的關聯性，關聯性如下，尤其是第二項的不相等關聯性：

🔳 [02 基底年季].[年] = [02 對應營業額].[年]

🔳 [02 基底年季].[季] >= [02 對應營業額].[季]

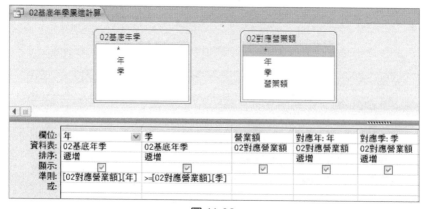

圖 11-32

綜合以上的三個『查詢』以及兩個基底的『資料表』，將整體的概念整理成圖 11-33。

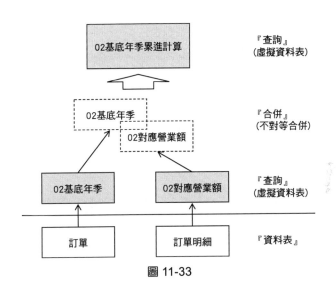

圖 11-33

步驟 2：EXCEL 內開啟『外部資料來源』

開啟『外部資料來源』的方式與前面方式相同，只要開啟『CH11 範例資料庫』中『02 基底年季累進計算』的查詢。

步驟 3：EXCEL 中建立『樞紐分析表』

只要開啟『02 基底年季累進計算』的查詢之後，依序將『年』與『季』拖拉至【列標籤】、『營業額』拖拉至【Σ 值】，如圖 11-34。再將『加總 - 營業額』名稱更改為『總營業額』。

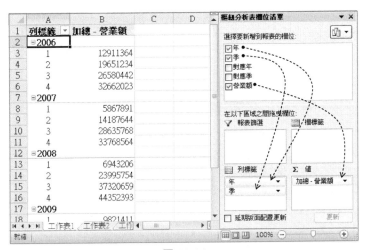

圖 11-34

步驟 4：EXCEL 中建立『樞紐分析圖』

完成『樞紐分析表』後，就是要插入『樞紐分析圖』。依序操作【插入】頁籤→【直條圖】→【群組直條圖】，如圖 11-35。再於統計圖上按下滑鼠右鍵，點選【新增資料標籤（B）】。

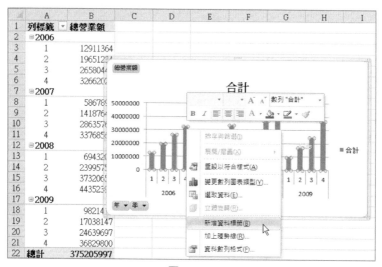

圖 11-35

如圖 11-36，依序更改（1）圖表標題、（2）座標軸單位以及（3）資料標籤格式。更改內容如下：

(1) 將圖表標題『合計』改成『歷年每年每季累計總營業額』

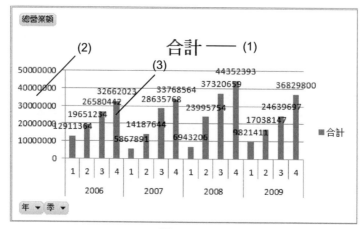

圖 11-36

(2) 座標軸上按滑鼠右鍵，點選快顯功能表中的【座標軸格式（F）】，
將出現圖 11-37。再於【顯示單位（U）】的下拉式選單中點選
『10000』。

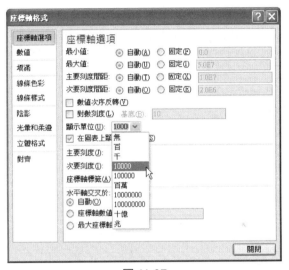

圖 11-37

(3) 在直條圖上按右鍵，點選快顯功能表中的【資料標籤格式（B）】，
如圖 11-38，並點選最左邊的【數值】選項→【類別】中點選【數
值】→小數位數更改為『0』、並勾選【使用千分位】。

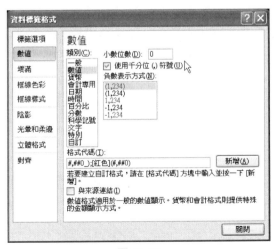

圖 11-38

完成以上所有操作之後，將如圖 11-39，與需求符合。並呈現出同一年當中，每一季都是累加前面的營業額。

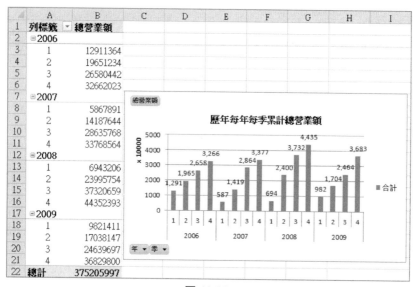

圖 11-39

11-4 『80/20 法則』統計圖表

什麼是『80/20 法則』？根據 Richard Koch（李察‧柯克）所著『80/20 法則』（The 80/20 Principle）一書中提到，在因果之間存在著一種『不平衡的關係』。也就是說，有 80% 的收獲，僅來自於 20% 的努力；另外 20% 的收獲，卻來自於 80% 努力。

既然整個社會存在著這樣的不平衡關係；一家公司的產品與銷售業績之間，是否也存在於如此的關係？也就是說，公司 80% 的獲利，僅來自於 20% 的某些產品之貢獻；而另外 20% 的獲利，卻來自於另外 80% 的產品。

雖然名為『80/20 法則』，並不一定是『80』與『20』的數字組合；此處的 80 代表著『多數』；20 僅代表的是『少數』。例如有可能是 80 與 35 的組合，代表 80% 的獲利來自於 35% 的產品，而 20% 的獲利來自於另外的 65% 的產品；也就是說，80%+20%=100% 以及 35%+65%=100%，但是 80%+35% 並不等於 100%。以下將使用 ACCESS 資料庫內的資料，再結合 EXCEL 的樞紐分析，產生出『80/20 法則』的統計圖表。

範例 11-5

　　利用『CH11 範例資料庫』來產生圖 11-40 的樞紐分析圖表。也就是，依據每項產品的總毛利排序，再依據該項產品佔所有產品毛利的百分比累進計算，取出佔所有產品總毛利前 80% 的產品項目。

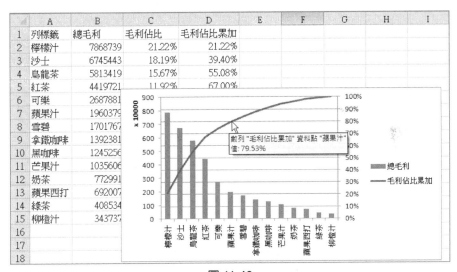

圖 11-40

步驟 1：設計『資料來源』

　　根據圖 11-40 的需求，可以很清楚看見，最基本必須具有以下四個基本屬性，其中前兩個屬性必須從 ACCESS 資料庫取得，其他兩個屬性則由 EXCEL 的樞紐分析表產生出。

　　■『**產品名稱**』，透過 ACCESS 建立『查詢』中的『屬性』。

　　■『**總毛利**』，透過 ACCESS 建立『查詢』，並衍生計算出。

　　　總毛利 = 銷售數量 *（銷售金額 – 成本）

■『毛利佔比』，此欄位可以利用『總毛利』欄位的值，並且在
EXCEL 的樞紐分析表中計算得到。

■『毛利佔比累計』，此欄位必須透過 EXCEL 計算得到。

根據以上的需求，使用『訂單』、『訂單明細』以及『產品資料』三個
基底資料表，建立圖 11-41 的查詢（包括訂單銷售的『年』、『產品名
稱』以及『毛利』），並將此查詢儲存為『03 八十二十法則查詢』。此
查詢的三個屬性分別說明如下：

■ 年：Year（[訂單日期]）

■ 產品名稱

■ 毛利：[銷售數量] * （[銷售單價] - [成本]）

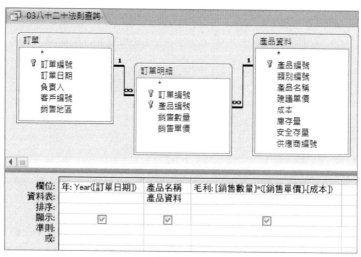

圖 11-41

步驟 2：EXCEL 內開啟『外部資料來源』

開啟『外部資料來源』的方式與前面方式相同，只要開啟『CH11 範
例資料庫』中『03 八十二十法則查詢』的查詢。

步驟 3：EXCEL 中建立『樞紐分析表』

開啟『外部資料來源』之後，在【樞紐分析表欄位清單】中操作以下
動作，並參考圖 11-42：

▉ 將『毛利』拖曳至【Σ 值】兩次，會出現『加總 - 毛利』與『加
總 - 毛利 2』。

▉ 將『年』拖曳至【報表篩選】，方便後續可以針對銷售『年』度進
行篩選。

▉ 將『產品名稱』拖曳至【列標籤】。

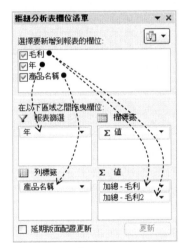

圖 11-42

為了讓屬性名稱更具親和性，在『加總 - 毛利』上按一下滑鼠左鍵，
並點選【值欄位設定】，將【自訂名稱（C）】改為『總毛利』。相同
地，將『加總 - 毛利 2』更改為『毛利佔比』，並點選【值的顯示方
式】頁籤，於【值的顯示方式（A）】下拉式選單中選擇【欄總和百
分比】，如圖 11-43。也就是在『毛利佔比』欄位顯示出該單一儲存格
數值，佔該欄位所有數值總和的百分比。此時，『毛利佔比』欄位內
的值皆會呈現出百分比的數值。

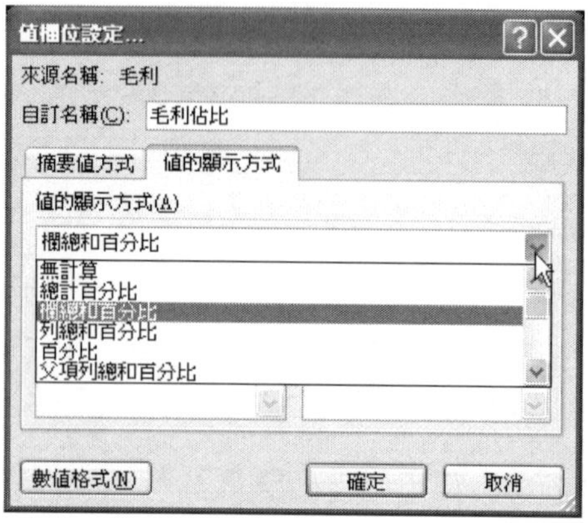

圖 11-43

『80/20 法則』是挑選出貢獻百分比較高的產品，所以必須將產品銷售毛利由高而低排序。在操作中，可參考圖 11-44，只要在『總毛利』欄位任何一個儲存格，按滑鼠右鍵，在快顯功能表上點選【排序（S）】，再選擇【從最大到最小排序（O）】即可。

圖 11-44

為了增加一欄,來表示『毛利佔比』的累加情形。如圖 11-45,將
A3:C17 選取,並複製。

	A	B	C	D
1	年	(全部)		
2				
3	列標籤	總毛利	毛利佔比	
4	檸檬汁	7868739	21.22%	
5	沙士	6745443	18.19%	
6	烏龍茶	5813419	15.67%	
7	紅茶	4419721	11.92%	
8	可樂	2687881	7.25%	
9	蘋果汁	1960379	5.29%	
10	雪碧	1701767	4.59%	
11	拿鐵咖啡	1392381	3.75%	
12	黑咖啡	1245256	3.36%	
13	芒果汁	1035606	2.79%	
14	奶茶	772991	2.08%	
15	蘋果西打	692007	1.87%	
16	綠茶	408534	1.10%	
17	柳橙汁	343737	0.93%	
18	總計	37087861	100.00%	
19				

圖 11-45

新增另一個新的『工作表』,在 A1 儲存格按滑鼠右鍵,並於快顯功
能表中的【貼上選項】點選最右邊的【貼上連結(N)】(如圖中用圓
圈圈起來的圖示)。使用貼上連結的目的,在於原始的『資料來源』
(ACCESS 或其他資料庫)不斷異動的情況下,可以前一個工作表重
新整理,以取得最新資料;而此工作表的內容才能即時更新。

圖 11-46

在此新的工作表中，依序於儲存格中輸入以下幾個資料：

🔳 D1：『毛利佔比累加』

🔳 D2：『=C2』

🔳 D3：『=C3+D2』，輸入完成 D3 儲存格公式之後，將此公式複製至
以下所有儲存格至 D15。操作方式，點選 D3，並於 D3 儲存格的
右下角『錨點』往下拖拉至 D15。

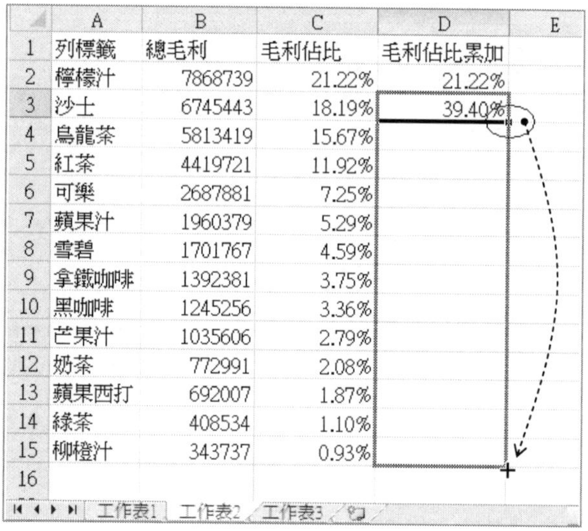

	A	B	C	D	E
1	列標籤	總毛利	毛利佔比	毛利佔比累加	
2	檸檬汁	7868739	21.22%	21.22%	
3	沙士	6745443	18.19%	39.40%	
4	烏龍茶	5813419	15.67%		
5	紅茶	4419721	11.92%		
6	可樂	2687881	7.25%		
7	蘋果汁	1960379	5.29%		
8	雪碧	1701767	4.59%		
9	拿鐵咖啡	1392381	3.75%		
10	黑咖啡	1245256	3.36%		
11	芒果汁	1035606	2.79%		
12	奶茶	772991	2.08%		
13	蘋果西打	692007	1.87%		
14	綠茶	408534	1.10%		
15	柳橙汁	343737	0.93%		
16					

工作表1 工作表2 工作表3

圖 11-47

步驟 4：EXCEL 中建立『樞紐分析圖』

🔳 **選取圖表範圍**

順利完成以上所有操作，也就是完成了資料的準備。接著要選取繪製統計
圖表的資料來源，先用滑鼠在 A 欄位上點選，再按下【Ctrl】不放，連續
點選 B 與 D 欄，將會呈現圖 11-48 所示，也就是不連續點選範圍。

	A ↓	B	C	D	E
1	列標籤	總毛利	毛利佔比	毛利佔比累加	
2	檸檬汁	7868739	21.22%	21.22%	
3	沙士	6745443	18.19%	39.40%	
4	烏龍茶	5813419	15.67%	55.08%	
5	紅茶	4419721	11.92%	67.00%	
6	可樂	2687881	7.25%	74.24%	
7	蘋果汁	1960379	5.29%	79.53%	
8	雪碧	1701767	4.59%	84.12%	
9	拿鐵咖啡	1392381	3.75%	87.87%	
10	黑咖啡	1245256	3.36%	91.23%	
11	芒果汁	1035606	2.79%	94.02%	
12	奶茶	772991	2.08%	96.11%	
13	蘋果西打	692007	1.87%	97.97%	
14	綠茶	408534	1.10%	99.07%	
15	柳橙汁	343737	0.93%	100.00%	
16					

圖 11-48

插入統計圖

依序點選【插入】頁籤→【折線圖】圖示→【折線圖】選項，將會出現圖 11-49。再使用滑鼠右鍵，於圖中的『毛利佔比累加』的折線圖上按右鍵，點選快顯功能表中的【資料數列格式（F)】。

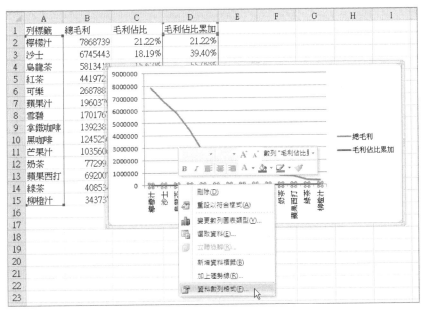

圖 11-49

變更主、副座標軸及統計圖類型

出現如圖 11-50 的【資料數列格式】，並於【數列資料繪製於】的選項，改點選為【副座標軸（S）】。讓『毛利佔比累加』的座標軸當成副座標，不要與『總毛利』使用相同座標。

圖 11-50

很明顯的『總毛利』與『毛利佔比累加』兩個欄位的折線圖，已經使用不同的座標軸。『總毛利』使用左邊的座標軸，稱為『主座標軸』；『毛利佔比累加』使用右邊的座標軸，稱為『副座標軸』。

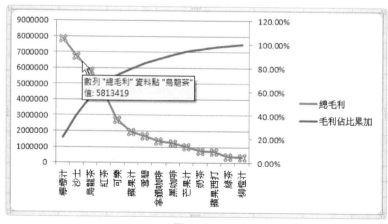

圖 11-51

點選總毛利的折線圖，再點選【設計】標籤→【變更圖表類型】→【直條圖】類型→【群組直條圖】。完成會將呈現圖 11-52。

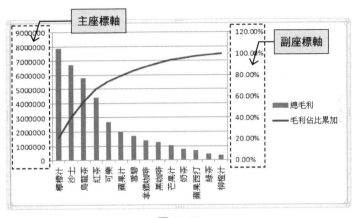

圖 11-52

變更座標軸格式

以下將針對主、副座標軸的格式略做調整。由於主座標軸的數值太大，所以在其主座標軸上按滑鼠右鍵，點選快顯功能表的【座標軸格式（F）】，將會出現圖 11-53。只要在【顯示單位（U）】的下拉式表單點選適當的單位即可；此處是選擇『10000』。

圖 11-53

副座標軸格式的操作方法相同於主座標軸，只要於右邊的座標軸按滑鼠右鍵，並點選【座標軸格式（F）】，將會出現圖 11-54。於【座標軸格式】中的【座標軸選項】將【最大值】改為固定 1.0，也就是最大值為 100%。

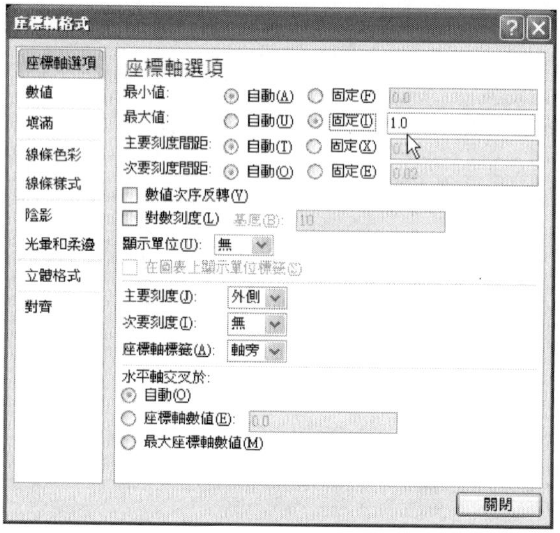

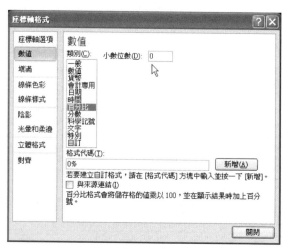

圖 11-54

再點選【數值】選項，確定【類別】中為『百分比』，並於【小數位數（D）】改為 0。

圖 11-55

變更主、副格線

因為『80/20 法則』主要是要看百分比累計至 80% 的產品項目，所以格線的部份應該會以副座標軸『毛利佔比累加』為主，而不是主座標的『總毛利』；所以要去除『主水平格線』的主要格線，增加『副水平格線』的主要格線。

去除『主水平格線』的主要格線。點選【版面配置】標籤→【格線】→【主水平格線】→【無】，圖 11-56。

圖 11-56

增加『副水平格線』的主要格線。點選【版面配置】標籤→【格線】→【副水平格線】→【主要格線】，圖 11-57。

圖 11-57

最後，所呈現的圖 11-58 與需求符合。並將滑鼠停留在『毛利佔比累加』線上的 80% 處，即可看到從檸檬汁至蘋果汁之間的產品是該公司的主力產品。

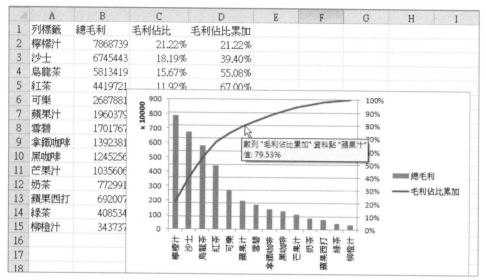

圖 11-58

本章習題

是非題

( ) 1. 製作 EXCEL 樞紐分析的資料來源，僅能來自於 EXCEL 的內部資料。
至於外部資料一定要先匯入至 EXCEL 後才能處理。

( ) 2. 一般所謂的『維度』是指不可計算的數字，或是可計算但計算後是無
意義的屬性，例如地區、日期、年齡、…。

( ) 3. 一般所謂的『事實』是指可計算的數字，且計算後會有意願的屬性，
例如銷售數量、毛利、營業額、…。

選擇題

( ) 1. 試問在製作 EXCEL 樞紐分析時，資料的取得可以來自以下哪一個

(A) ACCESS   (B) EXCEL

(C) MS SQL SERVER   (D) 以上皆可。

( ) 2. 以下哪一個可以直接用來當成『維度』屬性

(A) 年度   (B) 銷售數量   (C) 薪資   (D) 庫存量。

簡答題

1. 試問什麼是『原始資料』（raw data）？

2. 試問一個 EXCEL 的樞紐分析最重要的兩個『觀點』（VIEW）是什麼？

3. 若是要將員工的『薪資』與產品的『單價』當成樞紐分析的『維度』，試問
該如何處理與詮釋。

MEMO

CHAPTER 12

連結不同資料庫的『中介軟體』

『中介軟體』（Middleware）『ODBC』（Open Database Connectivity）可以讓辦公室軟體與不同的大型資料庫連線使用，而微軟公司所開發的 MS SQL SERVER 功能強大也很多公司使用。所以在本章將以 MS SQL SERVER 當成後端的共同資料來源，讓 MS ACCESS、MS WORD 與 MS EXCEL 皆能透過 ODBC 來取得 MS SQL SERVER 的資料。

12-1　簡介『中介軟體』

全世界發展『資料庫管理系統』（Database Management System, 簡稱 DBMS）軟體的公司相當多，每家軟體開發公司都會為了爭取市場的認同與採用，各自使用不同技術來加強該公司產品的特色。由於如此，將會造成使用資料庫管理系統人員的很多麻煩。一旦使用者面對不同資料庫管理系統時，就必須重新學習一套新的操作方式和存取語言，如此亦會造成程式開發者的困擾。

因此，很多的標準皆是因應不同的需求而被制定出來，讓各家資料庫軟體的開發廠商有依循的方向，也提供各自技術研發的空間。同時可以簡化使用者在學習和使用上的困擾，所以使用者與資料庫管理系統之間，多了一道橋樑，就是所謂的『中介軟體』（Middleware）的轉換機制，讓使用者的應用程式開發工作可以更單純化，去除不需要的考慮因素。例如『ODBC』（Open Database Connectivity）就是『中介軟體』的一種。

『中介軟體』不但可以扮演使用端的應用程式與『資料庫管理系統』之間的橋樑；更可以讓使用者與資料庫管理系統透過不同的實體網路，或不同的網路協定來進行資料的存取，達到使用者對網路透明化（transparent）。也就是將不同的網路支援，交由中介軟體來負責，免除使用者直接面對不同網路協定時，增加開發上的麻煩。如下圖所示，使用者在存取資料的時候，只要面對中介軟體存取，其他的部份都是交由中介軟體負責。

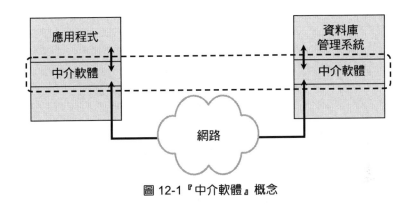

圖 12-1『中介軟體』概念

　　『ODBC』（唸法是由四個獨立的字母逐字唸，O..D..B..C）在 1992 年由 SQL Access Group 所開發出的一個資料庫存取標準，全名為『Open DataBase Connectivity』（簡稱為 ODBC）。主要功能在於應用程式與資料庫管理系統之間，扮演一個存取的共同介面，讓應用程式能簡單化。並藉由在應用程式與資料庫管理系統之間的『驅動程式』（Drivers），與不同的資料庫管理系統溝通。通常資料庫管理系統的開發廠商都會免費提供『驅動程式』下載，或包裝於相對應的軟體內。例如微軟公司所開發的 Microsoft Office 內就會包含很多不同的驅動程式；所以安裝該套軟體後，就會自動將『ODBC 資料來源管理員』安裝於作業系統內。

　　微軟公司開發的『ODBC 資料來源管理員』，可將其分為兩大部份，一個是使用者所看見或根據連線用的『資料來源名稱』（Data Source Name，簡稱 DSN）；另一個是直接與資料庫管理系統有關的『驅動程式』（Driver），如下圖所示。只要將不同的資料庫管理系統的『驅動程式』，安裝在應用程式所在的電腦中，並設定好 ODBC 的『資料來源名稱』和對應的『驅動程式』，應用程式所面對的只是『資料來源名稱』而已。

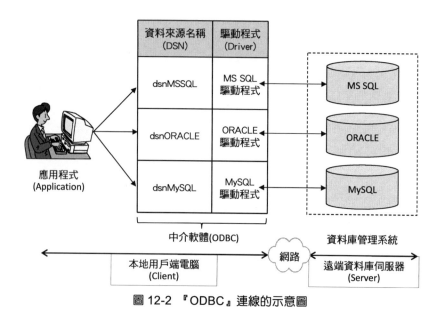

圖 12-2 『ODBC』連線的示意圖

從圖 12-3 來探討 MS OFFICE（ACCESS/WORD/EXCEL）與 MS SQL SERVER 之間的連結關係為何。由於 MS SQL SERVER 是屬於大型資料庫管理系統，不是屬於個人使用的檔案型，所以必須透過中介軟體『ODBC』來與其連線使用。主要分為以下幾種情形來說明：

■ ACCESS 與 SQL SERVER

ACCESS 可以透過 ODBC 的連線與 SQL SERVER 連線（A1 → A2），其中可分為兩種模式：

(1) 將 SQL SERVER 的資料『匯入』（import）至 ACCESS，或是將 ACCESS 資料『匯出』（export）至 SQL SERVER。形同將資料複製一份至另一邊的資料庫。

(2) 將 SQL SERVER 的資料『連結』（link）至 ACCESS。在 ACCESS 中並不儲存任何資料，資料是儲存於遠端的 SQL SERVER，所以兩邊的資料一定會同步。『連結』就像是微軟 Windows 作業系統常用的『捷徑』。

■ WORD/EXCEL 與 SQL SERVER

如同前一項類似，WORD/EXCEL 僅能透過中介軟體『ODBC』的方式來與 SQL SERVER 連線，以取得相關資料。（W2/X2 → A2）

WORD/EXCEL 與 ACCESS

WORD/EXCEL 可以利用開啟（Open）檔案的方式來開啟 ACCESS 資料庫（W1/X1）。如果 ACCESS 內的資料是『連結』至遠端 SQL SERVER，則整個連線會變成（W1/X1 → A1 → A2）。所以，WORD/EXCEL 雖然是開啟 ACCESS 資料庫，其實是取得遠端 SQL SERVER 的資料。

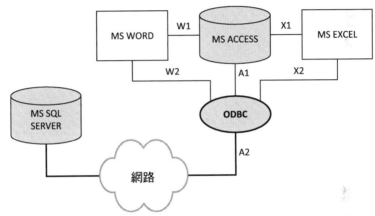

圖 12-3　ACCESS/WORD/EXCEL 與 MS SQL SERVER 之間的連結關係

12-2　設定 ODBC 與 SQL SERVER 連線

通常要連線到 SQL SERVER，會是在所謂的『客戶端』（Client）來設定 ODBC，方便其他的應用軟體可以透過此通道連線到遠端的 SQL SERVER。

客戶端的 ODBC 設定

步驟 1：啟動【ODBC 資料來源管理員】，依據不同的作業系統，路徑如下：

- Windows XP：【開始】/【控制台（C）】/【效能及維護】/【系統管理工具】/【資料來源（ODBC）】
- Windows VISTA：【開始】/【控制台（C）】/【系統管理工具】/【資料來源（ODBC）】

■ Windows 7：【開始】/【控制台（C）】/【系統及安全性】/【系統
管理工具】/【資料來源（ODBC）】

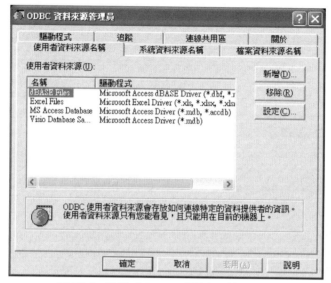

圖 12-4　啟動『ODBC 資料來源管理員』

步驟 2：點選【系統資料來源名稱】標籤，並按下【新增（D）...】按鈕。

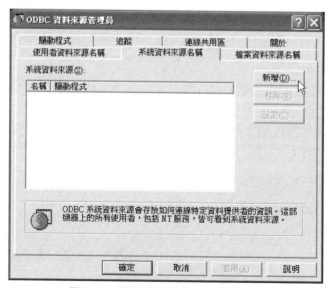

圖 12-5　選擇『資料來源名稱』種類

三種『資料來源名稱』（Data Source Name），說明如下：

▦ 【使用者資料來源名稱】頁籤，若是登入 Windows 的帳號是屬於一般使用者，僅能使用此頁籤設定。所設定的『資料來源名稱』只提供給該使用者使用。

▦ 【系統資料來源名稱】頁籤，若是登入 Windows 的帳號是屬於系統管理者，可以使用此頁籤設定 ODBC。所設定的『資料來源名稱』可以提供本機所有帳號使用。

▦ 【檔案資料來源名稱】頁籤，此類『資料來源名稱』的設定資料是儲存於檔案。所以，可以將該檔案複製至其他電腦使用。

步驟 3：當出現【建立新增資料來源】對話框時，選擇適當的驅動程式，此處所選擇的是『MS SQL Server 2008』的驅動程式，並按下【完成】按鈕。

MS SQL Server 2000 選選【SQL Server】

MS SQL Server 2005 選擇【SQL Native Client】

MS SQL Server 2008 選擇【SQL Server Native Client 10.0】

圖 12-6　選擇適當的驅動程式

步驟 4：完成『驅動程式』選擇後，會出現以下對話框，【名稱（M）】欄位處
所要填入的即為『資料來源名稱』。例如輸入『dsnMSSQL2008，並
於【伺服器（S）】欄位填入遠端 MS SQL Server 2008 的位址，以下
用『192.168.0.1』為例說明，完成後按下【下一步（N）>】按鈕。

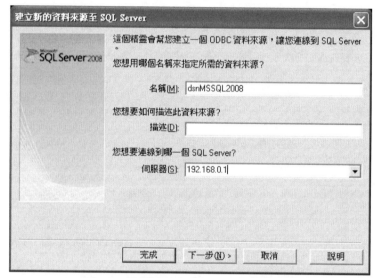

圖 12-7 設計資料來源名稱與伺服器位置

步驟 5：登入資料庫的授權資料，MS SQL SERVER 分為【整合式 Windows
驗證（W）】與【SQL Server 帳戶驗證（S）】兩種。以下選擇【SQL
Server 帳戶驗證（S）】模式，並於【登入識別碼（L）】輸入帳號後，
此處以資料庫管理者『sa』為例，以及輸入【密碼（A）】，完成後按
下【下一步（N）>】按鈕。

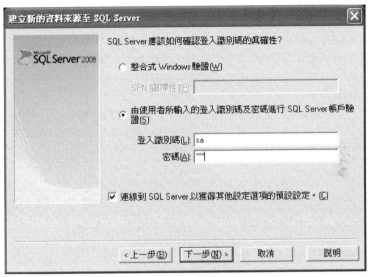

圖 12-8　設定帳號密碼

步驟 6：選擇連線資料庫，若是預設資料庫並非所要連線的資料庫，必須勾選
【變更預設資料庫為（D）】變更，並於下拉式選單中選擇所要的資料庫。

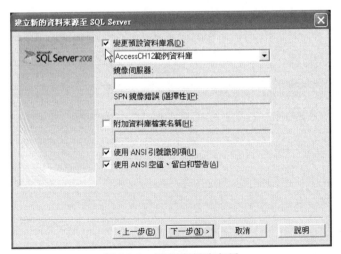

圖 12-9　選擇資料庫名稱

步驟 7：當出現下面視窗時，只要使用預設設定即可，按下【完成】按鈕。

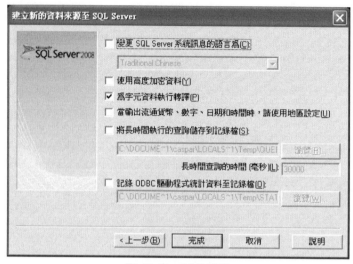

圖 12-10　其他選項

步驟 8：最後會出現一個對話框，將前述的設定顯示出來，可以按下【測試資料來源（T）...】來測試所設定的連線是否成功，當出現『成功的完成測試！』表示設定完成。

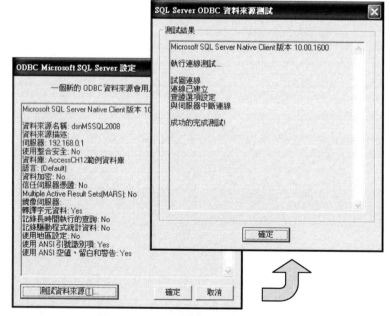

圖 12-11　測試資料來源連線是否成功

步驟 9：完成後可以在【系統資料來源名稱】標籤內看到新增的資料來源名稱
『dsnMSSQL2008』；按下【確定】按鈕後，即完成 ODBC 的新增設
定。以後若要使用此一連線至該主機（192.168.0.1），只要選擇資料
名稱為『dsnMSSQL2008』即可連線。

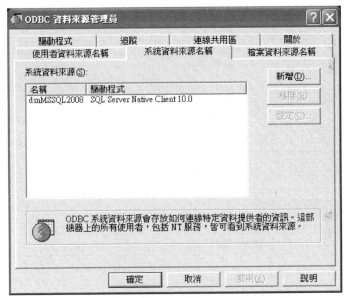

圖 12-12　新增完成的 ODBC『dsnMSSQL2008』

12-3　MS SQL SERVER 與 MS ACCESS 的資料『匯入 / 連結』與『匯出』

　　本節所要探討的是 SQL SERVER 與 ACCESS 之間的資料轉移，或是建立
連結關係。『匯入 / 匯出』是指將資料從一端資料庫複製（copy）至另一端資
料庫；也就是說，兩者之間的資料會是獨立無關，不受彼此的影響。未來若是
對其中一端的資料異動，也不會影響到另一端。

『連結』（link）則是在 ACCESS 中，彷彿建立一個捷徑通往 SQL SERVER，無論在 ACCESS 中存取的資料，都會來自於 SQL SERVER，所以兩者之間的資料是同步的。由於一般層級的使用者並不能直接在 SQL SERVER 建立『查詢』（在 SQL SERVER 稱之為『檢視表』），所以可以先連結至 SQL SERVER 的『資料表』，再於 ACCESSS 資料庫中建立所需要的『查詢』即可；如此所取得的資料將會是最新最即時的。

ACCESS 與外部資料庫連線的實際操作，如圖 12-13，點選上面功能表的【外部資料】頁籤，該頁籤主要分為兩部份：【匯入與連結】與【匯出】。若是要使用『ODBC』來與外部資料庫溝通，【匯入與連結】功能中可以點選【ODBC 資料庫】；在【匯出】功能中可以點選【其他】→【ODBC 資料庫】。後續操作將分別再說明。

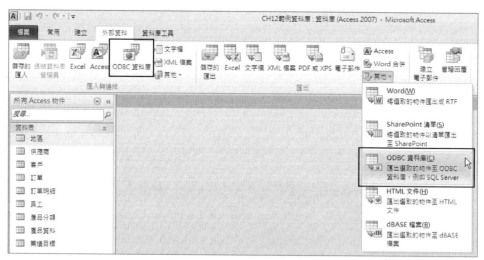

圖 12-13　外部資料庫操作一

除了使用【外部資料庫】的頁籤功能表之外，還可以使用更便利的方式。在欲操作的物件（資料表 / 查詢）上直接按滑鼠右鍵。如圖 12-14 出現快顯功能表後，點選【匯入 / 匯出】→【ODBC 資料庫】。

圖 12-14　外部資料庫操作二

❖ 匯入與連結

　　所謂的『匯入』或『連結』是以 ACCESS 為主，從來源 SQL SERVER 的『資料表 / 檢視表』（在 SQL SERVER 的『檢視表』，在 ACCESS 稱之為『查詢』，兩者定位是相同的）匯入或連結至目的 ACCESS 資料庫中的『資料表』，不可以儲存成『查詢』。

　　首先，先建立一個空白資料庫名為『CH12TestDB』，然後透過上面功能表的【外部資料庫】→【ODBC 資料庫】，將會出現圖 12-15。

此畫面最主要區分是『匯入』或是『連接』，第一個選項【匯入來源資料至目前資料庫的新資料表（I）】就是『匯入』；第二個選項【以建立連結資料表的方式，連結至資料來源（L）】就是『連結』。

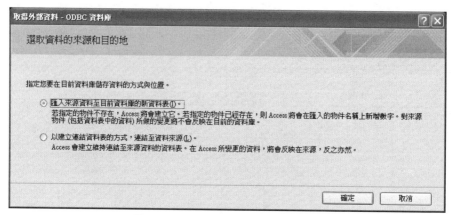

圖 12-15　選取資料的來源和目的地

接下來就是【選擇資料來源】，也就是前面設定『ODBC』的資料來源名稱『dsnMSSQL2008』。

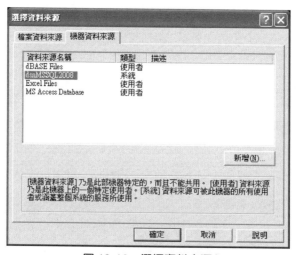

圖 12-16　選擇資料來源

會再一次的出現 SQL Server 登入畫面，重新輸入【登入識別碼（L）】以及【密碼（P）】。

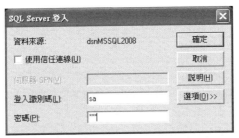

圖 12-17　SQL Server 登入

若是在圖 12-15【選取資料的來源和目的地】選擇『匯入』，將出現圖 12-18 的畫面。只要在選取的物件上點滑鼠一下，讓其反白即可，再點一次滑鼠即會取消選取。

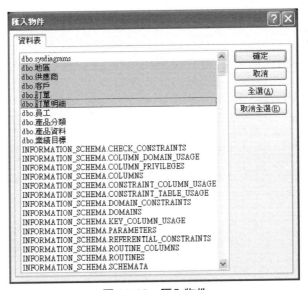

圖 12-18　匯入物件

完成以上物件的選取之後，將會出現圖 12-19，逐一顯示出每一個被選取物件的匯入情形，完成後，此視窗將會自動消失。

圖 12-19　匯入物件過程

　　若是在圖 12-15【選取資料的來源和目的地】選擇『連結』，將出現圖 12-20 的畫面。類似圖 12-18 所示，只要在要選取的物件上點滑鼠一下，讓其反白即可，再點一次滑鼠即會取消選取。唯一不同的地方，在右邊會有一個【儲存密碼（V）】的選取方塊（checkbox），此處建議將它勾選，否則後續的操作將會出現不預期的錯誤。當勾選該選項時，系統會出現警告訊息【您的密碼在被儲存至檔案之前不會加密】，只要按【儲存密碼（S）】即可。

圖 12-20　連結資料表

　　以上若是點選『匯出』，完成時將會出現圖 12-21。若是點選『連結』則不會出現此畫面。

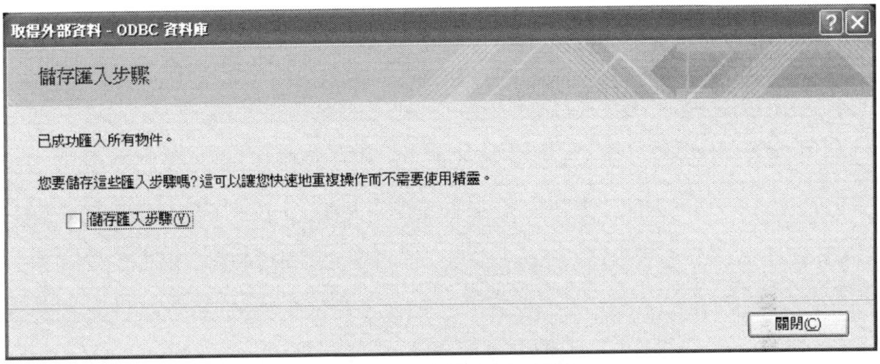

圖 12-21　儲存匯入步驟

　　若是將地區、供應商、客戶、訂單以及訂單明細以『匯入』方式進行；員工、產品分類、產品資料以及業績目標以『連結』方式進行。最後的結果將會如圖 12-22 所示，『匯入』的資料表前面會是一個資料表的小圖示；而『連結』的資料表前面會是一個箭頭指向地球的小圖示，用以區別『匯入』和『連結』的資料表。而且在每個資料表前面都會多一個『dbo_』開頭，使用者可以自行在資料表上按右鍵，點選【重新命名（M）】來更改該資料表的名稱。

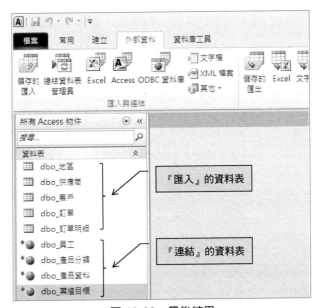

圖 12-22　最後結果

匯出

以 ACCESS 為主的『匯出』，是將 ACCESS 的『資料表 / 查詢』匯出至 SQL SERVER 的『資料表』。首先，在要匯出的資料表或查詢上按滑鼠右鍵，點選【匯出】→【ODBC 資料庫】。例如在『地區』資料表上按滑鼠右鍵，會出現如圖 12-31 的【匯出】對話框，可以將原有資料表的名稱更改成新的資料表名稱，例如在前面加上 T 成為『T 地區』。接著會出現【選擇資料來源】的對話框，點選之前所設定的資料來源名稱『dsnMSSQL2008』。隨後會出現【SQL Server 登入】，再重新輸入一次【登入識別碼（L）】及【密碼（P)】。

圖 12-23 匯出

完成以上步驟之後，會出現圖 12-24，上面顯示『成功匯出』的訊息，表示已完成此『資料表』的匯出動作。後續再逐一匯出即可。

圖 12-24 匯出成功

12-4 MS SQL SERVER 與 MS WORD

在本書的前面章節已介紹過 WORD 如何利用 ACCESS 的資料來進行『合併列印』。本節僅將針對 WORD 如何透過『ODBC』連線至 SQL SERVER 的部份來進行說明。

首先，啟動 MS WORD 軟體後，並於功能表上選擇【郵件】頁籤，並點選【啟動合併列印】選擇所要的類型，以下直接設定成【信件（L）】類型來實作此範例。當所要合併的類型設定完成後，並不會出現任何的訊息或對話框。

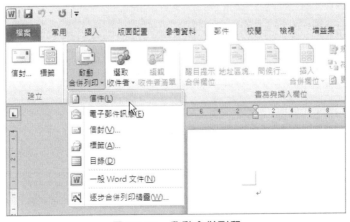

圖 12-25 啟動合併列印

設定合併文件類型之後，必須先編輯所要的文件內容，然後再將收件者資料套入。若要套入收件者資料，可以點選【選取收件者】，選擇資料來源，以下將使用 MS SQL Server 2008 內的資料，所以只要選擇【使用現有清單（E）】。

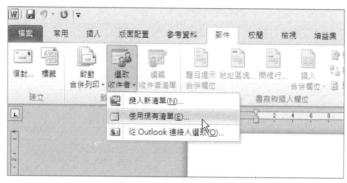

圖 12-26　選取收件者

當選擇【使用現有清單（E）】後，便會進入一系列的對話框。首先出現的是【選取資料來源】，並按下【新來源（S）】按鈕。

圖 12-27　選取資料來源

出現【資料連線精靈】對話框。在資料連線的對話框當中，有四種連線方式，以下針對前兩種說明如下：

(1) 第一種是『Microsoft SQL Server』，以下是選擇『Microsoft SQL Server』
模式來建立連線的情形，並按【下一步（N）...】按鈕。出現【連接至資
料庫伺服器】對話框時，輸入【伺服器名稱（S）】，以及【登入認證】，可
採用 MS SQL Server 的認證方式【使用下列的使用者名稱和密碼（T）】，
並輸入【使用者名稱（U）】及【密碼（P）】。

圖 12-28　使用 Microsoft SQL Server 連線

(2) 第二種就是使用『ODBC DSN』，以下是選擇『ODBC DSN』模式來建
立連線的情形，並按【下一步（N）...】按鈕。出現【連接 ODBC 資
料來源】對話框時，可以選擇前面所設定好的 ODBC 資料來源名稱為
『dsnMSSQL2008』，並按【下一步（N）...】按鈕。出現【SQL Server 登
入】對話框，輸入【登入識別碼（L）】及【密碼（P）】，並按下【確定】
按鈕。

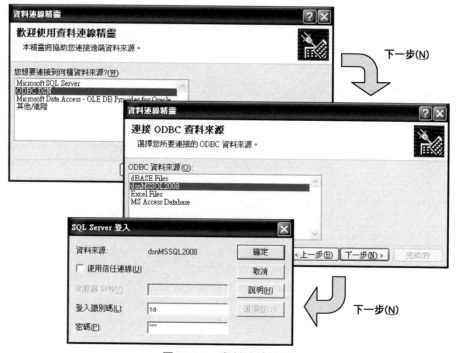

圖 12-29　資料連線精靈

　　無論採用以上兩種的哪一種連線方式，皆會產生以下【選取資料庫及表格】的對話框，只要選擇正確的資料庫『AccessCH12 範例資料庫』，以及正確的『資料表』或『檢視』。以下選擇『AccessCH12 範例資料庫』以及『員工』資料表，即可按下【下一步（N）...】按鈕。

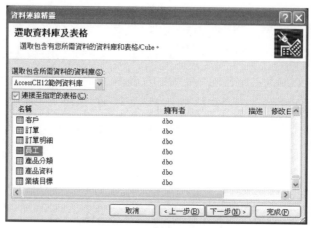

圖 12-30　選取資料庫及表格

最後就是儲存前述的設定值，如下【儲存資料連線檔案和完成】的對話框，可以更改儲存的【檔案名稱（N）】以及【易記的名稱（I）】後，按下【完成（F）】按鈕。並建議勾選【將密碼儲存在檔案中】的選取方塊（checkbox），隨即會出現一個警告訊息，直接按『是（Y）』即可。

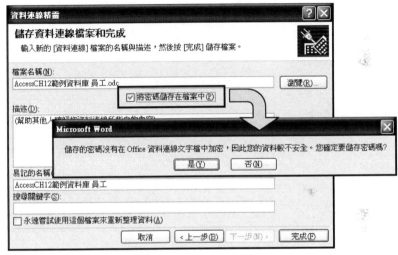

圖 12-31　儲存資料連線檔案和完成

操作至此，只要在【郵件】頁籤中，用滑鼠點【插入合併欄位】，可以看到『員工』資料表的相關欄位，表示已經與 SQL SERVER 連線成功。後續的『合併列印』方式請參考前面章節。

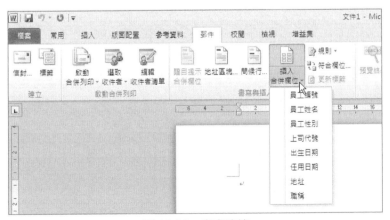

圖 12-32　完成連線

12-5 MS SQL SERVER 與 MS EXCEL

在本書的前面章節已介紹過 EXCEL 如何利用 ACCESS 的資料來進行『樞紐分析』。本節僅將針對 EXCEL 如何透過『ODBC』連線至 SQL SERVER 的部份來進行說明。

啟動 MS EXCEL 軟體後，先於 A1 儲存格點選一下，表示樞紐分析表所放位置。點選【插入】頁面，再點選【樞紐分析表】內的【樞紐分析表（T）】，此時會出現一個【建立樞紐分析表】的對話框，點選【使用外部資料來源（U）】後，再按下方的【選擇連線（C）】。

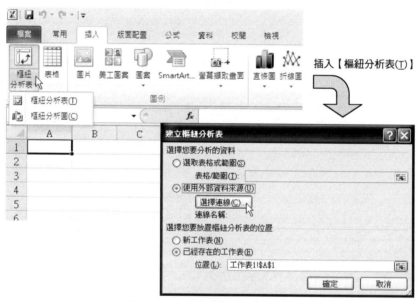

圖 12-33　啟動樞紐分析表 / 圖

完成以上設定之後，可以按下【確定】按鈕後，即會出現【現有連線】的對話框，其中有一項目為『AccessCH12 範例資料庫 員工』的連線檔案，是因為上一節執行 MS WORD 與 MS SQL Server 連線所新增出來的。此處要新增另外一個連線檔案，所以按下【瀏覽更多（B）...】按鈕。

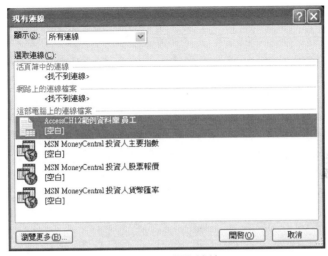

圖 12-34　選取連線

隨即會出現【選取資料來源】的對話框，按下【新來源（S）...】按鈕。

圖 12-35　選取資料來源

當出現【資料連線精靈】，如同 MS WORD 連線 MS SQL Server 一般，可以使用【Microsoft SQL Server】的選項以及【ODBC DSN】，至於【Microsoft SQL Server Analysis Services】則是『線上分析處理』（On-Line Analytical Processing, 簡稱 OLAP）。此處僅就選用【ODBC DSN】來連線 MS SQL Server，按下【下一步（N）>】。

出現【連接 ODBC 資料來源】，選擇『dsnMSSQL2008』，按【下一步
（N）>】會出現【SQL Server 登入】的對話框，只要輸入【登入識別碼（L）】
與【密碼（P）】即可。

圖 12-36　資料連線精靈

完成連線動作之後，將會出現【選取資料庫及表格】的對話框，資料庫選
擇『AccessCH12 範例資料庫』；而此處不是要選擇『資料表』類型，而是要選
擇『VIEW』（檢視表），在 ACCESS 稱之為『查詢』的『銷售分析資料』，按
【下一步（N）>】。

圖 12-37　選取資料庫及表格

出現【儲存資料連線檔案和完成】對話框，可以更改【檔案名稱（N）】及【易記的名稱（I）】。亦可將【將密碼儲存在檔案中（P）】勾選，以免後續再開啟此設計好的 MS EXCEL 樞紐分析會造成錯誤；當勾選此選項時，會出現一個警告訊息提醒此方式的不安全性，按下【是（Y)】，再按下【完成（F）】。

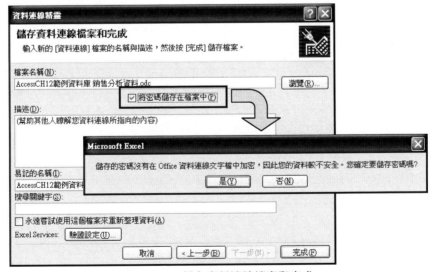

圖 12-38　儲存資料連線檔案和完成

返回【建立樞紐分析表】的對話框時，可以發現在【選擇連線（C）...】
按鈕下方的【連線名稱：】已出現『AccessCH12 範例資料庫 銷售分析資料』
的字串，表示已完成所有連線動作。

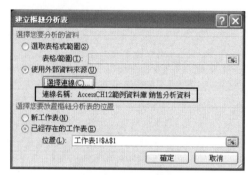

圖 12-39　完成連線

完成『資料連結』之後將會出現以下畫面。在視窗右邊的【樞紐分析表欄
位清單】，可以看到有十個欄位，包括『月』、『毛利』、『地區名稱』、『年度』、
『季』、『金額』、『員工姓名』、『產品名稱』、『銷售數量』及『類別』，表示已經
完成連線，其他的『樞紐分析表/圖』的操作，請參考前面章節。

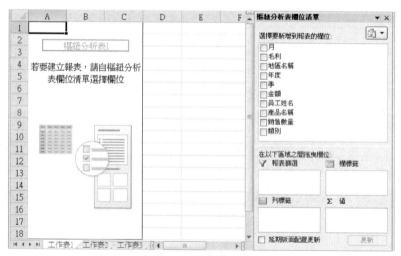

圖 12-40　最後完成畫面

本章習題

簡答題

1. 請略述設定 ODBC 連線至 MS SQL SERVER 的基本步驟。

2. 請說明 ACCESS 資料庫匯入與連結外部資料庫的差異在哪裡。

MEMO

CHAPTER 13

報表設計

『報表』物件，顧名思義，就是透過『資料表』或『查詢』物件，取得所需要的資料，排列成使用者較容易閱讀方式，並且可以透過印表機列印出來的格式，稱之為『報表』。

13-1 什麼是報表

『報表』是一種從資料表／查詢取得資料輸出的一種形式，通常製作報表的目的是可以透過印表機列印出來，所以報表只會對『資料來源』進行讀取的動作，而不會有寫入的行為。

什麼是『資料來源』？就是在產生報表時，該份報表取得資料的來源。以下圖來說明幾種情形：

- 報表（1），資料來源來自於單一個『資料表』。
- 報表（2），資料來源來自於單一個『查詢』。
- 報表（3），資料來源來自於多個『查詢』。
- 報表（4），資料來源來自於多個『查詢』與『資料表』。
- 報表（5），資料來源來自於多個『資料表』。

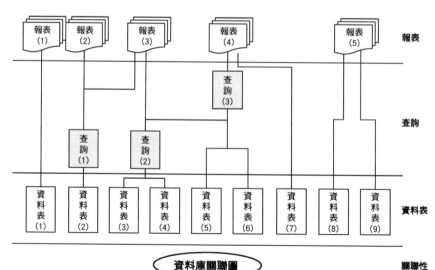

圖 13-1　報表的資料來源

對於以上所列的五種報表，除了報表（1）與報表（2）的『資料來源』都是來自於單一物件（資料表或查詢），其他三個報表都是來自多個物件。只要是來自多個物件的資料來源，在設計報表時，要特別注意隱藏在背後『資料庫關聯圖』中的『關聯性』（relationship）的重要性；也就是指資料表之間的關聯性，才不至於造成多個物件沒有關係，造成報表內的資料錯誤。

就像『報表（5）』底層的資料來源是直接取自多個資料表，在建立報表時，將會是由使用者將資料表一一選擇進去，但使用者必須非常清楚『資料庫關聯圖』內的關聯性，否則就會產生錯誤。

13-2 建立簡易的報表與報表檢視模式説明

先從最簡單的單一資料表來製作報表，只要如圖中，先點選資料來源『訂單』，再點選【建立】頁籤中報表功能區塊中的【報表】。

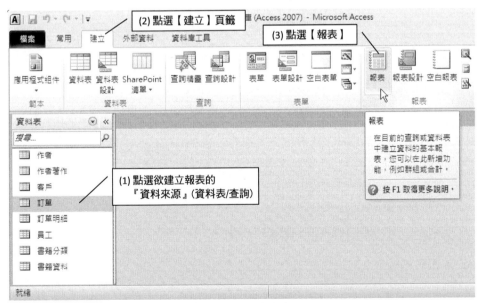

圖 13-2　建立報表

版面配置檢視

當完成建立【報表】功能之後，會直接進入『版面配置檢視』模式，如下圖，在此模式下，可以簡易地改變欄位的配置。

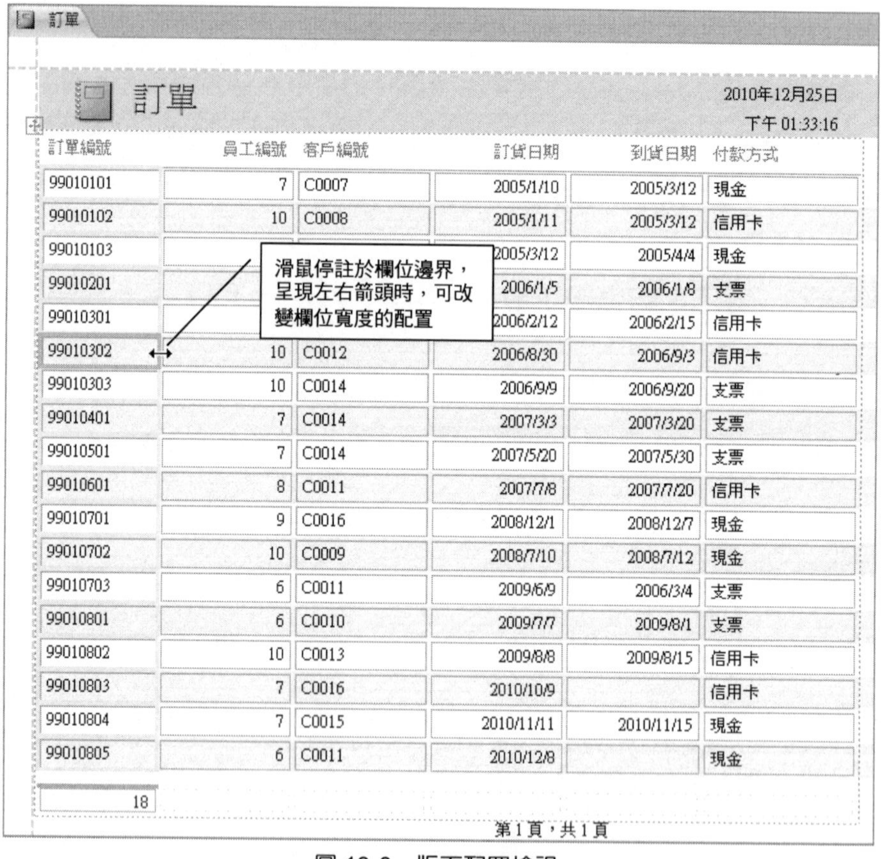

圖 13-3　版面配置檢視

『報表』可切換四種不同的模式，分別說明如下：

- 【報表檢視（R）】，可透過此模式來觀察設計的結果，但不能更動任何設計。

- 【預覽列印（V）】，可透過此模式來預覽列印前的結果。所以此模式與【報表檢視（R）】都不能更改設計內容。

■ 【版面配置檢視（Y）】，可透過此模式來簡單改變版面的配置情形。

■ 【設計檢視（D）】，此模式可重新變更原有的預設項目，包括新增或刪除報表內的任何控制項。所謂的控制項，就是指報表內的所有物件。

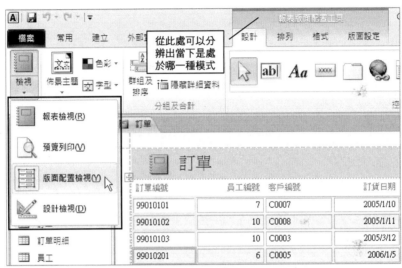

圖 13-4　報表的四種模式切換

❖ 報表檢視

若是將報表的檢視模式切換到『報表檢視』，將會出現以下的畫面。或許會感覺到奇怪，不是和『版面配置檢視』相同嗎？沒錯，以外觀而言，是完全相同，但唯一不相同的，就是在『報表檢視』模式並不能改變任何的版面配置，只能觀看。

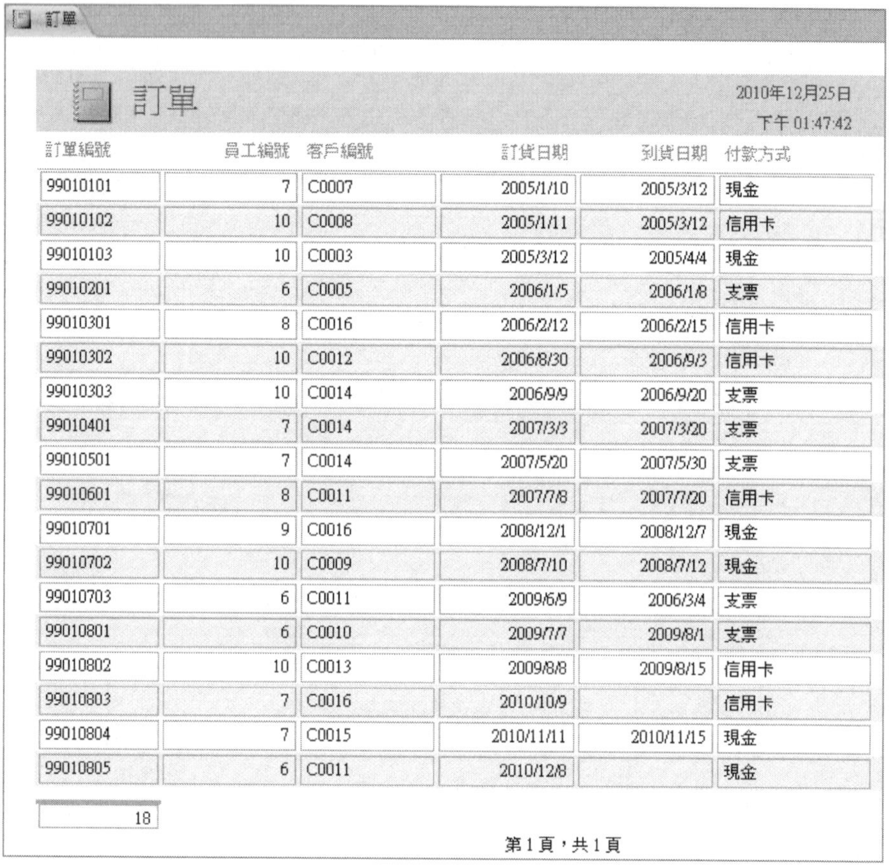

訂單

訂單

2010年12月25日
下午 01:47:42

訂單編號	員工編號	客戶編號	訂貨日期	到貨日期	付款方式
99010101	7	C0007	2005/1/10	2005/3/12	現金
99010102	10	C0008	2005/1/11	2005/3/12	信用卡
99010103	10	C0003	2005/3/12	2005/4/4	現金
99010201	6	C0005	2006/1/5	2006/1/8	支票
99010301	8	C0016	2006/2/12	2006/2/15	信用卡
99010302	10	C0012	2006/8/30	2006/9/3	信用卡
99010303	10	C0014	2006/9/9	2006/9/20	支票
99010401	7	C0014	2007/3/3	2007/3/20	支票
99010501	7	C0014	2007/5/20	2007/5/30	支票
99010601	8	C0011	2007/7/8	2007/7/20	信用卡
99010701	9	C0016	2008/12/1	2008/12/7	現金
99010702	10	C0009	2008/7/10	2008/7/12	現金
99010703	6	C0011	2009/6/9	2006/3/4	支票
99010801	6	C0010	2009/7/7	2009/8/1	支票
99010802	10	C0013	2009/8/8	2009/8/15	信用卡
99010803	7	C0016	2010/10/9		信用卡
99010804	7	C0015	2010/11/11	2010/11/15	現金
99010805	6	C0011	2010/12/8		現金

18

第1頁，共1頁

圖 13-5　報表檢視

預覽列印

再切換至『預覽列印』模式，即可觀看到列印出來的模樣，亦可在此模式下更改列印的相關設定，例如【頁面大小】(包括【大小】與【邊界】)、【版面配置】(包括【直向】、【橫向】、【欄】及【版面設定】)。

由於切換到【預覽列印】模式時，系統會自動切換到【預覽列印】頁籤。所以，若是要結束【預覽列印】模式回到前一個檢視模式，必須於【預覽列印】頁籤下點擊【關閉預覽列印】，系統會自動返回前一個模式。

圖 13-6　預覽列印

❖ 設計檢視

　　當切換到『設計檢視』模式時，初學者會看到一堆很陌生的東西。其實這些東西就是報表的最原始風貌，只是由 ACCESS 自動為使用者產生。在此模式下，使用者可以變動設計的東西非常多，也是設計報表最為彈性的一個模式；相對地，越是具有彈性的設計模式，困難度也越高，此處先不進行細部設計說明，待本章後面的節次再加以說明。

　　尚未說明設計的方式之前，對於此模式必須先瞭解的有幾個部份，包括上方功能區【控制項】內不同功能的控制項目，提供使用者加入報表內，以及針對報表內的資料進行群組及排序，讓列印出來的報表更具可讀性，或是合計功能來計算不同的值。以及整份報表的結構體，也就是由不同區段的組成。

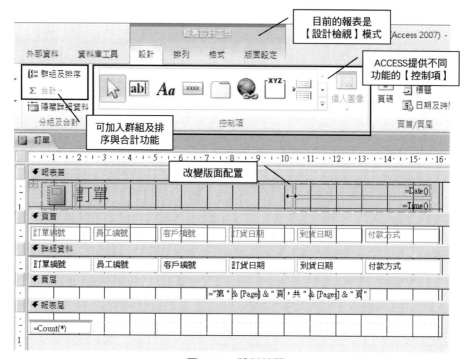

圖 13-7　設計檢視

從以上的報表設計檢視的內容，可以看到一份報表被分割成數個區段，包括報表首、頁首、詳細資料、頁尾以及報表尾等五個區段。分別說明如下，並參考圖 13-8 的圖解：

📰 報表首

一份報表可能會有非常多頁，一份報表也只會有一個『報表首』，並且會出現在一份表表中的第一頁的最上方，也就是第一區段。

📰 頁首

在一份報表中，『頁首』將會出現在每一頁的最上方之處。但是，報表的第一頁較為特殊，因為多了一個『報表首』，所以會處於最上方的第二個位置，也就是第二區段。

詳細資料

每一頁都會有詳細資料,並位居於中間區段。

頁尾

『頁尾』將會出現在每一頁的最下方之處。但是,報表的最後一頁較為特殊,因為多了一個『報表尾』,所以會處於最下方的倒數第二個位置,也就是倒數第二區段。

報表尾

一份報表只會有一個『報表尾』,並且會出現在一份報表中的最後一頁的最下方,也就是最後一區段。

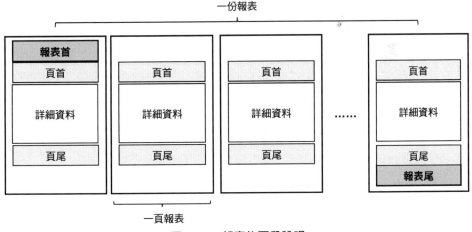

圖 13-8 報表的區段說明

❖ 儲存報表

最後,設計好的報表要記得儲存,提供以後還可以重複使用。可以透過 ACCESS 左上方的快速工具列,直接點擊【儲存檔案】或按快速鍵『Ctrl+S』,亦可透過【檔案】頁籤的【儲存檔案】。當出現【另存新檔】的對話框時,再將預設的報表名稱改成自己希望的即可,此例以『01 訂單』為名儲存。

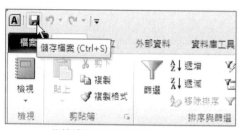

從快速存取工具列儲存　　　　　　　　從【檔案】頁籤儲存檔案

圖 13-9　儲存報表

13-3　使用『報表精靈』產生報表

　　利用『報表精靈』來產生報表，比前一節直接使用【報表】功能較具彈性，但也需要較多的觀念。所以本節將分為三個議題來說明『報表精靈』的重要觀念，包括『單一資料表』、『多個資料表』以及『查詢』三種不同的資料來源來產生報表。

❖ 使用『單一資料表』產生報表

　　此處採用『訂單明細』資料表來說明，如何利用『單一資料表』來產生報表。首先，要先啟動『報表精靈』，如圖，先點選『訂單明細』資料表，再於【建立】頁籤中的【報表】區塊內點擊【報表精靈】來啟動。

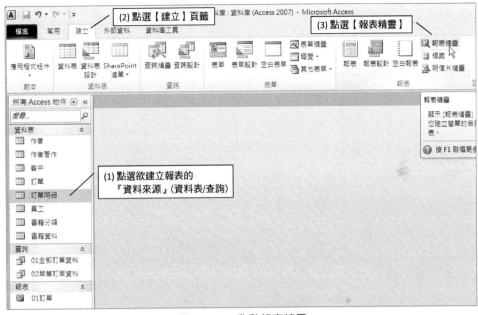

圖 13-10 啟動報表精靈

啟動『報表精靈』後的第一個畫面是要選擇資料來源。所以先在【資料表／查詢（T）】下方的下拉式選單中選擇『資料表：訂單明細』，再於下方的【可用的欄位（A）：】中選擇所需要的欄位，此處全選至【已選取的欄位（S）：】，再點擊【下一步（N）>】。

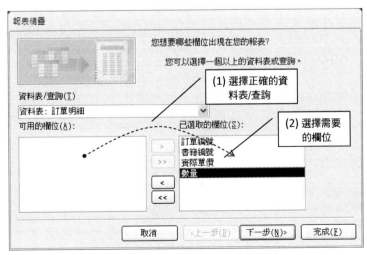

圖 13-11 選擇資料表／查詢的欄位

由於在『訂單明細』資料表中，『訂單編號』與『書籍編號』都有可能會有重複值，所以可以以這兩個欄位來當群組，亦可不要群組，以下將針對不同情形說明。

沒有任何欄位當群組層次

將會逐筆列印出來，完全沒有層次的概念，重複的欄位值也會重複出現，造成資料重複過多。

以『訂單編號』為群組層次

列出的資料會以『訂單編號』為主，相同的『訂單編號』將會在同一個群組之中；也就是說，列印出每筆訂單的產品資料。此處的訂單就是指『訂單編號』；產品就是指『書籍資料』。

以『書籍編號』為群組層次

列出的資料會以『書籍編號』為主，相同的『書籍編號』將會在同一個群組之中；也就是說，列印出每種產品有哪些訂單訂購。此處產品就是指『書籍編號』；訂單就是指『訂單編號』。

此處就採用系統預設的『訂單編號』來觀察每一筆訂單有訂購哪些書籍，再點擊【下一步（N）>】。

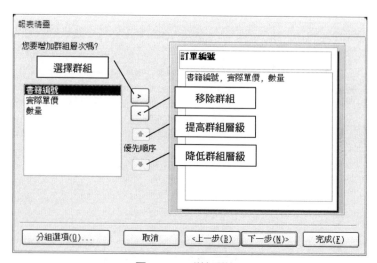

圖 13-12　增加群組

　　下一個畫面所要設定的，是在該群組內的資料該如何排序？所以在前一個畫面中，被選為群組的那些欄位，將不會出現在可選排序欄位中。並且系統限制可用來排序的欄位，最多僅有四個，越上面的欄位會被優先排序。而每一個欄位的排序方式，可點擊右邊的【遞增】按鈕，就會變成【遞減】，再按一次又變回【遞增】。最後，再點擊【下一步（N）>】。

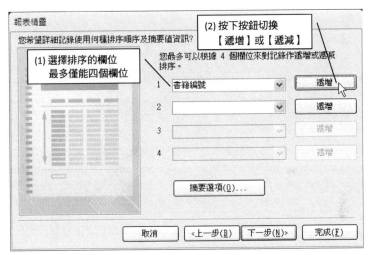

圖 13-13　增加排序

　　在此畫面所要設定的是版面的配置方式，『報表精靈』提供三種版面供使用者選擇，包括『分層式』、『區塊』以及『大綱』三種。下圖將三種不同的版面皆呈現出來，可以透過該圖中三種版面的左邊樣式，來比較三種版面的差異性，並選擇所要的版面。此處採用第一種『分層式』來繼續說明，並點擊【下一步（N）>】。

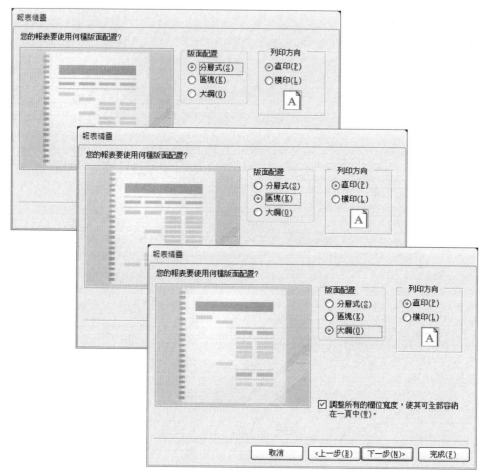

圖 13-14　選擇版面配置

　　此步驟只要輸入報表的標題即可，例如此處輸入『0201 訂單明細 _ 分層式』，並點擊【完成（F）】。

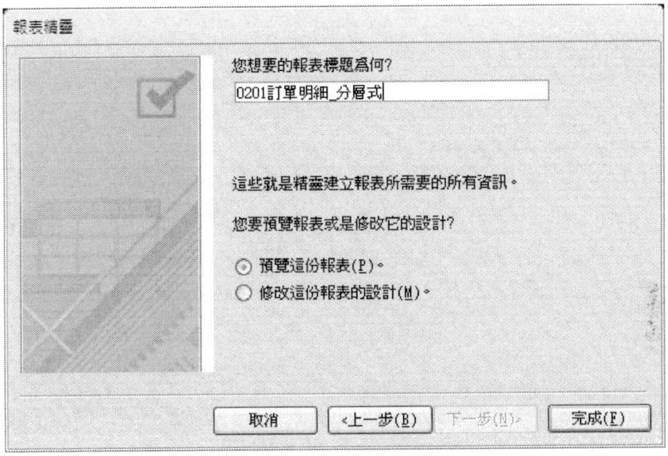

圖 13-15　報表標題

　　最後，以『預覽列印』模式來比較三種版面配置所產生出來的報表有何差異，包括圖 13-16 的分層式、圖 13-17 的區塊以及圖 13-18 的大綱。

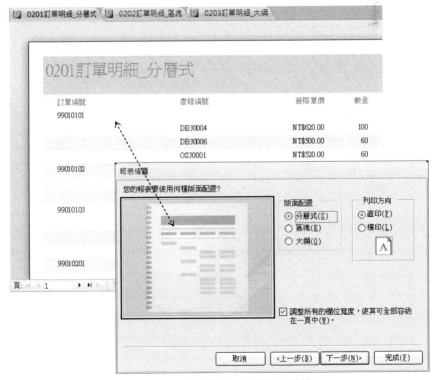

圖 13-16　『分層式』版面配置結果

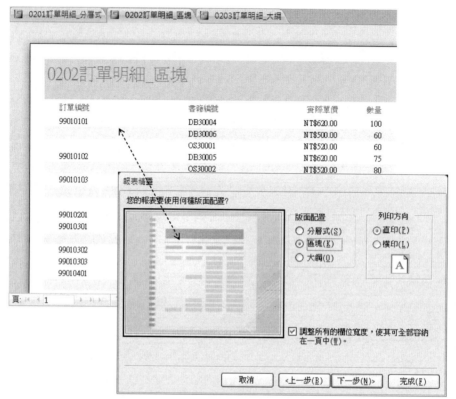

圖 13-17 『區塊』版面配置結果

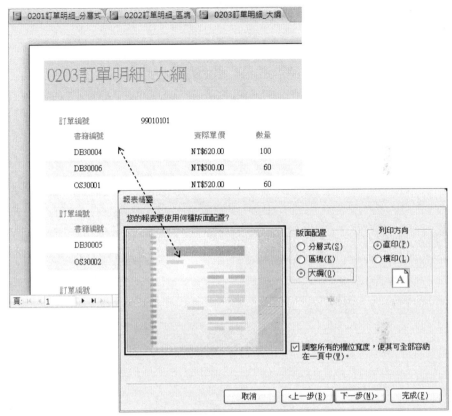

圖 13-18 『大綱』版面配置結果

使用『多個資料表』建立報表

一個好的資料庫設計，通常會經過資料庫的三正規化處理，並建立『資料庫關聯圖』來產生資料表之間的關聯性。因此在實務上，使用者需要的資料，往往會散佈在多個資料表，而非單一資料表可以完成的。所以要產生這樣需要的報表，一種方式就是由使用者自己透過多個資料表來產生；另一種方式就是事先建立一個『查詢』，再將此『查詢』當成『單一資料表』的概念來產生報表。

要設計一個來自多個資料表的報表，最重要的部份，是要先瞭解這張報表的需求是來自哪些資料表，以及這些資料表的關係為何，整理如下：

1. 先瞭解需要的欄位分佈在哪些資料表。

2. 瞭解這些資料表之間的父、子關係，也就是 1:M 的關係，主要是用在設定群組層次的部份。

所以，通常會透過【資料庫工具】頁籤→【資料庫關聯圖】來瞭解。例如現在的需求是想輸出：員工（姓名）、訂單（訂單編號，訂貨日期）、訂單明細（書籍編號，實際單價，數量）以及書籍資料（書籍名稱，出版日期）。為解說方便，將所有的需求在下圖中，都於該資料表中的欄位前面打勾。

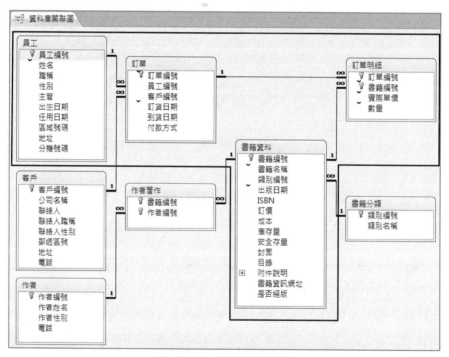

圖 13-19　資料庫關聯圖

再將所需要的資料表整理成下圖，從關聯線上的『1』代表的就是『父』、『∞』代表的就是『子』。所以由『父→子』，可分為兩個部份，說明如下：

員工→訂單→訂單明細

代表每一位員工，可以承接多筆訂單，每一張訂單可以有多筆的訂單明細。

書籍資料→訂單明細

代表每一本書籍，可以被很多的訂單所訂購。

所以，在設計報表時，必須考慮是採用第一個父、子關係，或是採用第二個父、子關係。第一個父、子關係會以『員工』或『員工＋訂單』為首；第二個父、子關係會以『書籍資料』為首。

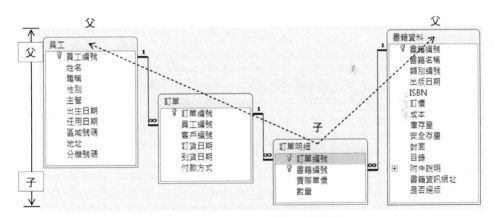

圖 13-20　父子資料表的階層關係

在瞭解前面的需求之後，接下來就是如何操作『報表精靈』，在啟動『報表精靈』之後，會出現以下的畫面來選擇資料來源。由於此次的需要是來自多個資料表，所以必須逐一來選擇。首先，先點選『資料表：員工』，再將『員工編號』選取。

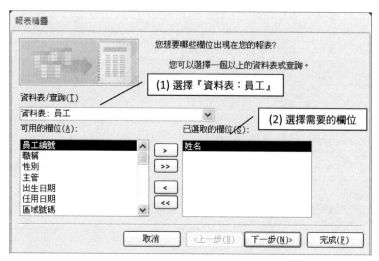

圖 13-21

再將【資料表/查詢（T）】切換至『資料表：訂單』，並選取『訂單編號』與『訂貨日期』兩個欄位。

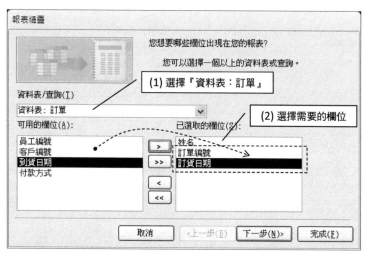

圖 13-22

再將【資料表/查詢（T）】切換至『資料表：訂單明細』，並選取『書籍編號』、『實際單價』與『數量』三個欄位。

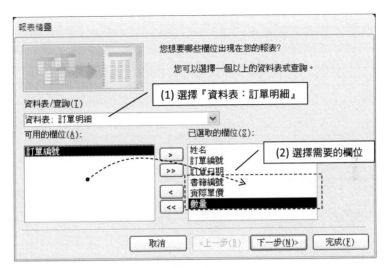

圖 13-23

　　再將【資料表 / 查詢（T）】切換至『資料表：書籍資料』，並選取『書籍名稱』與『出版日期』兩個欄位。再按下【下一步（N）>】繼續。

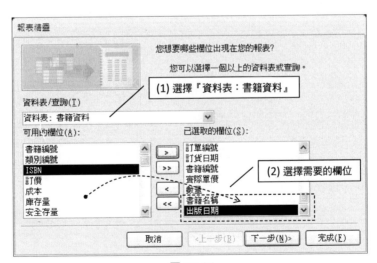

圖 13-24

　　以上就完成了多個資料表 / 查詢的欄位選取。再來則是考驗前面介紹的觀念時刻，如何來檢視資料呢？若是以『員工』為首來檢視資料，將會如圖所視，呈現三個階層；若是以『訂單』來檢視資料，如同前面所述的，以『員工＋訂單』為首來檢視資料，所以呈現出兩個階層。為何是三層與兩層關係，可以再回頭參考圖 13-20 的圖解和說明。此處選擇『訂單』後，按下【下一步（N）>】繼續。

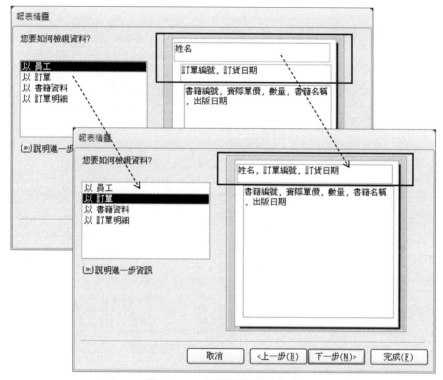

圖 13-25　選擇檢視資料方式

由於上一步驟是選擇『訂單』，所以此步驟的預設情形會與上一步驟所設定的相同。只是讓使用者考慮是否要在加入群組的層次。此處已不再需要加入任何的群組層次，所以只要按下【下一步（N）>】繼續。

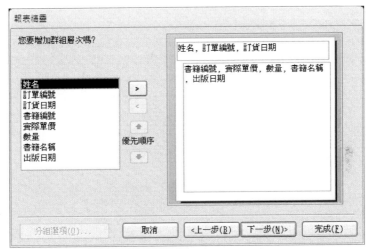

圖 13-26

在相同的群組中，可以再選擇排序順序，此處選擇以『書籍編號』遞增排序，然後按下【下一步（N）＞】繼續。

圖 13-27

此處不再多作說明，以預設的版面配置，按下【下一步（N）＞】繼續。

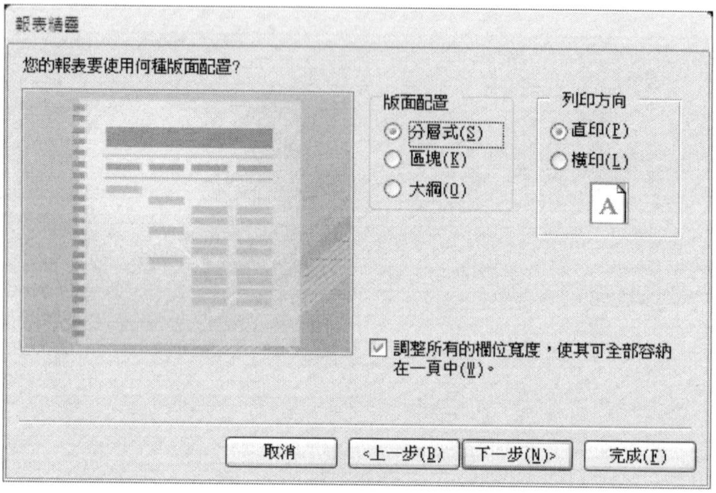

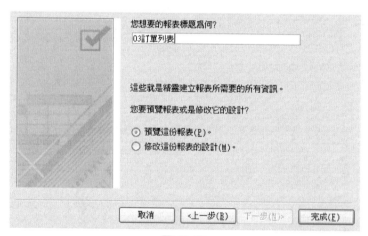

圖 13-28

輸入此報表的標題，此處是輸入『03訂單列表』，然後按下【完成（F）】。

圖 13-29

　　當完成之時，卻發現到『出版日期』全部產生『###』，這是很常發生的情形，也就是因為欄位較多，造成欄寬不足，所以系統會以井字號『###』來表示。

圖 13-30　預覽列印 - 欄寬不足

要切換至『版面配置檢視』模式來修改每個欄位的寬度即可。可以先點選上面的標題後再長按『SHIFT』鍵，再點選下方的資料，並於欄位邊緣，當滑鼠呈現左右箭頭時，即可調整寬度。相同方式選擇標題與資料，再用滑鼠於被選取的欄位內呈現十字模樣時，即可移動欄位。

圖 13-31　調整版面

當版面調整後，再一次的預覽列印，應該會呈現正常的畫面。

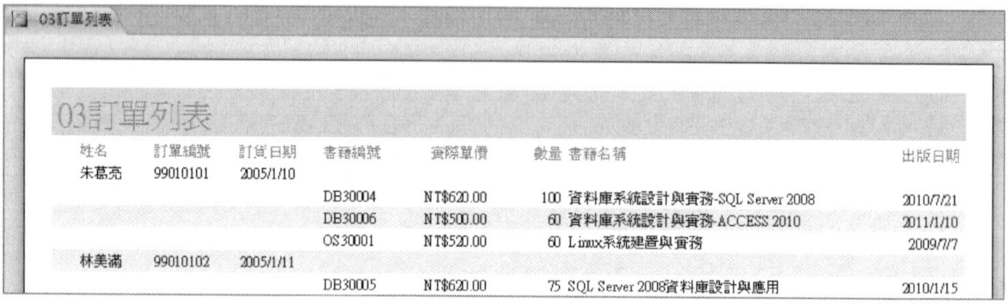

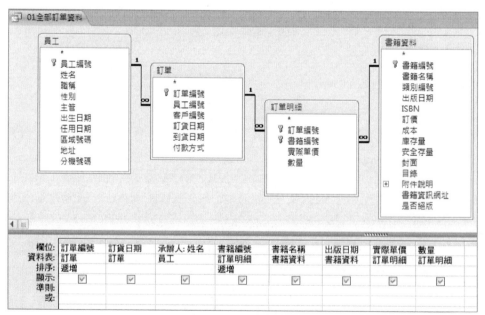

圖 13-32　正確輸出

❖ 使用『查詢』建立報表

因為一個『查詢』可以是由數個『資料表』所構成，甚至還可以延伸出更多的欄位出來。以前面的需求範例而言，此處可以先建立一個名為『01 全部訂單資料』的查詢，並選擇相同的欄位後儲存。

圖 13-33　前置作業─建立『查詢』

在啟動『報表精靈』之後的第一個畫面，便是選擇【資料表/查詢（T）】，此處可以變成很單純的選擇『查詢：01全部訂單資料』，再將所有的欄位全部選取，然後按下【下一步（N）>】。

圖 13-34　選擇『查詢』

出現的畫面與前面利用『多個資料表』設計的畫面相同，可比較圖 13-25 與圖 13-35 是一樣的。後續操作完全相同，所以以下省略不再贅述。（最後結果請參考『CH13 範例資料庫_執行後.accdb』的『04 訂單_01 全部訂單資料』報表）

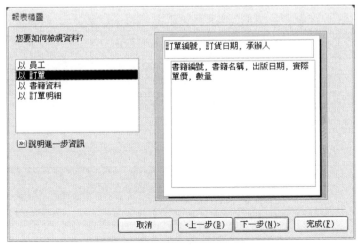

圖 13-35　選擇檢視資料方式

🔹 使用參數動態產生報表資料

所謂的動態產生報表，就是在產生報表之前，使用者可以透過參數輸入的方式，來達到資料篩選的目的，再產生篩選後資料的報表。建立方式非常簡單，就是先建立一個『查詢』，並針對要篩選的欄位設定參數；在建立報表的資料來源，就選擇『具有參數的查詢』即可。

例如，將前述的『01 全部訂單資料』查詢，在【設計】頁籤的【參數】，加入一個名為『請輸入承辦人姓名』的參數；並將此參數填入『承辦人：姓名』欄位下的【準則】，如圖中所示，並儲存成『02 單筆訂單資料』查詢。

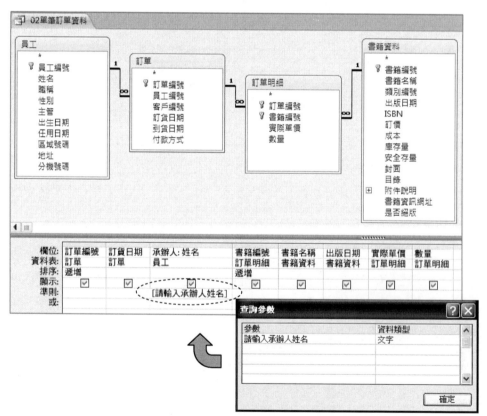

圖 13-36　『02 單筆訂單資料』查詢

　　如同前面所介紹的啟動【建立】頁籤中的『報表精靈』，並選擇資料來源為『02單筆訂單資料』查詢。操作過程可參考前述方式，最後完成後的結果將會出現一個【輸入參數值】的對話框，此處輸入『林美滿』，並按下【確定】之後，產生的報表內容，皆為林美滿的所有訂單資料。

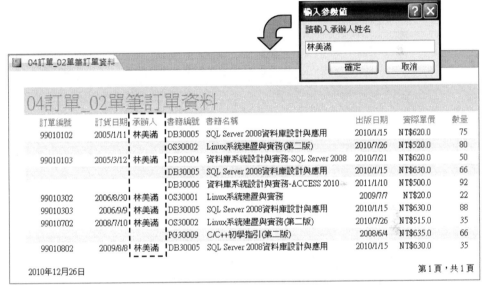

圖 13-37　輸入參數值並產生結果

13-4　使用『報表設計』設計報表

　　使用『報表設計』來產生報表，是最具彈性的一種模式，但也是最難理解的一種方式。在介紹此種模式之前，必須再將本章前述的報表區段重新複習一次，如圖所顯示，一份報表可區分為報表的首／尾、每頁的頁首／尾以及詳細資料五個區段。

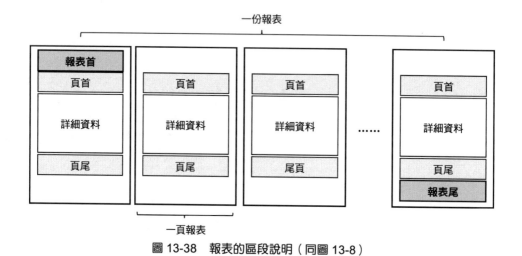

圖 13-38　報表的區段說明（同圖 13-8）

　　上圖的『詳細資料』若是資料量太過於龐大，只會讓整份報表的資料雜亂無序。因此，可以再將『詳細資料』依據一或多個『群組』的巢狀式，再區分成不同的區塊，再依據每一個或多個群組進行不同的彙總計算，如圖所示。

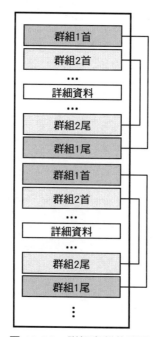

圖 13-39　詳細資料的群組

❖『報表設計』模式下的環境介紹

再來，便是直接啟動【建立】頁籤內【報表】區段內的【報表設計】。啟動完成之後，必須先瞭解整個環境架構。在報表設計模式下，中間的視窗即是報表的各個區段，以圖中所顯示的只有三個區段（頁首 / 尾和詳細資料），若是要顯示 / 隱藏任何區段，只要在任何區段內按下滑鼠右鍵，並於快顯功能表點選該區段名稱即可。

再來，便是要調整區段的高度，只要將滑鼠於區段 bar 的邊緣停駐，當滑鼠出現上下箭頭時，即可按下滑鼠移動區段 bar 來調整高度。

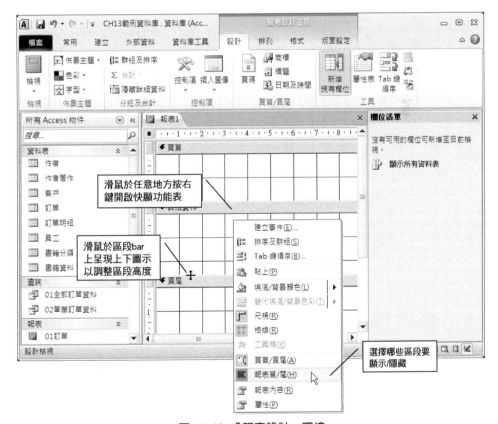

圖 13-40　『報表設計』環境

❖『欄位清單』與『屬性表』

在【設計】頁籤的【工具】區段內有【新增現有欄位】與【屬性表】；只要點擊【新增現有欄位】即可顯示【欄位清單】，再點擊一次，即可關閉。【屬性表】亦是相同的操作方式。

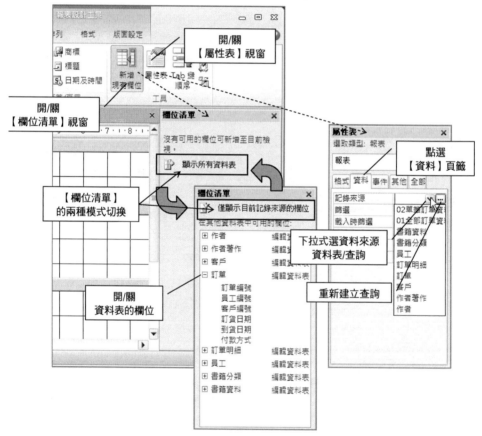

圖 13-41 『欄位清單』與『屬性表』

📰 欄位清單，欄位清單又可分為以下兩種模式

* 顯示所有資料表
* 僅顯示目前記錄來源的欄位

屬性表,屬性表內包括所有物件的屬性設定。首先要先確定【選取類型】為『報表』,然後則是在【資料】頁籤下的【記錄來源】;也就是前面所說的『資料來源』。在設計一份報表之前,必須先選擇所需要的資料表／查詢。亦可以透過該畫面右邊的『…』來啟動『查詢建立器』,建立查詢來當記錄來源。

以下將以一個實際範例來進行說明,如何從無來設計自己的報表。此範例最終的結果如下圖所示。表列出所有的訂單資料,並將每一筆的訂單總金額計算於該筆訂單下方,再將當日所有訂單的金額再總計一次,最後於報表尾,再將所有訂單的金額總計。

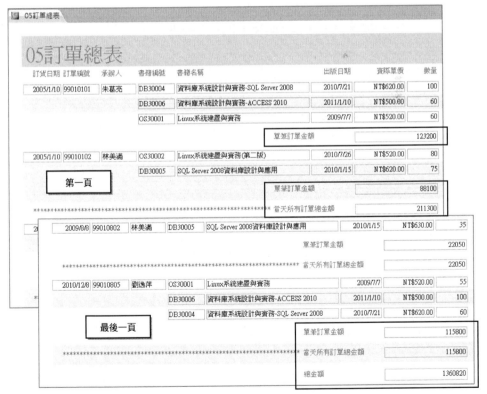

圖 13-42 最後的結果

❖ 設定五個區段（報表首／尾、頁首／尾及詳細資料）

(1) 於任何區段內按滑鼠右鍵，於快顯功能表點選【報表首／尾（H）】。

(2) 於上方【設計】頁籤的【控制項】區塊內點選『標籤』的控制項。

(3) 於報表首處，久按滑鼠拖拉出『標籤』控制項的大小。

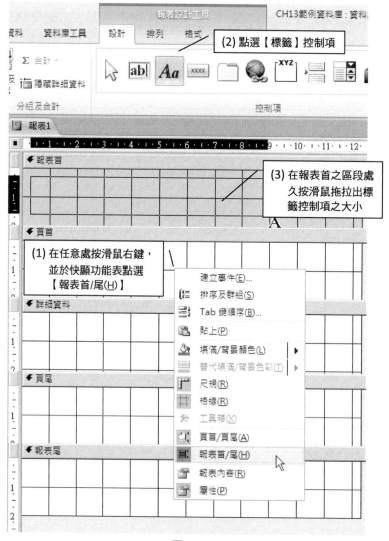

圖 13-43

❖ 設定報表首標題的字型大小

(1) 點選【設計】頁籤內【工具】區塊內的【屬性表】。

(2) 於【標籤】控制項內填入標題『05 訂單總表』。

(3) 點選報表首中的【標籤】控制項之後，於【屬性表】中的【格式】內找到
　　 【字型大小】屬性，調整適當的字型大小。

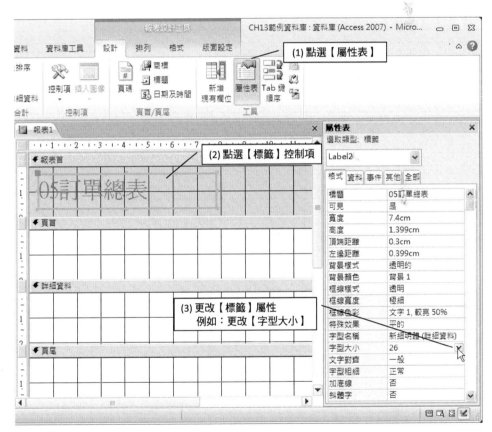

圖 13-44

設定報表的記錄來源（資料來源）

報表的記錄來源可分為兩種：『查詢』與『資料表』。若是先將所需要的資料表與欄位先建立一個『查詢』，在操作上會較為方便與簡單。反之，若是直接使用『資料表』，在設計報表時，同時還要記得資料表之間的關聯性，有時會較為複雜。

『記錄來源』來自於『查詢』

(1)【選取類型】點選『報表』類型。

(2) 在【屬性表】內點選【資料】頁籤，並於【記錄來源】中選擇資料表 / 查詢。此處可以點選前面已建立的『01 全部訂單資料』查詢。

(3) 點選上方功能區的【設計】頁籤內【工具】區塊的【新增現有欄位】，將【屬性表】切換成【欄位清單】。

(4) 由於【欄位清單】有兩種模式，一種是【目前記錄來源的欄位】，一種是【所有資料表】。只要點擊上方的【顯示所有資料表】與【僅顯示目前記錄來源的欄位】，即可在兩種模式中切換。以下針對此兩種模式內容說明：

- 【目前記錄來源的欄位】，在此模式僅顯示出（2）所選擇的『記錄來源』中的所有欄位；如圖 13-45 就是『01 全部訂單資料』查詢的欄位，可參考圖 13-46『01 全部訂單資料』查詢的設計內容。

- 【所有資料表】，此模式下可分為三個區塊，第一區塊所呈現的，是（2）中所選擇的『記錄來源』使用了哪些資料表；也就是說，『01 全部訂單資料』查詢是由訂單、訂單明細、員工以及書籍資料所構成。第二區塊呈現的是與第一區塊有關聯的資料表、第三區塊呈現的是與第二區塊有關聯的資料表。

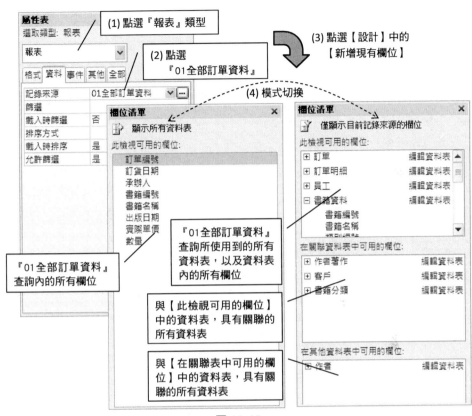

圖 13-45

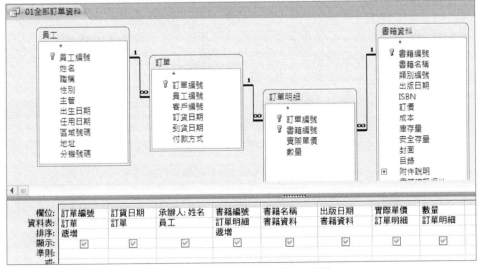

圖 13-46 『01 全部訂單資料』查詢

瞭解『記錄來源』的設定之後，就是直接將可用的欄位全選（可以點選第一個欄位後，久按『Shift』鍵不放，再點選最後一個欄位後放開『Shift』鍵），並以滑鼠拖拉方式，將所有欄位置入報表的【詳細資料】區段。

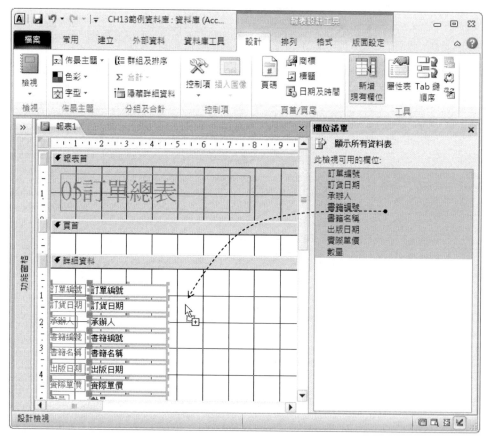

圖 13-47

『記錄來源』來自於『資料表』

由於此範例會使用到的資料表包括員工、訂單、訂單明細以及書籍資料等四個資料表。若是先選擇『員工』資料表當成『記錄來源』，操作如下。（可以從任何一個資料表開始）

(1)【選取類型】點選『報表』類型。

(2) 在【屬性表】內點選【資料】頁籤，並於【記錄來源】中選擇資料表／查詢。此處可以點選『員工』資料表。

(3) 點選上方功能區的【設計】頁籤內【工具】區塊的【新增現有欄位】，將【屬性表】切換成【欄位清單】。

(4)【欄位清單】的兩種模式分別說明如下：

• 【目前記錄來源的欄位】，在此模式『員工』資料表內的所有欄位。

• 【所有資料表】，第一區塊所呈現的是『員工』資料表以及欄位。第二區塊呈現的是『訂單』資料表，可以參考圖 13-49 資料庫關聯圖，員工與訂單之間的關聯，所以在第二區塊呈現的是『訂單』。若是從『訂單』中挑選欄位置入報表後，『訂單』資料表將會被系統置於第一區塊，依此類推…。

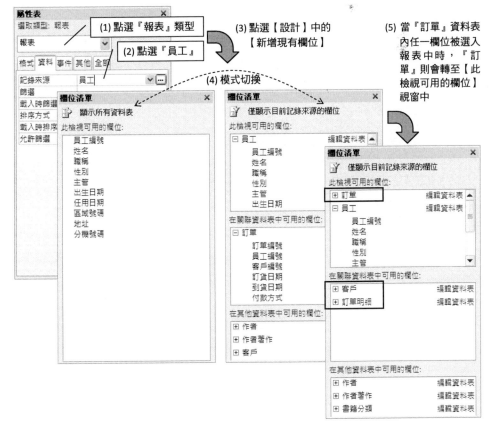

圖 13-48

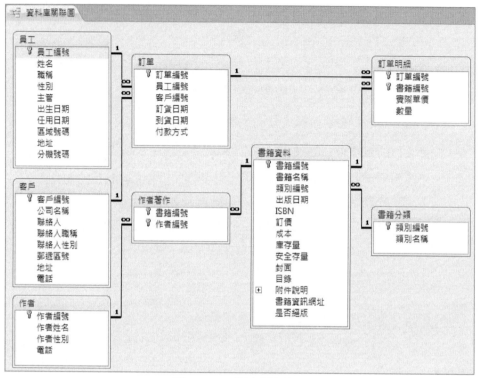

圖 13-49　資料庫關聯圖

❖ 設定詳細資料的版面配置

　　將所需要的欄位全數置入報表的【詳細資料】區段後，可以發現每一個項目皆包括一個『標籤』控制項（位於左邊）和一個『文字方塊』控制項（位於右邊）。利用滑鼠全選後，於上方按下滑鼠右鍵，再於快顯功能表中點選【表格式（T）】。

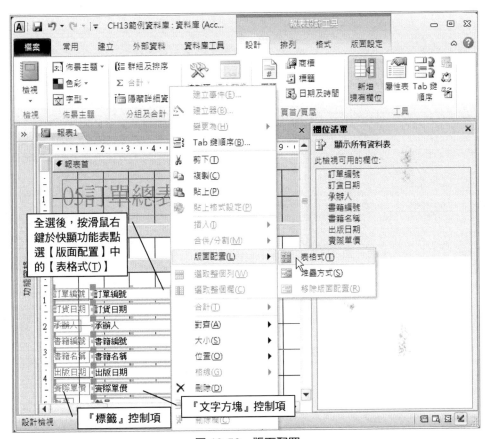

圖 13-50　版面配置

❖ 移動表格、調整欄位順序及區段標題棒

(1) 因為前一個動作已將版面配置設成『表格式』，所以所有的欄位都是屬於同一個表格，若是要移動該表格，只要任點一個欄位後，在表格的左上角會出現一個十字的小圖示，只要用滑鼠久按該處，直接拖拉至新的定位即可。

(2) 若是要將欄位順序變動，必須在同一欄中，同時點選頁首中的『標籤』與『詳細資料』中的『文字方塊』，然後直接拖拉至新的定位即可。

(3) 再調整每一個區段的標題棒至適當位置。

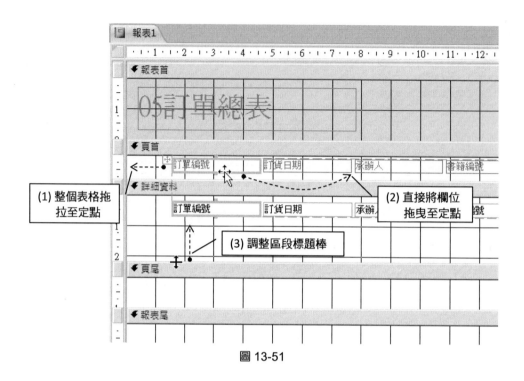

圖 13-51

❖ 頁尾插入頁碼

　　由於一份報表可能會有相當多的頁數，所以必須在每一頁都標上頁碼才會方便。操作方式，只要點擊上方功能區【設計】頁籤中【頁首／頁尾】區塊中的【頁碼】。將會彈出一個對話框，可以設定頁碼的格式、位置、對齊方式以及首頁是否顯示頁碼。

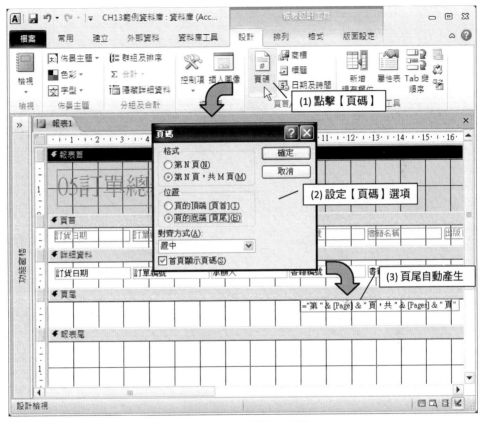

圖 13-52　頁尾插入頁碼

🔸 設定排序與群組

　　要列印的資料量若是過於龐大，必須適當的給予分群組、排序以及進行彙總函數（aggregate function）的計算；否則，過多的資料（data）反而無法抓到適當的資訊（information）。除非，需求本身就是要列印詳細的每一筆資料，就另當別論。所以，以下將針對此報表進行分群組的動作；首先，先於上方功能區【設計】頁籤內【分組及合計】區塊內，點擊【群組及排序】，將會於報表設計的最下方出現【新增群組】及【新增排序】兩個功能。

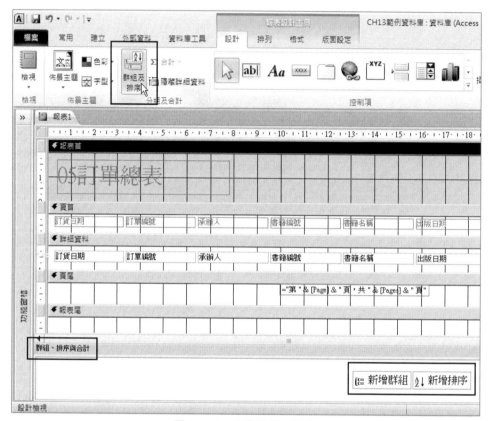

圖 13-53　啟動群組及排序

　　思考分群組的時候，必須先瞭解階層的概念。以此範例來看，同一個日期（就是『訂貨日期』）會有數張的訂單（就是『訂單編號』）；每一張訂單（就是『訂單編號』）會有數筆訂單的詳細資料（例如書籍編號、書籍名稱、出版日期、實際單價以及數量）。所以，若是先以『訂貨日期』分群組，再以『訂單編號』分群組，將會被分出三層，包括『訂貨日期』、『訂單編號』以及訂單明細資料。

　　反之，一張訂單只會有一個訂貨日期；所以，若是先以『訂單編號』分群組，再以『訂貨日期』分群組，僅會被分出二層，包括『訂單編號＋訂貨日期』以及訂單明細資料。

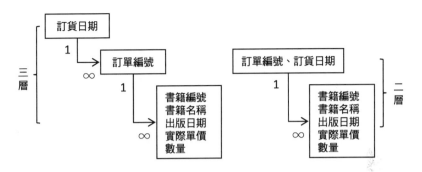

以『訂貨日期、訂單編號』分群組　　以『訂單編號、訂貨日期』分群組

圖 13-54　群組順序與階層數的關係

　　操作的部份,只要點擊【新增群組】之後,即可如圖出現【群組對象】可以選取欄位;相同地,排序也是相同的操作方式。以此範例,必須新增兩個群組,分別為『訂貨日期』與『訂單編號』;新增兩個排序,分別為『訂貨日期』與『訂單編號』,並選擇排序方式。

　　完成群組與排序的新增之後,最重要的就是調整階層的順序。可以透過右邊的上、下箭頭來移動先後順序,或是刪除錯誤的新增群組或排序。最後的順序應該如圖所示。

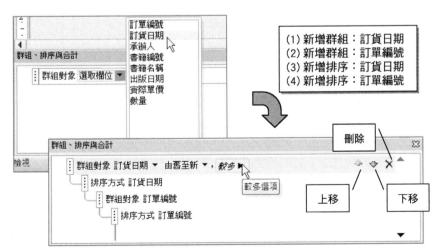

圖 13-55　新增群組及排序項目

❖ 開 / 關群組區段的首 / 尾

完成了群組的分類之後，在報表設計的區段中，將會出現【訂貨日期群組首】位於【訂單編號群組首】之上。但是要依據相同的群組進行的彙總函數計算，希望置於『群組尾』時，就必須將『群組首』隱藏，而將『群組尾』顯示出來。

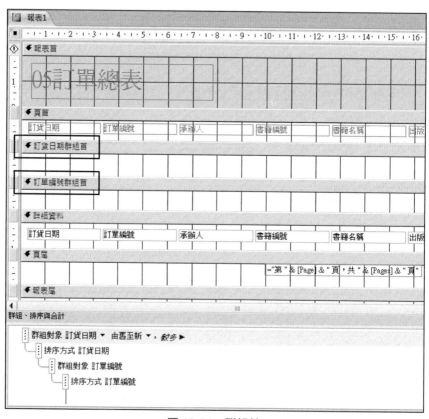

圖 13-56　群組首

在下方的【群組、排序與合計】視窗中，分別點擊【群組對象】為訂貨日期與訂單編號右方的【較多】，將會展開更多的選項設定。將其中的『具有頁首區段』改為『沒有頁首區段』、『沒有頁尾區段』改為『具有頁尾區段』。

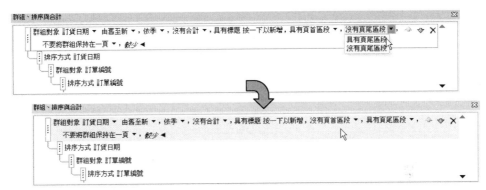

圖 13-57 開 / 關群組區段的首 / 尾

此時，【訂貨日期群組首】與【訂單編號群組首】會被隱藏，而出現【訂單編號群組尾】與【訂貨日期群組尾】。

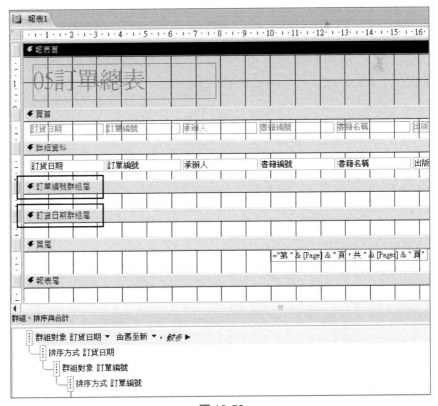

圖 13-58

> **TIP** 若是不瞭解為什麼原本【訂貨日期群組首】位於【訂單編號群組首】之上；
> 而【訂貨日期群組尾】卻位於【訂單編號群組尾】之下？可以參考圖 13-39；也就
> 是說，『訂貨日期』群組是位於巢狀的外層，『訂單編號』群組是位於巢狀的內層。

❖ 加入彙總函數 SUM（）計算金額

(1) 各別加入『文字方塊』

於【訂單編號群組尾】、【訂貨日期群組尾】及【報表尾】分別加入『文
字方塊』控制項；預設情形下，加入『文字方塊』控制項，也會同時加入
『標籤』控制項。

(2) 各別更改『標籤』內的文字

【訂單編號群組尾】的『標籤』控制項填入『單筆訂單金額』

【訂貨日期群組尾】的『標籤』控制項填入『*** 單天所有訂單總金額』

【報表尾】的『標籤』控制項填入『總金額』

(3) 各別更改『文字方塊』的內容

分別於【訂單編號群組尾】、【訂貨日期群組尾】及【報表尾】內的『文字
方塊』控制項內皆填入『Sum（[實際單價]*[數量]）』

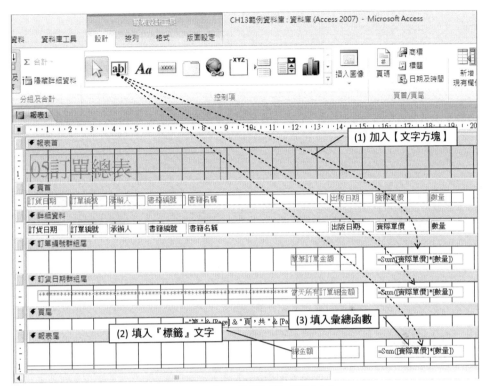

圖 13-59　加入彙總函數 SUM（）

❖ 設定重複資料不要重複顯示

為了避免有很多記錄的欄位值會不斷地重複出現，例如相同一張訂單，訂貨日期、訂單編號以及承辦人皆會相同。所以，以下將設定這些重複資料僅顯示第一筆。

(1) 選擇不要重複顯示的欄位，包括訂貨日期、訂單編號以及承辦人。

(2) 屬性表內將【隱藏重複值】屬性值設為『是』

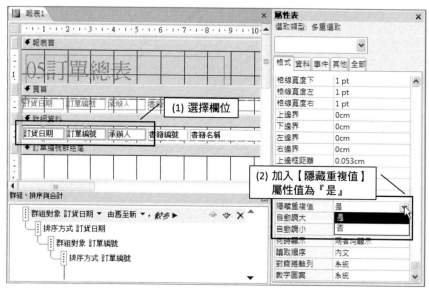

圖 13-60　設定重複資料不要重複顯示

❖ 預覽結果

完成以上所有步驟後，將此報表儲存為『05 訂單總表』；下圖是最終結果的『預覽列印』模式。

訂貨日期	訂單編號	承辦人	書籍編號	書籍名稱	出版日期	實際單價	數量
2005/1/10	99010101	朱慧亮	DB30004	資料庫系統設計與實務-SQL Server 2008	2010/7/21	NT$620.00	100
			DB30006	資料庫系統設計與實務-ACCESS 2010	2011/1/10	NT$500.00	60
			OS30001	Linux系統建置與實務	2009/7/7	NT$520.00	60
				單筆訂單金額			123200
2005/1/10	99010102	林美滿	OS30002	Linux系統建置與實務(第二版)	2010/7/26	NT$520.00	80
			DB30005	SQL Server 2008資料庫設計與應用	2010/1/15	NT$620.00	75
				單筆訂單金額			88100
2005/3/12	99010103	林美滿	DB30006	資料庫系統設計與實務-ACCESS 2010	2011/1/10	NT$500.00	92
			DB30005	SQL Server 2008資料庫設計與應用	2010/1/15	NT$630.00	66
			DB30004	資料庫系統設計與實務-SQL Server 2008	2010/7/21	NT$620.00	50
				單筆訂單金額			118580
				當天所有訂單總金額			329880
2006/2/12	99010201	劉逸澤	NE30011	TCP/IP網路通訊協定	2009/5/21	NT$520.00	90

本章習題

是非題

(　　) 1. 製作報表的目的是從資料表 / 查詢中挑選出符合的資料，並透用一定的格式，可以給使用者列印出來的物件。

(　　) 2. 檢視報表物件時，是不可以針對裏面的資料進行異動，僅能查看。

(　　) 3. 報表的資料來源，一定是來自於資料表。

(　　) 4. 若是使用【設計】頁籤的【報表】功能，可以快速地產生所選擇的單一資料表 / 查詢的全部資料。

(　　) 5. 採用【報表精靈】可以靈活運用多資料表或查詢來建構所要的報表。

選擇題

(　　) 1. 以下何者不是報表的檢視模式之一
(A) 資料工作表檢視　　　　　(B) 報表檢視
(C) 預覽列印　　　　　　　　(D) 版面配置檢視。

(　　) 2. 若是所建立的報表欄位寬度不足時，會出現
(A) ???　　　　(B) ###　　　　(C) %%%%　　　　(D) 錯誤。

簡答題

1. 設計『報表』物件，可區分為哪七種區段。

2. 依據下圖的需求，就是圖中有打勾 (✓)，試回答以下的問題。

　　(1) 若是以作者為主，你會如何設計一份報表。

　　(2) 若是以產品為主，你會如何設計一份報表。

　　(3) 若是以客戶為主，你會如何設計一份報表。

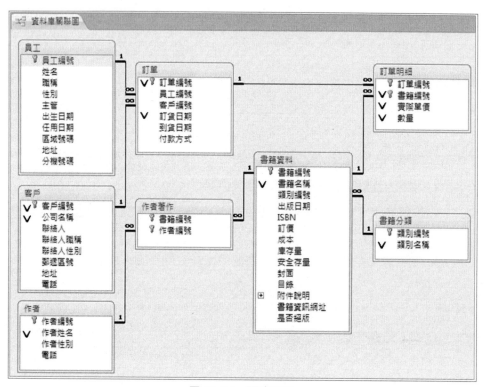

圖 13-61　預覽列印

CHAPTER 14

表單設計

　　『表單』物件，主要的功能在於充當使用者與資料表 / 查詢之間的一個介面。也就是說，讓使用者可以透過『表單』輕鬆地存取底層的資料。亦可以透過一個單一介面的表單，同時存取多個資料表資料，並達到資料之間的一致性。

14-1　什麼是表單

　　『表單』是一種使用者與資料表 / 查詢之間，負責存取資料的一個介面，通常製作表單的目的是可以透過此表單，讓使用者對資料表 / 查詢內的資料操作。基本上，可分為四種不同的操作，包括新增、刪除、修改以及查詢。所以表單扮演使用者與『資料來源』之間的一個介面，進行資料的不同操作。但以查詢操作而言，以『查詢』物件的查詢功能又比『表單』物件強許多。

　　什麼是『資料來源』？在 ACCESS 稱之為『記錄來源』，就是在產生表單時，該份表單取得資料的來源。以下圖來說明幾種情形：（與前一章『報表』的資料來源概念完全相同）

- 表單（1），資料來源來自於單一個『資料表』。
- 表單（2），資料來源來自於單一個『查詢』。
- 表單（3），資料來源來自於多個『查詢』。
- 表單（4），資料來源來自於多個『查詢』與『資料表』。
- 表單（5），資料來源來自於多個『資料表』。

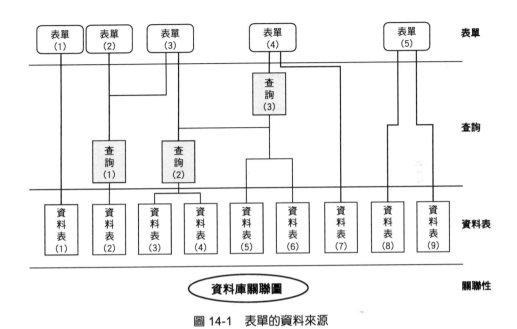

圖 14-1　表單的資料來源

　　對於以上所列的五種表單，除了表單（1）與表單（2）的『資料來源』都是來自於單一物件（資料表或查詢），其他三個表單都是來自多個物件。只要是來自多個物件的資料來源，在設計表單時，要特別注意隱藏在背後『資料庫關聯圖』中的『關聯性』（relationship）的重要性；也就是指資料表之間的關聯性，才不至於造成多個物件沒有關係，造成表單內的資料錯誤。

　　就像『表單（5）』底層的資料來源是直接取自多個資料表，在建立表單時，將會是由使用者將資料表一一選擇進去，但使用者必須對『資料庫關聯圖』內的關聯性非常瞭解，否則就會產生錯誤。

14-2　建立簡易的表單與表單檢視模式說明

　　建立 ACCESS 的任何新的物件，都是透過上方功能區中的【建立】頁籤來操作。在上一章的報表建立與此章的表單建立，可以透過圖 14-2 的比較，以基本的建立方式其實大同小異，在觀念上亦是相同。

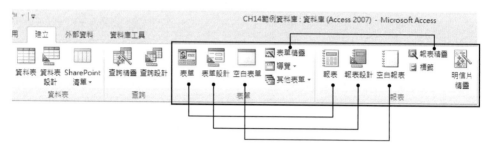

圖 14-2　建立表單與報表方式的比較

先從最簡單的單一資料表來製作表單，只要如圖中，先點選資料來源『訂單』，再點選【建立】頁籤中表單功能區塊中的【表單】。

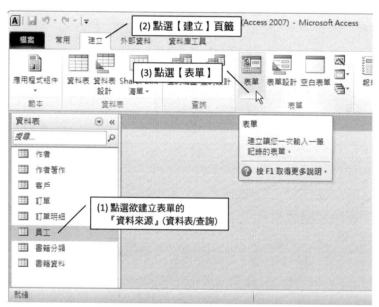

圖 14-3　建立『員工』表單

❖ 版面配置檢視

當完成建立【表單】功能之後，會直接進入『版面配置檢視』模式，如下圖，在此模式下，可以簡易地改變欄位的配置。

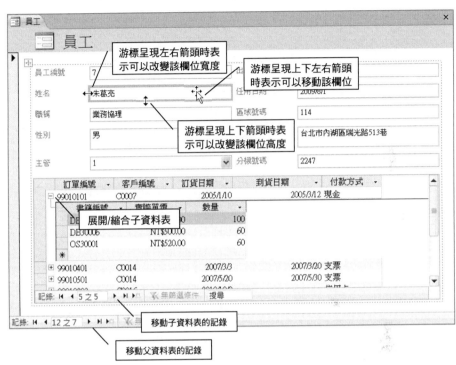

圖 14-4　版面配置檢視

　『表單』可切換三種不同的模式，分別說明如下：

▪ 【表單檢視（F）】，可透過此模式來觀察設計的結果，但不能更動任何設計。此模式也是提供給使用者存取資料時的介面模式。

▪ 【版面配置檢視（Y）】，可透過此模式來簡單改變版面的配置情形。

▪ 【設計檢視（D）】，此模式可重新變更原有的預設項目，包括新增或刪除表單內的任何控制項。

圖 14-5　表單的三種模式切換

💎 表單檢視

　　若是將表單的檢視模式切換到『表單檢視』，將會出現下以下的畫面。或許會感覺到奇怪，不是和『版面配置檢視』相同嗎？沒錯，以外觀而言，是完全相同，但唯一不相同的，就是在『表單檢視』模式並不能改變任何的版面配置，只能觀看，以及透過此模式來對資料的操作。

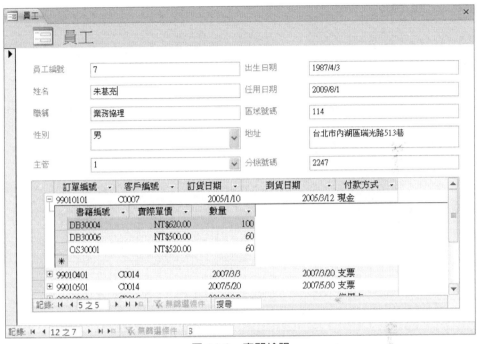

圖 14-6　表單檢視

設計檢視

　　當切換到『設計檢視』模式時，初學者會看到一堆很陌生的東西。其實這些東西就是表單最原始的設計模式，只是由 ACCESS 自動為使用者產生。在此模式下，使用者可以變動設計的東西非常多，也是設計表單最彈性的一種模式；相對地，越具有彈性的設計模式，困難度也越高，此處先不進行細部設計說明，待本章後面的節次再加以說明。

　　尚未說明設計的方式之前，對於此模式必須先瞭解的有幾個部份，包括上方功能區【控制項】內不同功能的控制項目，提供使用者加入表單內。

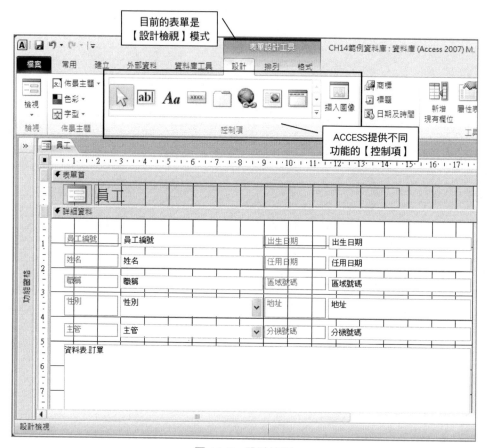

圖 14-7　設計檢視

儲存表單

最後，設計好的表單要記得儲存，提供以後可以透過此表單來存取資料。可以透過 ACCESS 左上方的快速工具列，直接點擊【儲存檔案】或按快速鍵『Ctrl+S』，亦可透過【檔案】頁籤的【儲存檔案】。當出現【另存新檔】的對話框時，再將預設的表單名稱改成自己希望的即可，此例以『01 員工』為名儲存。

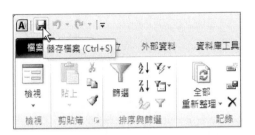

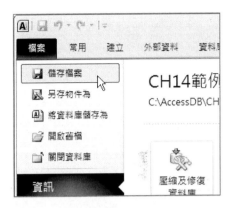

從快速存取工具列儲存　　　　　　　　從【檔案】頁籤儲存檔案

圖 14-8　儲存表單

❖ 表單內資料表的階層關係

　　一個表單的底層，有可能同時使用到數個資料表，這些資料表之間會形成階層關係，而這些階層關係來自於【資料庫工具】內的【資料庫關聯圖】。在兩個資料表之間的關聯，幾乎是一（圖中標示為『1』）對多（圖中標示為『∞』）的關係。標示為『1』的資料表，稱之為『父資料表』；標示為『∞』的資料表，稱之為『子資料表』。

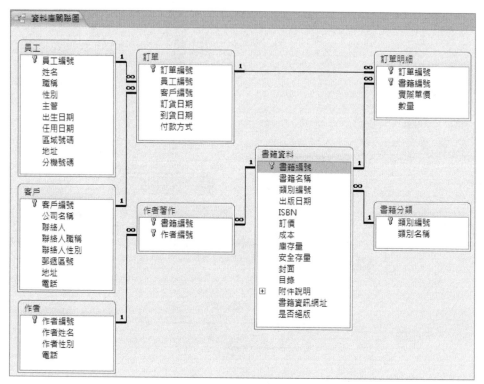

圖 14-9　資料庫關聯圖

　　若是將上圖的資料庫關聯圖,重新整理成『父、子關係』,可以簡單地畫出下面資料表之間的關係,越是上面越是擔任父資料表的角色,越是下面越是子資料表的角色。

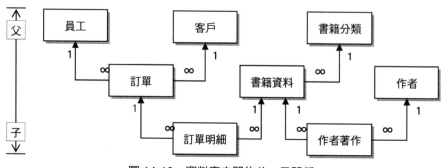

圖 14-10　資料表之間的父、子關係

　　前面針對『員工』資料表所建立的表單，再根據父、子關係圖來看，『員工』是『訂單』的父資料表，『訂單』又是『訂單明細』的父資料表。所以總共在『01 員工』表單中呈現出『員工→訂單→訂單明細』的三階層關係。

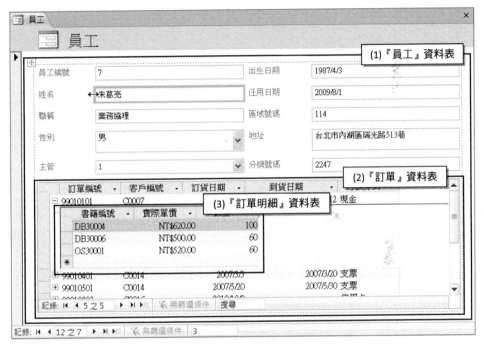

圖 14-11 『員工』表單的階層關係

　　若是建立『客戶』的表單，先透過圖 14-10 的觀察，應該不難發現，也會產生三個階層『客戶→訂單→訂單明細』。如圖，建立出來的表單，果然是呈現三個階層。

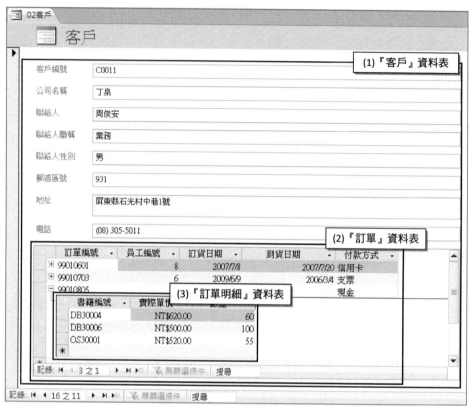

圖 14-12　『客戶』表單的階層關係

但是，若是要建立『書籍分類』，從圖 14-10 的觀察，會產生混淆，因為可能會產生以下兩種不同的階層情形：

- 『書籍分類→書籍資料→訂單明細』
- 『書籍分類→書籍資料→作者著作』

通常每一個資料表的『子資料表』，在建立【資料庫關聯圖】時，系統會同時建立。像『書籍資料』資料表同時具有兩個子資料表時，可以將該資料表開啟於【設計檢視】，並點擊【設計】頁籤中的【屬性表】，觀察或改變以下三個屬性的值。

▪ **【子資料工作表名稱】屬性**：此欄位可使用下拉式選單，決定此資料表的子資料表是哪一個。

▪ **【連結子欄位】屬性**：此欄位是指『子資料表』中用來連結的欄位名稱，通常是『外部索引鍵』。

▪ **【連結主欄位】屬性**：此欄位是指『父資料表』中用來連結的欄位名稱，通常是『主索引鍵』。

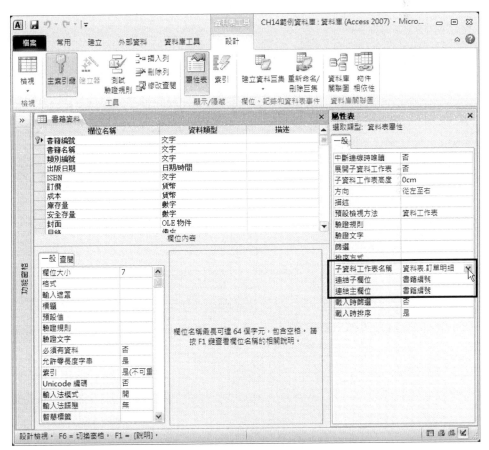

圖 14-13　決定『書籍資料』的子資料表

14-3　使用『表單精靈』產生表單

利用『表單精靈』來產生表單，比前一節直接使用【表單】功能較具彈性，但也需要較多的觀念。所以本節將分為三個議題來說明『表單精靈』的重要觀念，包括『單一資料表』、『多個資料表』以及『查詢』三種不同的資料來源來產生表單。

❖ 使用『單一資料表』產生表單

此處採用『員工』資料表來說明，如何利用『單一資料表』來產生表單。首先，要先啟動『表單精靈』。如圖，點擊【建立】頁籤中【表單】區塊內【表單精靈】來啟動。

啟動『表單精靈』後的第一個畫面是要選擇資料來源。所以先在【資料表/查詢（T）】下方的下拉式選單中選擇『資料表：員工』，再於下方的【可用的欄位（A）：】中選擇所需的欄位，此處全選至【已選取的欄位（S）：】，再點擊【下一步（N）>】。

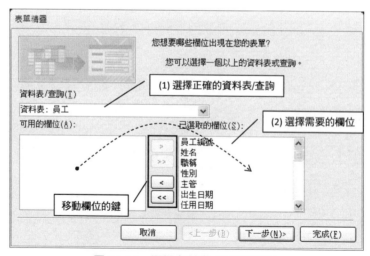

圖 14-14　選擇資料表 / 查詢的欄位

在此畫面所要設定的是版面的配置方式，『表單精靈』提供四種版面供使用者選擇，包括『單欄式』、『表格式』、『資料工作表』以及『對齊』四種。下圖將這幾種不同的版面皆呈現出來，可以透過該圖中版面的左邊樣式，來比較彼此的差異性，並選擇所要的版面。此處採用第一種『單欄』來繼續說明，並點擊【下一步（N）>】。

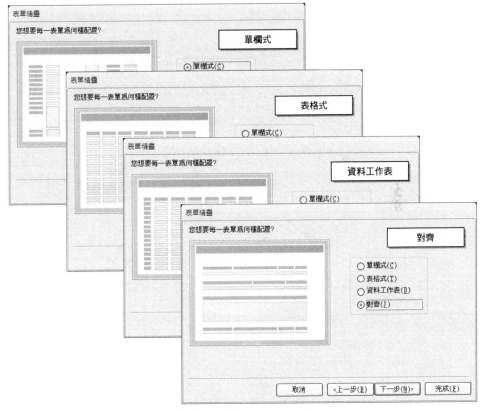

圖 14-15　選擇版面配置

此步驟只要輸入表單的標題即可，例如此處輸入『11 員工＿單欄式』，並點擊【完成（F）】。

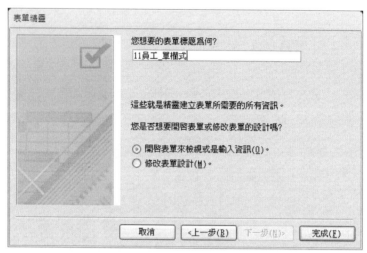

圖 14-16　表單標題

最後，以『表單檢視』模式來比較這幾種版面配置，看看所產生出來的表單有何差異，包括圖 14-17 ～圖 14-20。其中會發現圖 14-18 會出現『###』，表示該欄位的寬度不足，必須切換至『版面配置檢式』或『設計檢式』模式變更欄位寬度，才可以正確地顯示出資料。

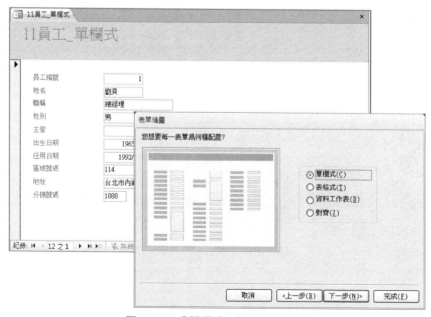

圖 14-17　『單欄式』版面配置結果

圖 14-18 『表格式』版面配置結果

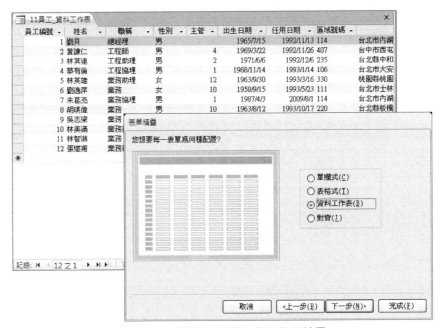

圖 14-19 『資料工作表』版面配置結果

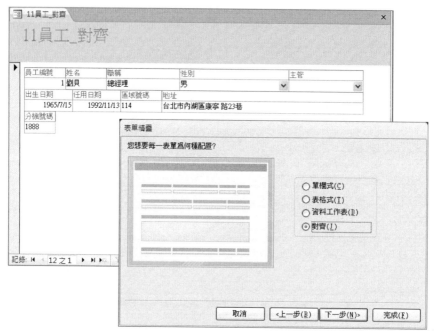

圖 14-20 『對齊』版面配置結果

❖ 使用『多個資料表』建立表單

　　一個好的資料庫設計，通常會經過資料庫的三正規化處理，並建立『資料庫關聯圖』來產生資料表之間的關聯性。因此在實務上，使用者需要的資料，往往會散佈在多個資料表，而非單一資料表可以完成的。所以要產生這樣需要的表單，一種方式就是由使用者自己透過多個資料表來產生；另一種方式就是事先建立一個『查詢』，再將此『查詢』當成『單一資料表』的概念來產生表單。

　　要設計一個來自多個資料表的表單，最重要的部份，是要先瞭解這個表單的需求是來自哪些資料表，以及這些資料表的關係為何，整理如下：

1. 先瞭解需要的欄位分佈在哪些資料表。

2. 瞭解這些資料表之間的父、子關係，也就是 1:M 的關係，主要是用在設定子表單的部份。

所以，通常會透過【資料庫工具】頁籤→【資料庫關聯圖】來瞭解。例如現在的需求是想輸出：員工（員工編號，姓名，職稱）、訂單（訂單編號，客戶編號，訂貨日期）、訂單明細（書籍編號，實際單價，數量）以及書籍資料（書籍名稱）。為解說方便，將所有的需求在下圖中，都於該資料表中的欄位前面打勾。

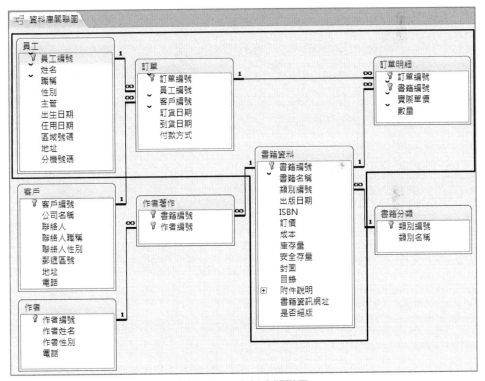

圖 14-21　資料庫關聯圖

再將所需要的資料表整理成下圖，從關聯線上標示『1』代表的就是『父』、標示『∞』代表的就是『子』。所以由『父→子』，可分為兩個部份，說明如下：

員工→訂單→訂單明細

代表每一位員工，可以承接多筆訂單，每一張訂單可以有多筆的訂單明細。

▣ 書籍資料→訂單明細

代表每一本書籍，可以被很多的訂單所訂購。

所以，在設計表單時，必須考慮是採用第一個父、子關係，或是採用第二個父、子關係。第一個父、子關係會以『員工』或『員工＋訂單』為首；第二個父、子關係會以『書籍資料』為首。

若是再將『書籍資料』併入一起考量，並且以『員工』為主的方向考量。一筆的『訂單明細』僅會有一筆『書籍資料』，所以『訂單明細』與『書籍資料』將會被併在同一階層，形成『員工→訂單→訂單明細＋書籍資料』的三階層。反之，若是以『書籍資料』為主的方向考量，將會形成『書籍資料→訂單明細＋訂單＋員工』的二階層。

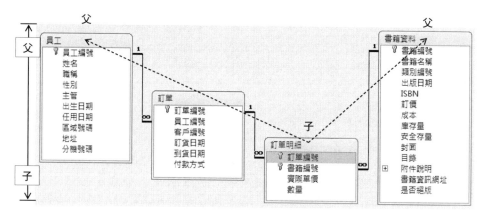

圖 14-22　父子資料表的階層關係

在瞭解前面的需求之後，接下來就是如何操作『表單精靈』，在啟動『表單精靈』之後，會出現以下的畫面來選擇資料來源。由於此次的需要是來自多個資料表，所以必須逐一來選擇。首先，先點選『資料表：員工』，再將『員工編號』、『姓名』與『職稱』欄位選取。

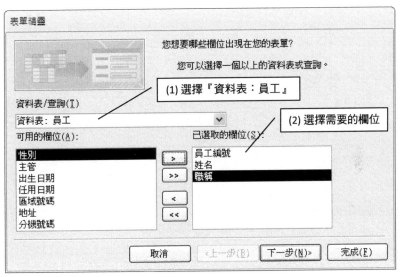

圖 14-23 選取『員工』資料表

再將【資料表 / 查詢（T）】切換至『資料表：訂單』，並選取『訂單編號』、『客戶編號』與『訂貨日期』欄位。

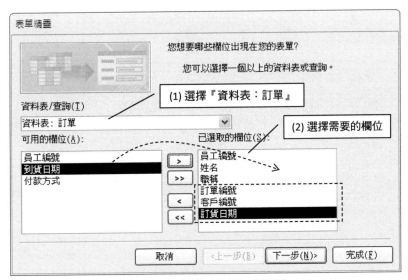

圖 14-24 選取『訂單』資料表

再將【資料表／查詢（T）】切換至『資料表：訂單明細』，並選取『書籍編號』、『實際單價』與『數量』欄位。

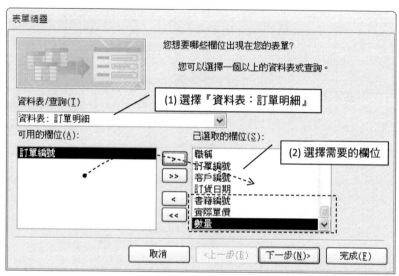

圖 14-25　選取『訂單明細』資料表

再將【資料表／查詢（T）】切換至『資料表：書籍資料』，並選取『書籍名稱』欄位。再按下【下一步（N）>】繼續。

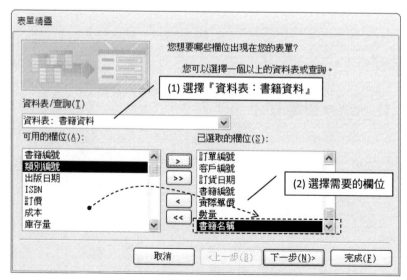

圖 14-26　選取『書籍資料』資料表

　　以上就完成了多個資料表/查詢的欄位選取。再來則是考驗前面介紹的觀念時刻，如何來檢視資料呢？以下依據四個資料表來各別說明：

(1) 以『員工』檢視資料，將會如下圖標示（1）所呈現的三個層級。

(2) 以『訂單』檢視資料，將會如下圖標示（2）所呈現的二個層級。

(3) 以『書籍資料』檢視資料，將會如下圖標示（3）所呈現的二個層級。

(4) 以『訂單明細』檢視資料，將會如下圖標示（4）所呈現的一個層級。

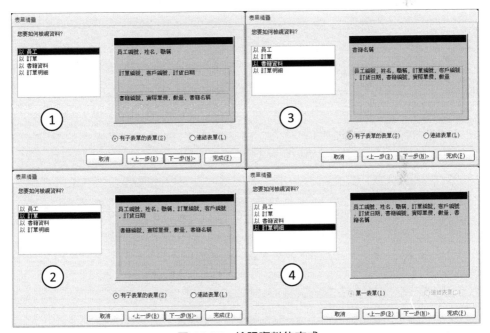

圖 14-27　檢視資料的方式

　　以上的檢視方式，將以第（1）種『員工』方式來繼續操作。以下的版面配置不再多說明，以預設的版面配置，按下【下一步（N）>】繼續。

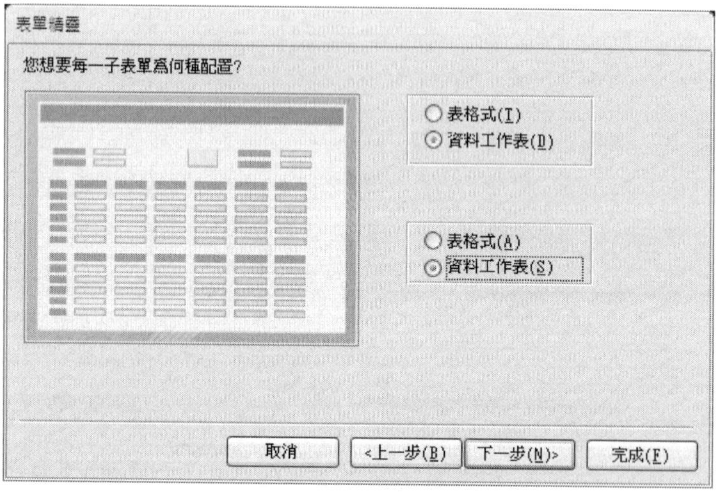

圖 14-28　子表單的配置

輸入此表單的標題，此處各別輸入『12 員工』、『12 訂單 _ 子表單』以及『12 訂單明細 _ 子表單』，然後按下【完成（F)】。

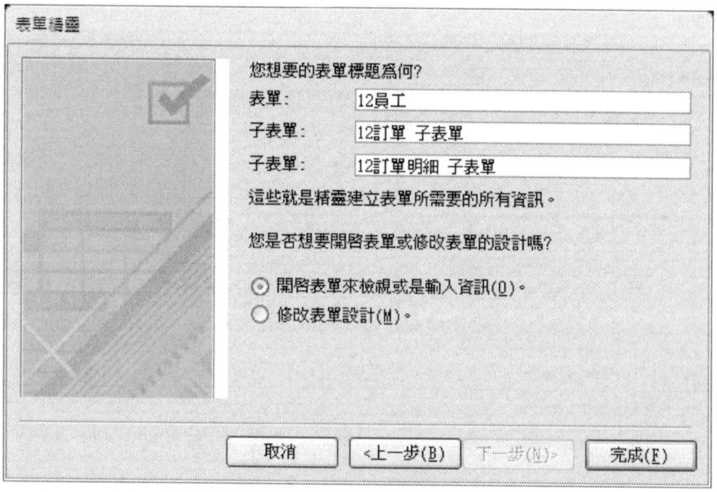

圖 14-29　表單標題

當完成以上操作之後，將會出現下圖畫面，很明顯的呈現出三個層次。只要移動父資料表，子資料表內的記錄也將會自動跟著同步移動。

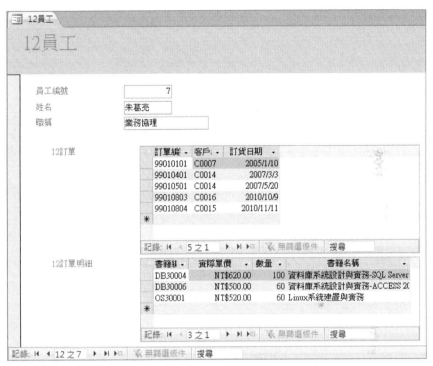

圖 14-30　完成結果

❖ 使用『查詢』建立表單

因為一個『查詢』可以是由數個『資料表』所構成，甚至還可以延伸出更多的欄位出來。以前面的需求範例而言，此處可以先建立一個名為『01 全部訂單資料』的查詢，並選擇相同的欄位後儲存。

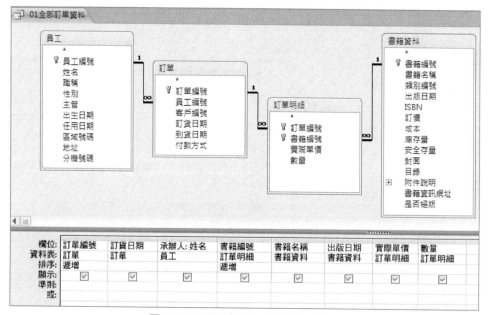

圖 14-31　前置作業─建立『查詢』

　　在啟動『表單精靈』之後的第一個畫面，便是選擇【資料表 / 查詢（T）】，此處可以變成很單純的選擇『查詢：01 全部訂單資料』，再將所有的欄位全部選取，然後按下【下一步（N）>】。

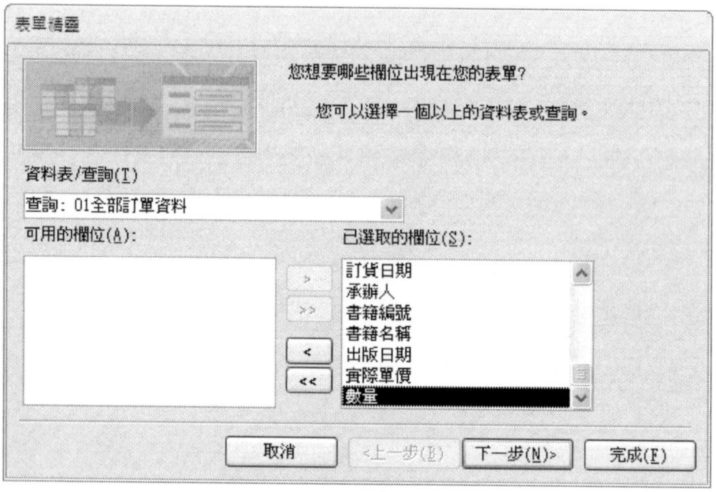

圖 14-32　選擇『查詢』

　　由於 ACCESS 將『查詢』視為一個『資料表』，不像在建立報表一樣會出現階層性，所以在此僅能選擇版面的配置方式。

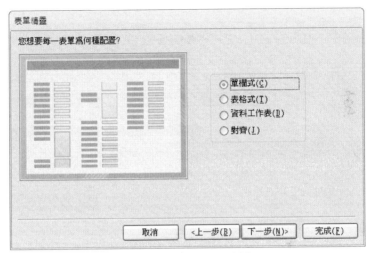

圖 14-33　選擇配置方式

　　選擇表單的標題，接著就完成表單對『查詢』的『表單精靈』設計。

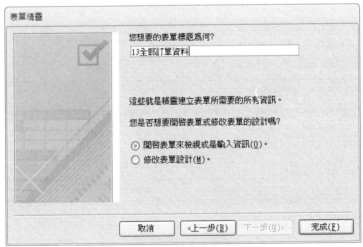

圖 14-34　表單標題

以下是最後完成的結果，雖然此『查詢』是由四個『資料表』所構成，但是在合併之後形成一個類似資料表的查詢。所以在以下表單結果將無法呈現出階層關係，只能將每一筆逐一的顯示出來。

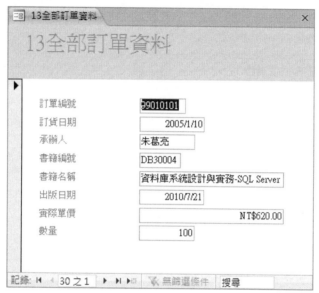

圖 14-35　表單結果

14-4　使用『表單設計』設計表單

使用『表單設計』來產生表單，是最具彈性的一種模式，但也是最難理解的一種方式。在介紹此種模式之前，必須描述一下表單的各個區段。如圖所顯示，一個表單可區分為表單的首／尾、每頁的頁首／尾以及詳細資料五個區段。

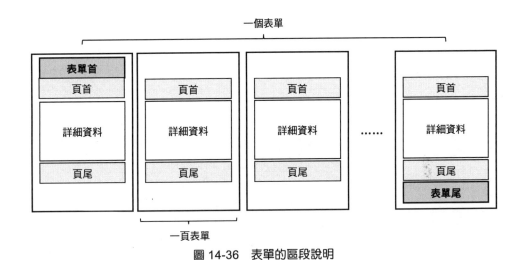

圖 14-36　表單的區段說明

　　由於表單的主要目的與報表不同，表單的主要目的是提供給使用者於電腦螢幕上存取資料。所以通常只會設定『表單首／尾』，較少設定『頁首／尾』；除非經常會將表單所呈現的結果列印出來。

❖『表單設計』模式下的環境介紹

　　再來，便是直接啟動【建立】頁籤內【表單】區段內的【表單設計】。啟動完成之後，必須先瞭解整個環境架構。在表單設計模式下，中間的視窗即是表單的各個區段，只要在任何區段內按下滑鼠右鍵，並於快顯功能表點選區段名稱即可顯示或關閉。

　　再來，便是要調整區段的高度，只要將滑鼠於區段 bar 的邊緣停駐，當滑鼠出現上下箭頭時，即可按下滑鼠移動區段 bar 來調整高度。

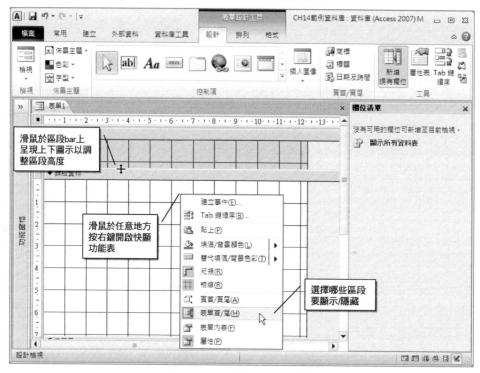

圖 14-37　『表單設計』環境

❖ 『欄位清單』與『屬性表』

在【設計】頁籤的【工具】區段內有【新增現有欄位】與【屬性表】；只要點擊【新增現有欄位】即可顯示【欄位清單】，再點擊一次，即可關閉。【屬性表】亦是相同的操作方式。

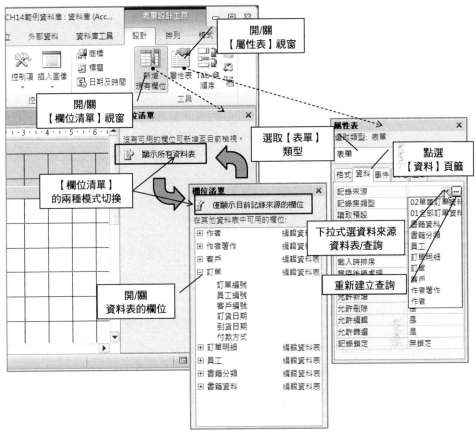

圖 14-38 『欄位清單』與『屬性表』

■ 欄位清單，欄位清單又可分為以下兩種模式

- 顯示所有資料表
- 僅顯示目前記錄來源的欄位

■ 屬性表，屬性表內包括所有物件的屬性設定。首先要先確定【選取類型】為『表單』，然後則是在【資料】頁籤下的【記錄來源】；也就是前面所說的『資料來源』。在設計一個表單之前，必須先選擇所需要的資料表 / 查詢。亦可以透過該畫面右邊的『…』來啟動『查詢建立器』，建立查詢來當記錄來源。

以下將以一個實際範例來進行說明，如何從無來設計自己的表單。此範例最終的結果如下圖 14-39 與圖 14-40。主要的設計目的是提供給使用者，方便新增、刪除、修改與查詢的功能。將以下兩個圖的需求整理如下：

▉ 使用到的資料表與欄位，包括以下 5 個資料表，共 12 個欄位：

- 訂單（訂單編號, 員工編號, 客戶編號, 付款方式, 訂貨日期, 到貨日期）

- 員工（姓名），此欄位僅能唯讀。

- 客戶（公司名稱），此欄位僅能唯讀。

- 訂單明細（書籍編號, 實際單價, 數量）

- 書籍資料（書籍名稱）

▉ 欄位的特別限制

- 『員工編號』與『客戶編號』必須使用『下拉式方塊』，並且分別列出（員工編號, 姓名）與（客戶編號, 公司名稱），如圖 14-39 所示。

- 『付款方式』必須使用『下拉式方塊』選取，清單內必須包括 { 現金, 支票, 信用卡 }，如圖 14-39 所示。

- 『姓名』與『公司名稱』必須設定成唯讀，不可被改變其值。

- 『訂貨日期』與『到貨日期』必須具有『日期選擇器』，如圖 14-40 所示。

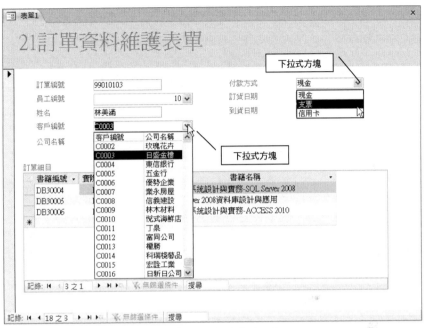

圖 14-39　表單結果（一）

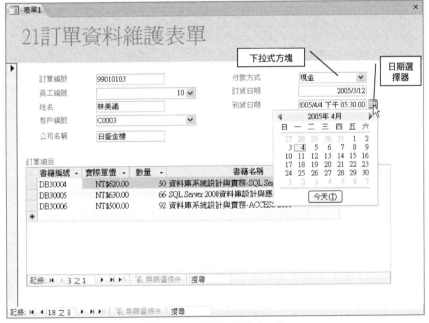

圖 14-40　表單結果（二）

　　將以上的需求，轉由『資料庫關聯圖』的角度來看，就可以很清楚地看出，以上所需要的欄位是分佈於哪些資料表，以及其間的關聯性。

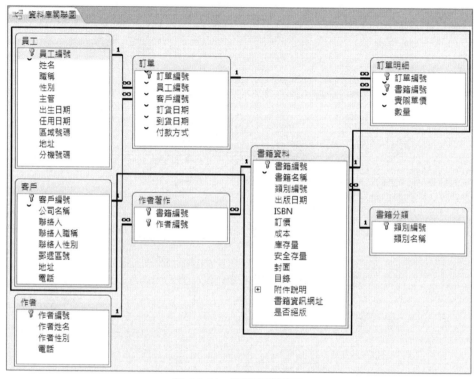

圖 14-41　資料庫關聯圖

　　若是再將這些資料表，以父、子關係來探究，可以繪成以下的關係。以『訂單』為主來考量，一筆『訂單』只會有一筆『員工』，也只會有一筆『客戶』，所以此三個資料表將會位於同一個『父層級』。而『訂單』與『訂單明細』很明顯就是一對多的父、子關係。但是一筆『訂單明細』也只會對應到一筆的『書籍資料』，所以這兩個資料表將位於同一個子層級。

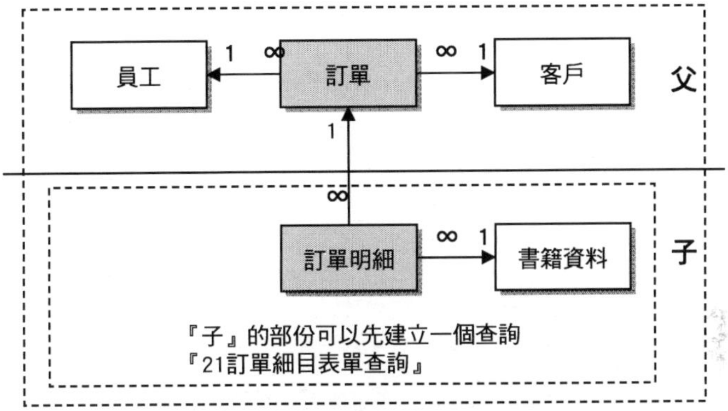

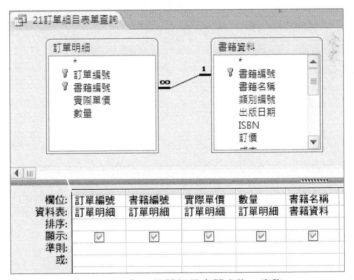

圖 14-42　資料表之間的父、子關係

　　為了建立表單的方便性，可以事先將『訂單明細』與『書籍資料』建立一個查詢，名稱定為『21訂單細目表單查詢』。

圖 14-43　『21 訂單細目表單查詢』查詢

設定區段及建立表單標題

(1) 於任何區段內按滑鼠右鍵，於快顯功能表點選【表單首/尾（H）】。

(2) 於上方【設計】頁籤的【控制項】區塊內點選『標籤』的控制項。

(3) 於表單首處，久按滑鼠拖拉出『標籤』控制項的大小。

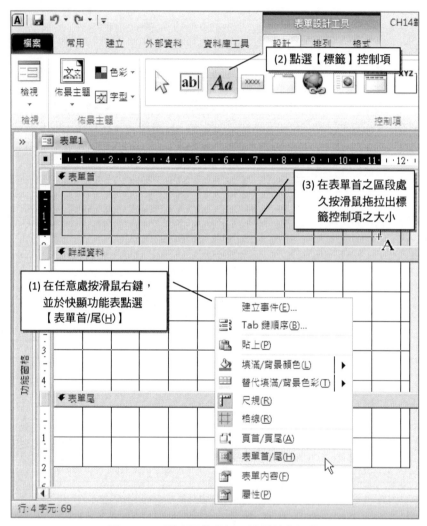

圖 14-44　設定區塊與加入表單首的標題

設定表單首的標題字型大小

(1) 點選【設計】頁籤內【工具】區塊內的【屬性表】。

(2) 於【標籤】控制項內填入標題『05 訂單總表』。

(3) 點選表單首中的【標籤】控制項之後，於【屬性表】中的【格式】內找到
【字型大小】屬性，調整適當的字型大小。

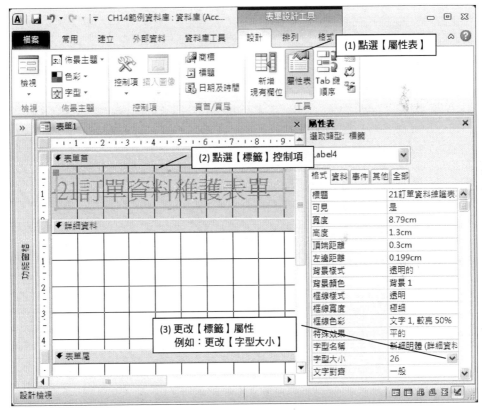

圖 14-45　調整表單標題屬性

❖ 設定表單的記錄來源（資料來源）

表單的記錄來源可分為兩種：『查詢』與『資料表』。若是先將所需要的資料表與欄位先建立一個『查詢』，在操作上會較為方便與簡單。反之，若是直接使用『資料表』，在設計表單時，同時還要記得資料表之間的關聯性，有時會較為複雜。亦可以『資料表』與『查詢』同時並行使用，以下分為父、子兩個部份來逐一設計；父表單的部份使用『資料表』，子表單的部份使用『查詢』。

設計父表單，『記錄來源』來自於『資料表』

(1) 在【屬性表】的【選取類型】點選『表單』類型。

(2) 在【屬性表】內點選【資料】頁籤，並於【記錄來源】中選擇資料表 / 查詢。此處點選『訂單』資料表。

(3) 點選上方功能區的【設計】頁籤內【工具】區塊的【新增現有欄位】，將【屬性表】切換成【欄位清單】。

(4) 由於【欄位清單】有兩種模式，一種是【目前記錄來源的欄位】，一種是【所有資料表】。只要點擊上方的【顯示所有資料表】與【僅顯示目前記錄來源的欄位】，即可在兩種模式中切換。以下針對此兩種模式內容說明：

- 【目前記錄來源的欄位】，此模式僅顯示出（2）所選擇『訂單』中的所有欄位。
- 【所有資料表】，此模式下可分為三個區塊，第一區塊所呈現的，是（2）選擇的『訂單』所有欄位。第二區塊呈現的是與第一區塊有關聯的資料表、第三區塊呈現的是與第二區塊有關聯的資料表。

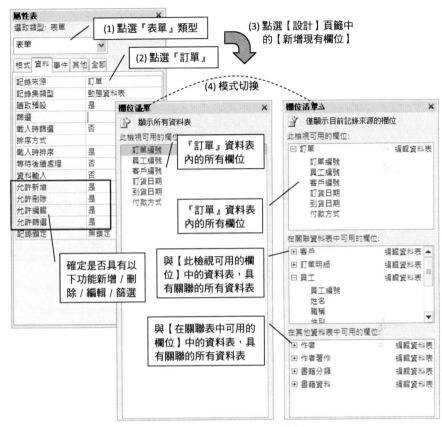

圖 14-46　欄位清單與屬性表

　　瞭解『記錄來源』的設定之後，此處使用【顯示所有資料表】模式，再直接將用到的相關欄位以拖拉方式，置入【詳細資料】區段。相關欄位包括：

- 訂單（訂單編號，訂貨日期，到貨日期，付款方式），因為『員工編號』與『客戶編號』必須使用『下拉式方塊』，所以此處暫不置入，留至後續再處理。

- 客戶（公司名稱）

- 員工（姓名）

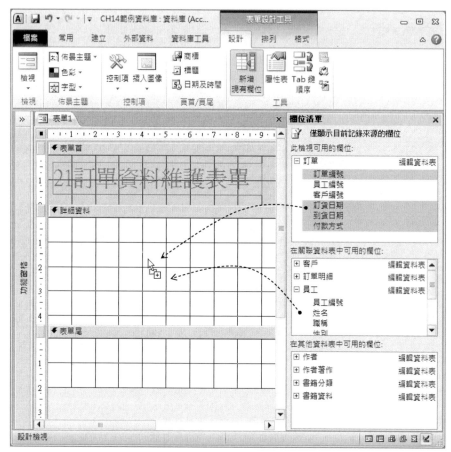

圖 14-47　加入相關的欄位

　　由於上一個步驟未將『員工編號』與『客戶編號』置入詳細資料區。以下將加入 ACCESS 所提供的控制項來取代，就是在上方點選【下拉式方塊】置入兩次，代表兩個欄位。再調整所有的欄位寬度、高度或是移動欄位；移動欄位分為兩種方式，一種是直接點選該欄位後移動，此種方式會將標籤與文字方塊同時移動；另一種是各別移動，必須點選欄位左上方的灰色方格，即可各別移動。

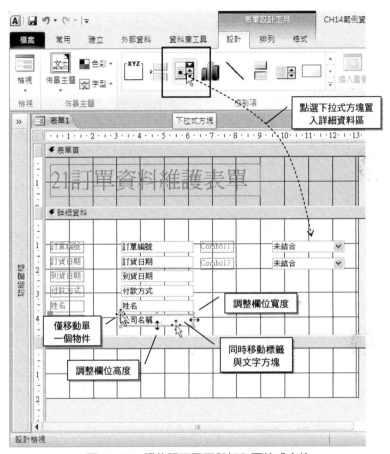

圖 14-48　調整版面配置與加入下拉式方塊

當父表單的所有欄位就緒後，就是針對特別的欄位屬性進行設定，說明如下：

- 『員工編號』，點選『詳細資料』內的第一個『下拉式方塊』，並於【屬性表】內設定以下屬性值：

  - 【目前記錄來源的欄位】，此模式僅顯示出（2）所選擇『訂單』中的所有欄位。

  - 【資料】頁籤中的【控制項資料來源】：設為『員工編號』，表示資料會與『訂單』中的『員工編號』欄位結合。

- 【資料】頁籤中的【資料來源】：設為『員工』，表示會參考『員工』資料表內的資料來顯示。

- 【資料】頁籤中的【資料來源類型】：設為『資料表 / 查詢』

- 【資料】頁籤中的【結合欄位】：設為『1』，表示要與第 1 個欄位結合。

- 【格式】頁籤中的【欄數】：設為『2』，表示要取『員工』資料表中的前 2 個欄位來顯示。

- 【格式】頁籤中的【欄名】：設為『是』，表示在下拉式方塊中要顯示『員工』資料表的欄位名稱。

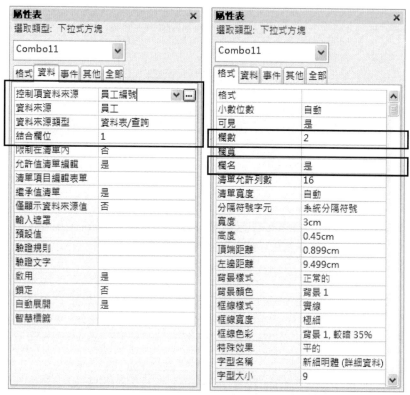

圖 14-49　下拉式方塊設定

🔳 『客戶編號』，點選『詳細資料』內的第二個『下拉式方塊』，並於【屬性表】內設定以下屬性值：

- 【資料】頁籤中的【控制項資料來源】：設為『客戶編號』，表示資料會與『訂單』中的『客戶編號』欄位結合。
- 【資料】頁籤中的【資料來源】：設為『客戶』，表示會參考『客戶』資料表內的資料來顯示。
- 【資料】頁籤中的【資料來源類型】：設為『資料表/查詢』
- 【資料】頁籤中的【結合欄位】：設為『1』，表示要與第1個欄位結合。
- 【格式】頁籤中的【欄數】：設為『2』，表示要取『員工』資料表中的前2個欄位來顯示。
- 【格式】頁籤中的【欄名】：設為『是』，表示在下拉式方塊中要顯示『客戶』資料表的欄位名稱。

圖 14-50　下拉式方塊設定

『姓名』與『公司名稱』，各別點選後，於【屬性表】內更改以下屬性值。

- 【資料】頁嵌中的【鎖定】：設為『是』。

圖 14-51　設定為唯讀

■ 設計子表單，『記錄來源』來自於『查詢』

本範例的子表單是利用另建一個查詢『21 訂單細目表單查詢』，所以最後的操作如下：

(1) 先調整父資料表內的各個欄位。

(2) 在【設計】頁籤內的【控制項】中，將【子表單 / 子報表】控制項置入【詳細資料】內。

(3) 更改【子表單 / 子報表】控制項中的標籤內文資料為『訂單細目』。

(4) 點選【子表單 / 子報表】控制項後，再點選【屬性表】，更改與父表單之間的關聯性：

- 【資料】頁籤內的【來源物件】：設為『21 訂單明細表單查詢』。
- 【資料】頁籤內的【連結主欄位】：設為『訂單編號』。
- 【資料】頁籤內的【連結子欄位】：設為『訂單編號』。

(5) 最後，就是將此表單儲存成『21 訂單資料維護表單』，即完成整個設計。

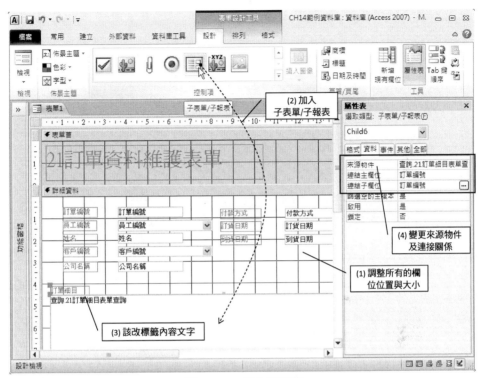

圖 14-52　加入子表單

　　完成以上所有的設計且儲存之後，再重新開啟『21 訂單資料維護表單』，將會如下圖所示，完成一個具有父、子關係的表單，方便讓使用者操作基本訂單資料。

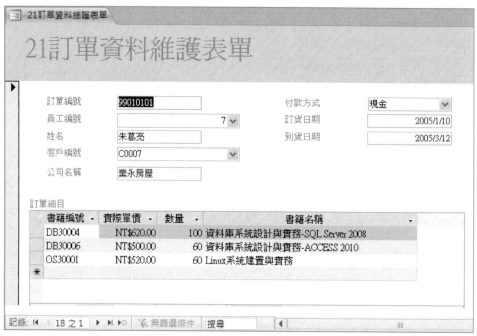

圖 14-53　表單結果

本章習題

是非題

(　　) 1. 製作表單的目的是從資料表 / 查詢中挑選出符合的資料,並透過一定的格式,可以給使用者列印出來的物件。

(　　) 2. 檢視表單物件時,可以針對裏面的資料進行異動 (包括新增 / 刪除 / 修改 / 查詢)。

(　　) 3. 表單的資料來源,一定是來自於資料表,不可以是查詢。

(　　) 4. 若是使用【設計】頁籤的【表單】功能,可以快速地產生所選擇的單一資料表 / 查詢的全部資料。

(　　) 5. 採用【表單精靈】可以靈活運用多資料表或查詢來建構所要的表單。

選擇題

(　　) 1. 以下何者不是表單的檢視模式之一

(A) 表單精靈　　　　　　　　　(B) 表單檢視

(C) 預覽列印　　　　　　　　　(D) 版面配置檢視。

簡答題

1. 設計『表單』物件,可區分為哪五種區段。

2. 依據下圖的需求,就是圖中有打勾 (✓),試回答以下的問題。

(1) 若是以『作者』為主,會被分為幾個階層。

(2) 若是以『書籍資料』為主,會被分為幾個階層。

(3) 若是以『客戶』為主,會被分為幾個階層。

(4) 若是以『訂單』為主,會被分為幾個階層。

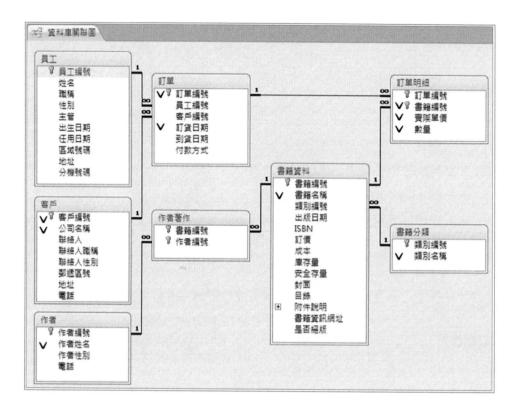

DrMaster

深度學習資訊新領域

http://www.drmaster.com.tw

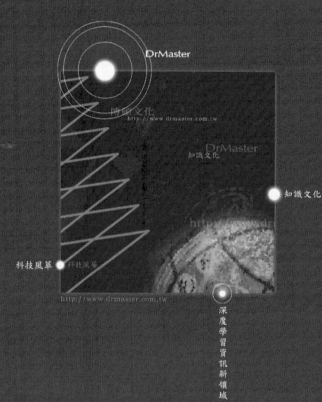

博碩文化

DrMaster

博碩文化
http://www.drmaster.com.tw

DrMaster
知識文化

知識文化

科技風華

http://www.drmaster.com.tw

深度學習資訊新領域